CAD/CAM/CAE
工程应用与实践丛书

U0655943

AutoCAD
应用与案例教程

新形态版

赵亚 主编

清华大学出版社
北京

内 容 简 介

AutoCAD作为Autodesk公司精心打造的计算机辅助绘图与设计软件系列，经过不断的迭代升级，其操作界面变得更加智能化，命令行的人机交互性能也得到了显著提升，从而实现了高度的易学性与易用性。正因如此，AutoCAD软件已然成为广大工程技术人员不可或缺的得力助手。

本书系统地介绍了AutoCAD中文版软件在绘图领域的强大功能，内容涵盖六个模块：AutoCAD入门及定制样板文件、基本绘图操作、基本编辑操作、机件图样表达绘制、零件图的标注和装配图的绘制等。本书的特点是先对常用工具的功能及属性设置进行先导知识介绍，帮助读者深入了解软件的各项功能，然后将基本操作与丰富的绘图实例相结合，且每个操作步骤都配有简洁的文字说明和清晰的图例，直观易懂，让读者能够在动手实践中快速掌握绘图技巧，达到事半功倍的效果。

为方便教学，本书提供了教学课件、微课视频、素材图片等教学资源。

本书可作为高等职业院校装备制造大类专业的教材，也可作为应用型本科相关专业的教学用书，还可作为机械行业技术人员、操作人员的岗位培训用书。

图书在版编目(CIP)数据

AutoCAD 应用与案例教程：新形态版 / 赵亚主编 . -- 北京：清华大学出版社，2025. 7.
(CAD/CAM/CAE 工程应用与实践丛书). -- ISBN 978-7-302-69551-6

Ⅰ . TP391.72

中国国家版本馆 CIP 数据核字第 2025AZ7209 号

责任编辑：刘 星 李 锦
封面设计：刘 键
责任校对：郝美丽
责任印制：宋 林

出版发行：清华大学出版社
　　　　　网　　　址：https://www.tup.com.cn，https://www.wqxuetang.com
　　　　　地　　　址：北京清华大学学研大厦 A 座　　　　　邮　　编：100084
　　　　　社 总 机：010-83470000　　　　　邮　　购：010-62786544
　　　　　投稿与读者服务：010-62776969，c-service@tup.tsinghua.edu.cn
　　　　　质 量 反 馈：010-62772015，zhiliang@tup.tsinghua.edu.cn
　　　　　课 件 下 载：https://www.tup.com.cn，010-83470236
印 装 者：三河市龙大印装有限公司
经　　销：全国新华书店
开　　本：185mm×260mm　　　印　　张：14　　　字　　数：344 千字
版　　次：2025 年 9 月第 1 版　　　印　　次：2025 年 9 月第 1 次印刷
印　　数：1～1500
定　　价：49.00 元

产品编号：109334-01

前 言
PREFACE

随着 CAD/CAM 技术的发展，AutoCAD 系列软件的应用越来越广泛。如何使初学者在较短时间内掌握 AutoCAD 软件的基本操作方法，并将其熟练运用于实际工作中，一直是编者的努力方向。

一、本书内容

本书详细介绍了定制样板文件、基本绘图操作、基本编辑操作、机件图样表达绘制、零件图的标注和装配图的绘制等方面的内容，从设置绘图环境入手，逐步涵盖绘图操作命令和编辑操作命令，直至绘制零件图和装配图的全过程。本书以引导读者灵活掌握绘图操作命令和编辑操作命令的使用方法为目的，从绘制基本图形起步，结合尺寸标注，不断深入到结构复杂的零件图和装配图，注重实际应用和技巧训练的结合，培养认真仔细、严谨细致的工作作风。本书注重实操，提供了丰富的案例，力求在具体实施过程中培养学生的工匠精神。

二、本书目标——培养适应"大国制造"的工匠精神

工匠精神，是一种对工作的深沉热爱和执着追求，是对产品精雕细琢、精益求精的态度。它如同一盏明灯，照亮了中华民族几千年的文明进程。回望历史，中国自古就有对"匠心"的推崇，从古老的青铜器到精美的瓷器，从宏伟的宫殿到精巧的园林，工匠精神均贯穿其中。在中国共产党领导的革命和建设中，一批批爱国敬业、勇于奉献的工匠，以他们的智慧和汗水，为社会主义事业作出了杰出贡献。时光流转，岁月如歌，工匠精神历久弥新，成为新时代实现中华民族伟大复兴的强大精神动力。

大国制造离不开工匠精神。瑞士手表能够畅销世界，成为经典之作，是因为制表者凭借着工匠精神，对每一个零件、每一道工序都精心打磨、专心雕琢。那精密的机芯、细腻的工艺，无不彰显着制表师们的严谨与执着。德国和日本的工业产品被世界公认为质量过硬，正是因为他们的企业始终传承着这种"工匠精神"，将每一个细节都做到极致。我们在画图时，要能够做到严格遵守国家标准的基本规定，逐步养成在未来工程建设的决策、设计、施工、管理等工作中懂法、知法、守法的习惯。

大国制造需要工匠精神，工匠精神需要教育传承。在新时代，我们必须加强爱国主义教育，将工匠精神深深植根于学生的心中。通过自主学习和相关案例，深入领会工匠精神、科学家精神、企业家精神、劳动精神、北斗精神等中国精神的内涵，只有这样，我们才能真正实现从制造大国向制造强国的转变，撑起"大国制造"的金字招牌，从而为中华民族伟大复兴贡献力量。让我们携手共进，在工匠精神的引领下，为祖国的繁荣昌盛而努力奋斗！

三、本书特色

1. 任务驱动型编写模式

本书将传统的"章－节"式的编写模式调整为任务驱动的"模块－课题"式的编写模式。首先提出按照工程教育认证方式表述的与学习内容相适应的"学习目标"，让学生加以明确，并针对本课题应用到的软件功能设置先导知识介绍，然后围绕课题的学习目标教授必要的相关知识。这既突出了以学生为中心的教育理念，又能够促进学习目标的达成。本书教学目标明确，教学内容突出针对性、实用性，符合职业技术教育和应用型本科相关专业的教学规律以及学生的心理认知过程。

2. 配套丰富和完善的一体化教学资源

本书充分利用现代信息技术的发展，打造新型的一体化教材，使资源呈现立体化、动态化，并全面兼容 PC 端和移动端，符合移动互联网时代学生获取信息的特点。学生可以通过移动设备随时随地扫描书中知识点旁边的二维码，观看教学微视频及拓展知识文本，便于自主学习。教师也可以通过扫描二维码获取更多教学资源。

3. 配套丰富的练习

为了突出学练结合的学习方式，本书配套了丰富的练习。每个课题最后都附有与该课题紧密相关的拓展练习，每个模块最后也附有相关的提高练习，以帮助学生实现由低阶到高阶的跨越。这些练习大多来自工程实际，学生完成这些练习之后，能够更好地掌握 AutoCAD 软件的实际操作。

4. 根据教学现状调整教材内容

随着各院校教学改革的深入和工程认证的需要，教学内容、教学课时都发生了巨大的变化。本书从近年来的教学实际出发，加强基本理论、基本方法和基本技能的培养，在此基础上，以绘图为主线，注重操作技能和 CAD/CAM 设计思路的培养。

【配套资源】

- 素材图片等资源：扫描目录上方的"配套资源"二维码下载。
- 教学课件、教学大纲等资源：到清华大学出版社官方网站本书页面下载，或者扫描封底的"书圈"二维码在公众号下载。
- 微课视频（913 分钟，72 集）：扫描书中相应章节中的二维码在线学习。

注：请先扫描封底刮刮卡中的文泉防盗码进行绑定后再获取配套资源。

本书由中国电子劳动学会校企合作促进会组稿，由赵亚担任主编，参与编写的有魏峥、李腾训，同时衷心感谢殷昌贵的答疑解惑和悉心指导。

由于编者水平有限、时间仓促，虽经再三审阅，但书中可能仍存在疏漏之处，恳请各位专家和朋友批评指正！

编者
2025 年 6 月

微课视频清单

序号	视频名称	时长 /min	书中位置
1	课题 1-1 介绍系统绘图界面	9	课题 1-1 知识拓展—绘图界面布置处
2	课题 1-1 介绍视图操作	5	课题 1-1 知识拓展—视图操作处
3	课题 1-2 建立绘图样板文件	25	课题 1-2 节首
4	课题 2-1 坐标模式绘图	8	课题 2-1 节首
5	课题 2-2 对象捕捉模式绘图	10	课题 2-2 节首
6	课题 2-2- 任务拓展	6	课题 2-2-【任务拓展】处
7	课题 2-3 极轴追踪模式绘图	7	课题 2-3 节首
8	课题 2-3- 任务拓展	5	课题 2-3-【任务拓展】处
9	课题 2-4 绘制圆和椭圆	5	课题 2-4 节首
10	课题 2-4- 任务拓展	6	课题 2-4-【任务拓展】处
11	课题 2-5 绘制矩形和正多边形	7	课题 2-5 节首
12	课题 2-5- 任务拓展	2	课题 2-5-【任务拓展】处
13	课题 2-6 绘制剖切符号和旋转符号	4	课题 2-6 节首
14	课题 2-7 绘制正等轴测图	6	课题 2-7 节首
15	课题 2-7- 任务拓展	8	课题 2-7-【任务拓展】处
16	课题 2-8 绘制轴测剖视图	13	课题 2-8 节首
17	课题 2-8- 任务拓展	8	课题 2-8-【任务拓展】处
18	模块二 - 提高练习 - 绘制平面图形	11	图 2-82
19	模块二 - 提高练习 - 绘制轴测图	19	图 2-83
20	课题 3-1 倒角、圆角对象	6	课题 3-1 节首
21	课题 3-1- 任务拓展	10	课题 3-1-【任务拓展】处
22	课题 3-2 修剪对象	9	课题 3-2 节首
23	课题 3-2- 任务拓展	13	课题 3-2-【任务拓展】处
24	课题 3-3 偏移对象	8	课题 3-3 节首
25	课题 3-3- 任务拓展	8	课题 3-3-【任务拓展】处
26	课题 3-4 镜像对象	5	课题 3-4 节首
27	课题 3-4- 任务拓展	7	课题 3-4-【任务拓展】处
28	课题 3-5 复制对象	15	课题 3-5 节首
29	课题 3-5- 任务拓展	8	课题 3-5-【任务拓展】处
30	课题 3-6 移动对象	11	课题 3-6 节首
31	课题 3-6- 任务拓展	9	课题 3-6-【任务拓展】处
32	课题 3-7 矩形阵列对象	7	课题 3-7 节首
33	课题 3-7- 任务拓展	7	课题 3-7-【任务拓展】处
34	课题 3-8 环形阵列对象	6	课题 3-8 节首
35	课题 3-8- 任务拓展	6	课题 3-8-【任务拓展】处
36	课题 3-9 旋转对象	6	课题 3-9 节首

序号	视频名称	时长 /min	书中位置
37	课题 3-9- 任务拓展	9	课题 3-9-【任务拓展】处
38	课题 3-10 缩放对象	3	课题 3-10 节首
39	课题 3-10- 任务拓展	3	课题 3-10-【任务拓展】处
40	课题 3-11 拉伸对象	7	课题 3-11 节首
41	课题 3-11- 任务拓展	9	课题 3-11-【任务拓展】处
42	模块三 - 提高练习	35	模块三 -【提高练习】处
43	课题 4-1 绘制基本视图	12	课题 4-1 节首
44	课题 4-1- 任务拓展	34	课题 4-1-【任务拓展】处
45	课题 4-2 绘制局部视图	28	课题 4-2 节首
46	课题 4-3 绘制斜视图	10	课题 4-3 节首
47	课题 4-4 绘制全剖视图	8	课题 4-4 节首
48	课题 4-5 绘制半剖视图和局部剖视图	19	课题 4-5 节首
49	课题 4-6 绘制斜剖视图	16	课题 4-6 节首
50	课题 4-7 绘制相交平面的剖视图	10	课题 4-7 节首
51	课题 4-7- 任务拓展	25	课题 4-7-【任务拓展】处
52	课题 4-8 绘制平行平面的剖视图	7	课题 4-8 节首
53	模块四 - 提高练习	160	模块四 -【提高练习】处
54	课题 5-1 平面图形的标注	5	课题 5-1 节首
55	课题 5-2- 任务拓展	24	课题 5-2-【任务拓展】处
56	课题 5-3 退刀槽、越程槽的标注	3	课题 5-3 节首
57	课题 5-4 标准尺寸配合	7	课题 5-4 节首
58	课题 5-5 孔标注	5	课题 5-5 节首
59	课题 5-6 表面结构标注	8	课题 5-6 节首
60	课题 5-7 几何公差标注和基准标注	7	课题 5-7 节首
61	课题 5-8 绘制零件图	27	课题 5-8 节首
62	模块五 - 提高练习 - 计数器	4	模块五 - 提高练习 1. 处
63	模块五 - 提高练习 - 平口钳	13	模块五 - 提高练习 2. 处
64	课题 6-1 建立装配图样板文件	20	课题 6-1 节首
65	课题 6-2 拼画装配图	24	课题 6-2 节首
66	课题 6-2- 任务拓展	7	课题 6-2-【任务拓展】处
67	课题 6-3 根据示意图拼画装配图	9	课题 6-2 节首
68	课题 6-3- 任务拓展	12	课题 6-3-【任务拓展】处
69	课题 6-4 读装配图拆画零件图	8	课题 6-4 节首
70	模块六 - 提高练习 - 千斤顶模型装配	10	模块六 - 提高练习 1. 处
71	模块六 - 提高练习 - 管钳模型装配	9	模块六 - 提高练习 2. 处
72	模块六 - 提高练习 - 螺旋压紧机构模型装配	11	模块六 - 提高练习 3. 处

目 录
CONTENTS

配套资源

课题 1-1

【任务描述】

绘制一个如图 1-1 所示的简单的图形，帮助学生初步了解 AutoCAD 2025 的绘图环境。

图 1-1　简单的图形

【任务目标】

（1）掌握启动 AutoCAD 的方法。

（2）认识 AutoCAD 的绘图界面。

（3）掌握 AutoCAD 的视图操作。

（4）掌握 AutoCAD 的文件操作。

（5）初步体会 AutoCAD 的绘图过程。

■ 先导知识——文件管理

1. 新建文件

1）执行方式

1 命令行窗口：输入 NEW，按 Enter 键。

2【菜单栏】|【文件】|【新建】。

3【快速访问工具栏】|【新建】。

4【菜单浏览器】|【新建】。

2）操作步骤

执行【新建文件】命令，弹出【选择样板】对话框，在模板列表框中选定"acadiso. dwt"，如图 1-2 所示，单击【打开】按钮。

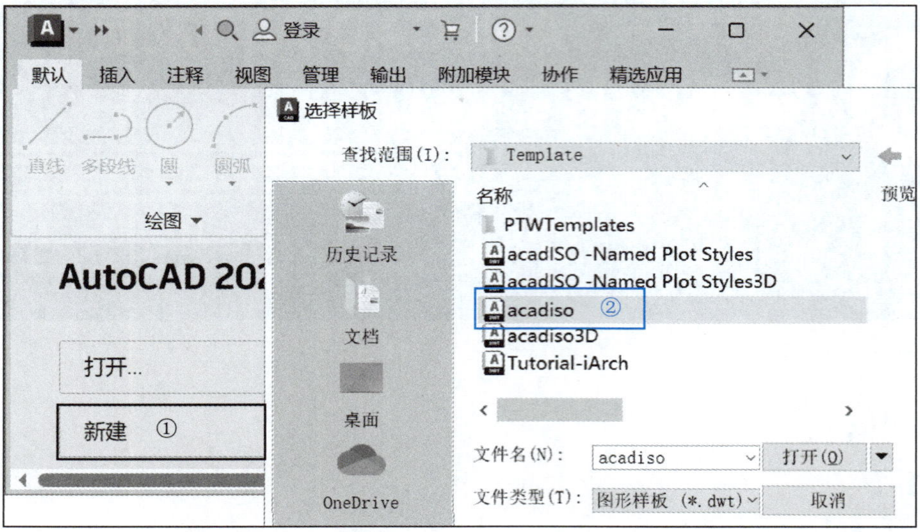

图 1-2　AutoCAD 开始界面

2. 打开文件📂

1）执行方式

1命令行窗口：输入 OPEN，按 Enter 键。

2【菜单栏】|【文件】|【打开】。

3【快速访问工具栏】|【打开】。

4【菜单浏览器】|【打开】。

2）操作步骤

执行【打开文件】命令，弹出【选择文件】对话框，选择文件，单击【打开】按钮。

3. 保存（或另存为）文件💾（💾）

1）执行方式

1命令行窗口：输入 SAVE，按 Enter 键。

2【菜单栏】|【文件】|【保存】（或【另存为】）。

3【快速访问工具栏】|【保存】（或【另存为】）。

4【菜单浏览器】|【保存】（或【另存为】）。

2）操作步骤

执行【保存文件】命令，若文件已命名，则自动保存；若文件未命名，则弹出【图形另存为】对话框，输入"文件名"，单击【保存】按钮。

📖 **先导知识——画直线**✐

在 AutoCAD 中，"直线"表示由一个点到另一个点构成的一个线段。第一个点称为"起点"，画好一个线段后可以连续绘制。

1）执行方式

1命令行窗口：输入 LINE 或 L，按 Enter 键。

2【菜单栏】|【绘图】|【直线】。

3【功能区】|【默认】|【绘图】|【直线】。

2）操作步骤

1 命令行窗口：输入 LINE，按 Enter 键。

2 指定第一个点：用鼠标指定点或者输入点的坐标。

3 指定下一个点或【放弃（U）】：输入下一线段的端点。输入"U"表示放弃前面的输入；右击或按 Enter 键，结束命令。

4 指定下一个点或【闭合（C）/放弃（U）】：输入下一线段的端点，或输入"C"使图形闭合，结束命令。

3）主要选项说明

1 按 C 键闭合，以第一条线段的起始点作为最后一条线段的端点，形成一个闭合的线段环。

2 按 U 键放弃，删除直线序列中最近绘制的线段。

【任务实施】

1. 启动 AutoCAD 并新建文件

选择【开始】|【程序】|【AutoCAD 2025】命令，或双击桌面快捷方式图标，即可进入 AutoCAD 系统。

1 单击【新建】按钮，弹出【选择样板】对话框；

2 在模板列表框中选定【acadiso.dwt】，如图 1-2 所示，单击【打开】按钮，进入绘图界面。

2. 绘制简单图形——四边形

执行【直线】命令，在绘图窗口确定如图 1-3 所示的 4 个点，绘制线段，输入字母 C，按 Enter 键，使图形闭合，完成绘制。

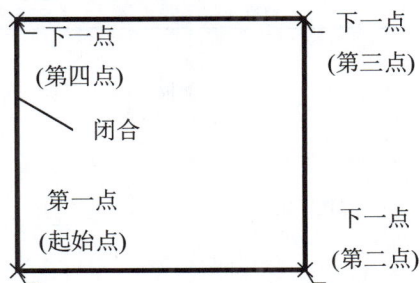

下一点
(第四点)

下一点
(第三点)

闭合

第一点
(起始点)

下一点
(第二点)

图 1-3　绘制四边形

3. AutoCAD 视图操作

1 滚动鼠标滚轮，对绘制的四边形进行缩放操作。

2 按住鼠标中键，在绘图窗口移动鼠标，对绘制的四边形进行平移操作。

3 命令行窗口：输入 redraw 命令，按 Enter 键或空格键，实现图形重画。

4 命令行窗口：输入 regen 命令，按 Enter 键或空格键，实现图形重生成。

4. 保存

执行【保存】命令，保存为"四边形"，如图 1-4 所示，完成第一个 AutoCAD 图形绘制。

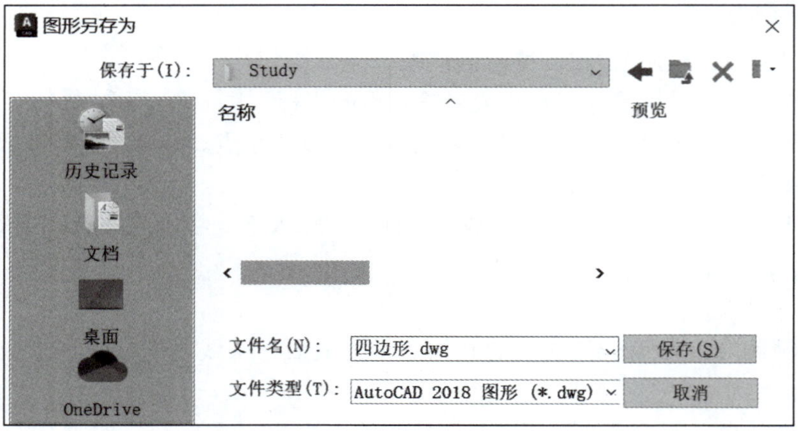

图 1-4 【图形另存为】对话框

视频讲解

知识拓展——绘图界面布置

打开系统绘图界面，默认绘图界面布置如图 1-5 所示。

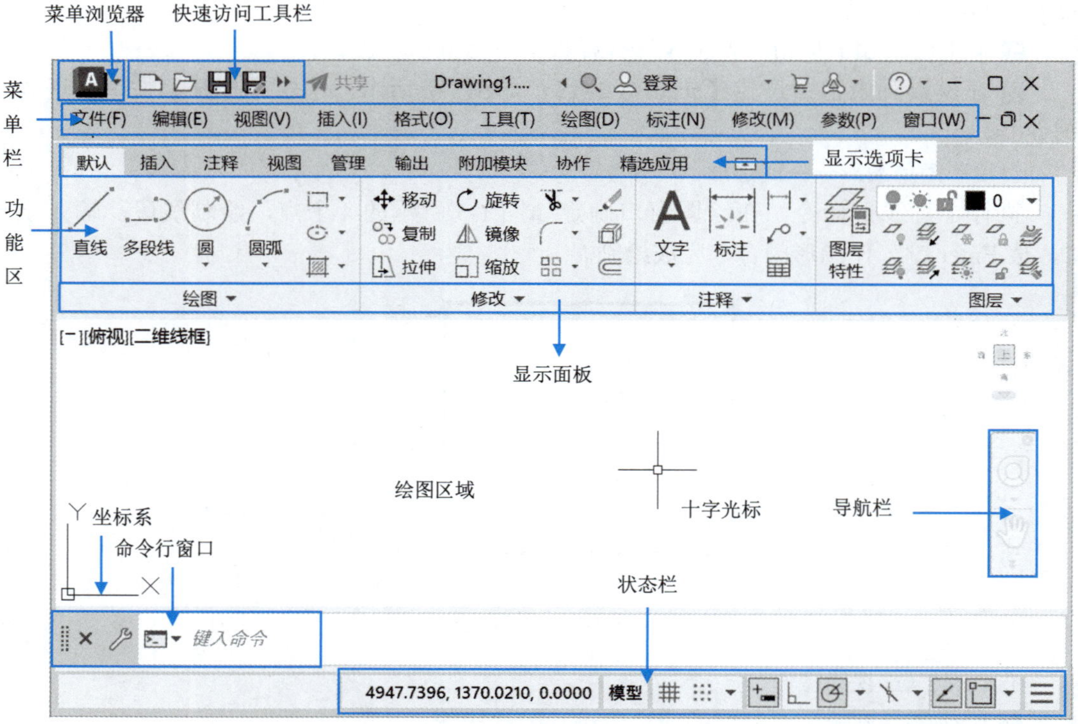

图 1-5 默认绘图界面布置

该界面主要包括菜单浏览器、快速访问工具栏、菜单栏、显示选项卡、功能区、显示面板、导航栏、命令行窗口、状态栏、坐标系和绘图区域等。

提示：关于绘图界面布置应注意以下几点。

（1）单击【快速访问工具栏】最右侧的下拉菜单按钮 ，选择【显示菜单栏】，可调出菜单栏。

（2）单击状态栏上的【自定义】按钮≡，在弹出的菜单中单击需要显示的功能按钮，即可将未显示在状态栏上的功能显示出来。例如单击【动态输入】▦、【线宽】≣等，则单击项显示在当前状态栏中。状态栏功能按钮亮显时为打开模式，灰色时为关闭模式。

（3）本书均在关闭【动态输入】状态下编写。

☼ 知识拓展——命令输入方式

AutoCAD 交互绘图必须输入必要的指令和参数。AutoCAD 命令输入方式有许多种，本节以画线段为例分别进行讲解。

1）在命令行窗口中输入命令

命令字符不区分大小写。执行【绘图】命令后，在命令行窗口中会出现提示选项。例如绘制线段操作步骤如下。

1 命令行窗口：输入 LINE，按 Enter 键。

2 指定第一个点：在屏幕上指定一点或输入一个点的坐标。

3 指定下一个点或【放弃（U）】。

📋 **提示**：方括号外选项为默认选项，因此可以直接输入线段的起点坐标或在屏幕上指定一点；如果要选择其他选项，则应该首先输入该选项的标识字符，如选择【放弃】选项的标识字符"U"，直接输入字母 U 或单击命令行 U 选项，然后按系统提示输入数据即可。在命令选项的后面有时还有尖括号，尖括号内的数值为默认数值。

2）在命令行窗口中输入命令缩写

为了提高输入效率，也可直接在命令行窗口中输入命令缩写，如 L（Line）、C（Circle）、A（Arc）、Z（Zoom）、R（Redraw）、M（Move）、CO（Copy）、PL（Pline）和 E（Erase）等。

3）选择菜单栏中的命令

单击【绘图】|【直线】，在命令行窗口中可以看到对应的命令说明及命令名。

4）单击功能区中的对应图标

单击【默认】|【绘图】|【直线】，在命令行窗口中可以看到对应的命令说明及命令名。

5）在绘图区打开右键快捷菜单

如果此前使用过要输入的命令，则可以在绘图区域右击，在打开的快捷菜单中选择【最近的输入】命令，然后在其子菜单中选择需要的命令。

6）重复刚使用过的命令

如果用户要重复使用上次使用的命令，可以按 Enter 键或空格键，系统将立即重复执行上次使用的命令。

☼ 知识拓展——视图操作

对于一个较为复杂的图形而言，在观察整个图形时往往无法对其局部细节进行查看和操作，而当在屏幕上放大显示某个细节时又看不到其他部分，为解决这类问题，AutoCAD 提供了缩放、平移、图形重画和重生成等一系列图形显示控制命令。

视频讲解

1. 缩放视图

将光标定位到要缩放的区域，向前或向后滚动鼠标滚轮，则图形以光标所在的位置为中心进行缩放。

2. 平移视图

按住鼠标中键，鼠标指针将变为✍，在绘图窗口移动鼠标，则图形随光标共同移动，可将图形平移到屏幕不同的位置；松开中键，平移立刻停止。

3. 图形重画

执行操作、编辑时，在绘图区域会遗留一些临时图形，使用图形重画命令可删除这些图形。

在命令行窗口输入 redraw 命令，按 Enter 键或空格键，实现图形重画。

4. 重生成

对于一些圆弧，放大后会出现一些显示的偏差，可能会变成多边形，使用重生成命令可以在当前视口中重新计算所有对象的位置和可见性，重新生成图形数据库的索引，从而优化显示和对象的选择性能。

在命令行窗口输入 regen 或者 regenall 命令，按 Enter 键或空格键，实现图形重生成。

【任务拓展】

绘制任意大小的三边形和五边形，熟练使用视图操作。

课题 1-2

视频讲解

【任务描述】

建立 A3 样板文件。要求如下。

1. 设置选项

1 设置绘图区域背景颜色，黑变白；

2 设置低版本保存。

2. 设置图形单位

1 长度类型为毫米，精度为"0.00"；

2 角度类型为十进制度数，精度为"0.0"，逆时针方向为正。

3. 设置绘图界限

绘图界限：A3（420×297）。

4. 设置图层、线型和线宽

	层名	颜色	线型	线宽
1	中心线；	红；	Center；	0.35；
2	虚线；	黄；	Dashed；	0.35；
3	细实线；	绿；	Continuous；	0.35；
4	粗实线；	白（黑）；	Continuous；	0.70。

5. 设置文字样式

样式名：机械字体；字体名：Gbenor.shx；使用大字体：gbcbig.shx；文字宽的系数：1；文字倾斜角度：0。

6. 设置尺寸标注样式

1 "机械样式"父样式；

2 "机械样式→角度标注"的子样式；

3 "机械样式→直径标注"的子样式；

4 "机械样式→半径标注"的子样式。

7. 预设中心线延伸长度

点画线的两端超出图形外 2~5mm。

8. 绘制 A3 图框及标题栏

A3 图框格式及标题栏如图 1-6 所示。

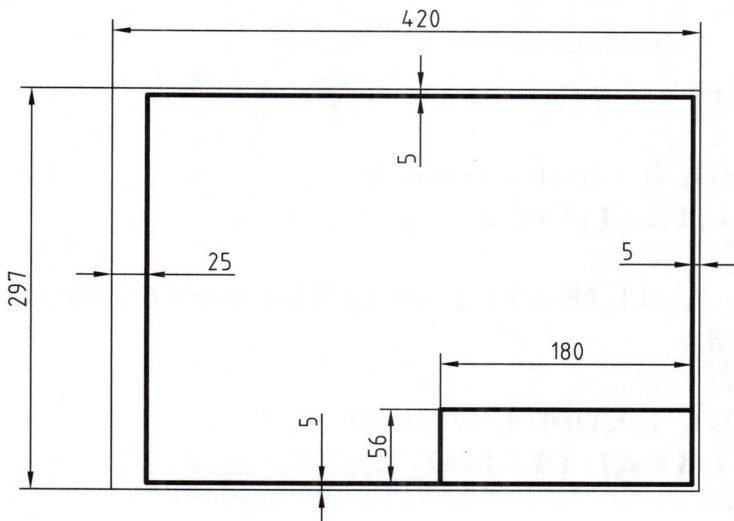

图 1-6　A3 图框格式及标题栏

9. 保存"A3 样板"文件

文件名：A3 样板 .dwt。

【任务目标】

（1）掌握设置绘图区域背景颜色和低版本保存。

（2）掌握设置图形单位和设置绘图界限。

（3）掌握设置图层。

（4）掌握设置文字样式和尺寸标注样式。

（5）掌握预设中心线延伸长度。

（6）掌握 A3 图框及标题栏的绘制。

▣ 先导知识——样板文件的概念

把每次绘图都要进行的各种重复性工作以样板文件的形式保存下来，下一次绘图时，可直接使用样板文件的这些内容。这样，可避免重复劳动，提高绘图效率。同时，保证各种图形文件使用标准的一致性。

样板文件的内容通常包括图形单位、绘图界限、图层、线型、线宽、文字样式、尺寸标注样式和表格样式等设置以及绘制图框及标题栏。

样板文件的扩展名为 .dwt。

📖 先导知识——设置绘图系统

1）执行方式

1 命令行窗口：输入 PREFERENCES，按 Enter 键。

2【菜单栏】|【工具】|【选项】。

2）操作步骤

执行上述命令，弹出【选项】对话框，在对话框中可对绘图系统进行配置。

📖 先导知识——设置绘图环境

1. 设置绘图单位

1）执行方式

1 命令行窗口：输入 UNITS，按 Enter 键。

2【菜单栏】|【格式】|【单位】。

2）操作步骤

执行上述命令，弹出【图形单位】对话框，在对话框中可定义单位和角度格式。

2. 设置图形界限

1）执行方式

1 命令行窗口：输入 LIMITS，按 Enter 键。

2【菜单栏】|【格式】|【图形界限】。

2）操作步骤

1 输入 LIMITS，按 Enter 键。

2 重新设置模型空间界限。

①【系统提示：指定左下角点【开（ON）/关（OFF）】<0.000,0.000>】：输入图形边界左下角点的坐标后按 Enter 键。

②【系统提示：指定右上角点：<420.000,297.000>】：输入图形边界右上角点的坐标后按 Enter 键。

📖 先导知识——设置图层📇

图层相当于图纸绘图中使用的重叠图纸。绘制图形需要用到各种不同的线型和线宽，为了明显地显示各种不同的线型，可以在图层里面将不同的颜色赋予不同的线型。将所绘制的对象放在不同的图层上，可提高绘图效率。

1）执行方式

1 命令行窗口：输入 LAYER 或 LA，按 Enter 键。

2【菜单栏】|【格式】|【图层】。

3【功能区】|【默认】|【图层】|【图层特性】📇。

2）操作步骤

执行上述命令，弹出【图层特性】对话框，在对话框中可创建新的图层、修改已存在的图层、设置当前图层、图层重命名，以及删除已有图层等。

📖 先导知识——设置文字样式A

设置的文字样式主要包括文字字体、字号、角度、方向和其他文字特征。

1）执行方式

1 命令行窗口：输入 STYLE，按 Enter 键。

2【菜单栏】|【格式】|【文字样式】。

3【功能区】|【默认】|【注释】|【文字样式】。

2）操作步骤

执行上述命令，弹出【文字样式】对话框，在对话框中可创建新的文字样式、修改已存在的文字样式、设置当前文字样式、文字样式重命名，以及删除已有文字样式等。

先导知识——设置尺寸标注样式

设置尺寸标注样式主要包括尺寸界线、尺寸线、尺寸箭头和中心标记的形式、尺寸文本的位置、特性等。

1）执行方式

1 命令行窗口：输入 DIMSTYLE，按 Enter 键。

2【菜单栏】|【格式】|【标注样式】。

3【功能区】|【默认】|【注释】|【标注样式】。

2）操作步骤

执行上述命令，弹出【标注样式管理器】对话框，在对话框中可创建新的标注样式、修改已存在的标注样式、设置当前标注样式、标注样式重命名，以及删除已有标注样式等。

先导知识——文字命令 A

文字命令，AutoCAD 根据不同需要提供了单行文字和多行文字输入方式。

1. 单行文字 A

1）执行方式

1 命令行窗口：输入 TEXT 或 DT，按 Enter 键。

2【菜单栏】|【绘图】|【文字】|【单行文字】。

3【功能区】|【默认】|【注释】|【文字】|【单行文字】。

4【功能区】|【注释】|【文字】|【单行文字】。

2）操作步骤

1 命令行窗口：输入 TEXT 或 DT，按 Enter 键，系统显示为

【系统当前设置：当前文字样式："Standard" 文字高度：2.5000 注释性：否 对正：左】。

2【系统提示：指定文字的起点 或【对正（J）样式（S）】】：单击鼠标指定文字起点。

3【系统提示：指定文字的高度 <2.5000>】：输入文字高度，按 Enter 键。

4【系统提示：指定文字的旋转角度 <0>】：输入旋转角度，按 Enter 键。

5 输入文字内容。

6 按 Esc 键退出，完成单行文字编辑。

提示：关于单行文字应注意以下几点。

（1）如果需要输入多个单行文字，可以在步骤（5）结束后单击绘图区域中需要继续输入单行文字的位置，再次进行单行文字输入；

（2）执行步骤（5）时，在文字输入区域右击，会出现快捷菜单，如图 1-7 所示，可

放弃(U)	Ctrl+Z
重做(R)	Ctrl+Y
剪切(T)	Ctrl+X
复制(C)	Ctrl+C
粘贴(P)	Ctrl+V
编辑器设置	▶
插入字段(L)...	Ctrl+F
查找和替换...	Ctrl+R
全部选择(A)	Ctrl+A
改变大小写(H)	▶
帮助	F1
取消	

图 1-7　单行文字输入区域
右击出现的快捷菜单

以通过该快捷菜单中的相关选项对文字内容进行编辑。

3）部分选项说明

1 对正（J）：确定文字的插入点，可以根据系统提示选择。

2 样式（S）：根据设置选择文字样式。

2. 多行文字 Ⓐ

1）执行方式

1 命令行窗口：输入 MTEXT 或 MT，按 Enter 键。

2【菜单栏】|【绘图】|【文字】|【单行文字】。

3【功能区】|【默认】|【注释】|【文字】|【多行文字】。

4【功能区】|【注释】|【文字】|【多行文字】。

2）操作步骤

1 命令行窗口：输入 MTEXT，按 Enter 键。系统显示为

【系统当前设置：当前文字样式："Standard"　文字高度：2.5　注释性：否】。

2【系统提示：指定第一个角点】：用鼠标指定角点。

3【系统提示：指定对角点【高度（H）对正（J）行距（L）旋转（R）样式（S）宽度（W）栏（C）】：用鼠标指定对角点或选择其他选项进行设置。

弹出【文字编辑器】对话框，如图 1-8 所示。

图 1-8　【文字编辑器】对话框

📄 **提示：** 可以根据绘图需要对【样式】、【格式】、【段落】、【插入】等面板中的选项进行编辑。

4 输入文字内容。

5 单击【关闭】按钮，或单击绘图区域空白位置结束多行文字编辑。

📄 **提示：** 在步骤（4）的文字输入区域右击，弹出如图 1-9 所示的快捷菜单，可以根据菜单内容进行编辑，如选择"输入文字"选项，在弹出【选择文件】对话框中找到已编辑好的记事本文件（*.txt），单击【打开】按钮，即可将记事本文件内容输入【多行文本编辑器】里面。

3）部分选项说明

1 高度（H）：指定用于多行文字字符的文字高度。

2 对正（J）：根据文字边界，确定新文字或选定文字的对齐方式和文字走向。

3 行距（L）：指定多行文字对象的行距。行距是相邻两行文字底部（或基线）之间的垂直距离。

4 旋转（R）：指定文字边界的旋转角度。

全部选择(A)	Ctrl+A
剪切(T)	Ctrl+X
复制(C)	Ctrl+C
粘贴(P)	Ctrl+V
选择性粘贴	▶
插入字段(L)...	Ctrl+F
符号(S)	▶
输入文字(I)...	
段落对齐	▶
段落...	
项目符号和列表	▶
分栏	▶
查找和替换...	Ctrl+R
改变大小写(H)	▶
全部大写	
✓ 自动更正大写锁定	
字符集	▶
合并段落(O)	
删除格式	▶
背景遮罩(B)...	
编辑器设置	▶
帮助	F1
取消	

图 1-9　多行文字区域右击
快捷菜单

⑤ 样式（S）：指定用于多行文字的文字样式。

⑥ 宽度（W）：指定文字边界的宽度。

【任务实施】

1. 新建文件

新建文件，选择保存文件类型为"AutoCAD 图形样板（*.dwt）"，保存文件名为"A3样板"文件。

2. 设置选项

执行【设置绘图系统】命令，弹出【选项】对话框，如图 1-10 所示。

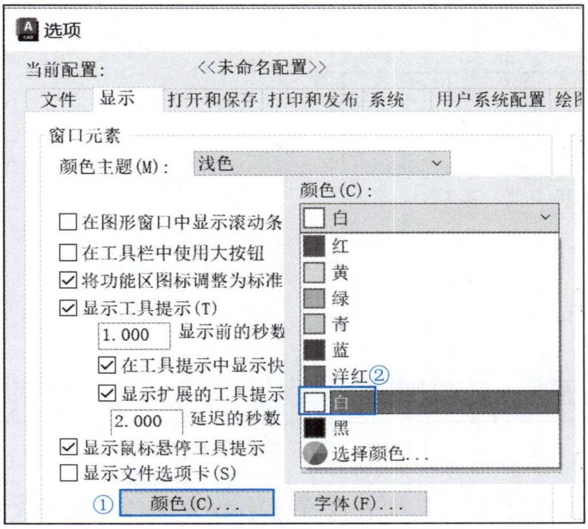

图 1-10　设置绘图区域背景颜色

1）设置绘图区域背景颜色

① 选择【显示】选项卡，单击【窗口元素】组的【颜色】按钮。

② 弹出【图形窗口颜色】对话框，单击右上角的"颜色"下拉菜单，选择"白"，单击"应用并关闭"，绘图区域背景变为白色。

2）设置低版本保存

选择【打开和保存】选项卡，在【文件保存】组【另存为】选项下的菜单中选择低版本文件格式，如图 1-11 所示，系统默认保存为所选版本的文件。

图 1-11　设置低版本保存

3. 设置单位

执行【设置绘图单位】命令，弹出【图形单位】对话框，如图 1-12 所示。

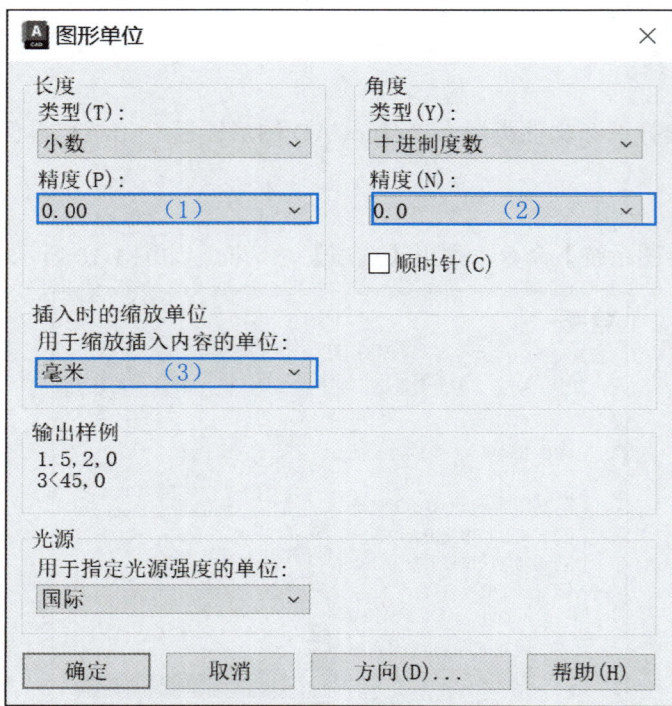

图 1-12　【图形单位】对话框

1 在【长度】组，从【类型】列表选择【小数】选项，从【精度】列表选择【0.00】选项。

2 在【角度】组，从【类型】列表选择【十进制度数】选项，从【精度】列表选择【0.0】选项，系统默认逆时针方向为正。

3 在【插入时的缩放单位】组，从【用于缩放插入内容的单位】列表选择【毫米】选项。

4. 设置图形界限

1 执行【设置图形界限】命令，键盘输入"0，0"（注意输入法为键盘状态），按 Enter 键，继续输入"420，297"，按 Enter 键，完成设置。

2 命令行窗口：输入 Z（ZOOM），按 Enter 键，继续输入 A，按 Enter 键，完成全屏显示。

5. 设置图层

以设置"中心线"图层为例。

执行【设置图层】命令，弹出【图层特性管理器】对话框。

1）设置图层名

1 在【图层特性管理器】对话框中，单击【新建图层】按钮。

2 在名称位置处输入"中心线"，如图 1-13 所示。

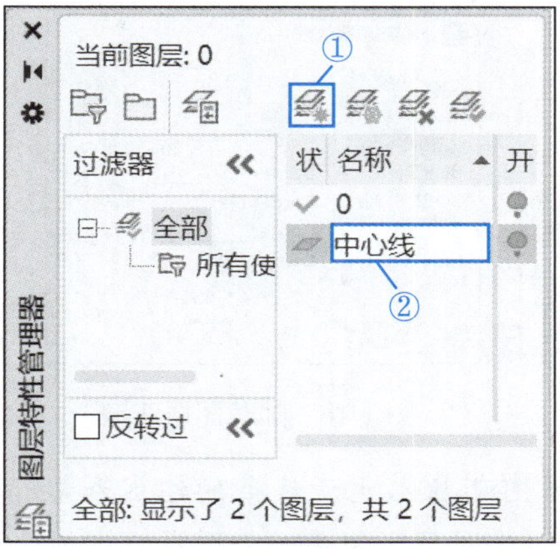

图 1-13　设置图层名

2）设置图层颜色

单击中心线图层【颜色】选项卡下的颜色色块，弹出【选择颜色】对话框，选择颜色为"红"，如图 1-14 所示，单击【确定】按钮。

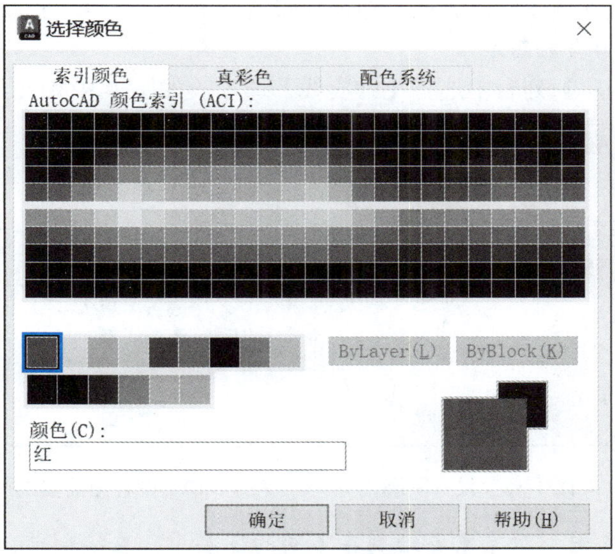

图 1-14　设置图层颜色

📋 **提示：**在工程制图中，整个图形包含多种不同功能的图形对象，如实体、尺寸标注等。为了便于直观地区分它们，有必要针对不同的图形对象使用不同的颜色。

3）设置线型

1 单击中心线图层【线型】选项卡下的线型选项，弹出【选择线型】对话框，如图 1-15 所示，单击【加载】按钮。

2 弹出【加载或重载线型】对话框，选择【CENTER】线型，如图 1-16 所示，单击【确定】按钮；

3 返回【选择线型】对话框，选择"CENTER"线型，单击【确定】按钮，如图 1-17 所示，完成线型设置。

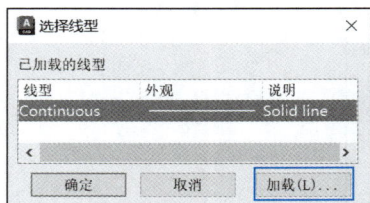

图 1-15　设置图层线型　　　图 1-16　加载图层线型　　　图 1-17　确定加载图层线型

📋 **提示**：线型是指作为图形基本元素线条的组成和显示方式，如实线、点画线等。在绘图工作中，常常以线型划分图层。为某一个图层设置适合的线型后，在绘图时只需将该图层设为当前工作层，即可绘制出符合线型要求的图形对象，极大地提高了绘图效率。

4）设置线宽

单击中心线图层【线宽】选项卡下的线宽选项，弹出【线宽】对话框，选择 0.35mm 线宽，如图 1-18 所示，单击【确定】按钮，完成线宽设置。

按同样方法设置其他图层，完成其他图层设置。

5）设置细实线为当前图层

在【快速访问图层】列表中选择【细实线】选项，如图 1-19 所示。

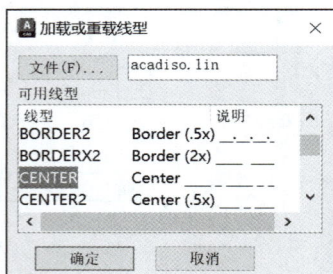

图 1-18　设置图层线宽　　　图 1-19　设置当前图层

📋 **提示**：不同的图形对象需要绘制在不同的图层中。在绘制前，需要将工作层切换到所需的图层。

6. 设置"机械字体"文字样式

执行【设置文字样式】命令，弹出【文字样式】对话框。

1️⃣ 单击"Standard"文字样式。

2️⃣ 单击【新建】按钮。

3️⃣ 弹出【新建文字样式】对话框，在【样式名】文本框中输入"机械字体"，如图 1-20 所示。

4️⃣ 单击【确定】按钮，返回【文字样式】对话框，样式中新增"机械字体"，单击"机械字体"文字样式。

5️⃣ 在【字体】组【SHX 字体】列表中选择【gbenor.shx】。

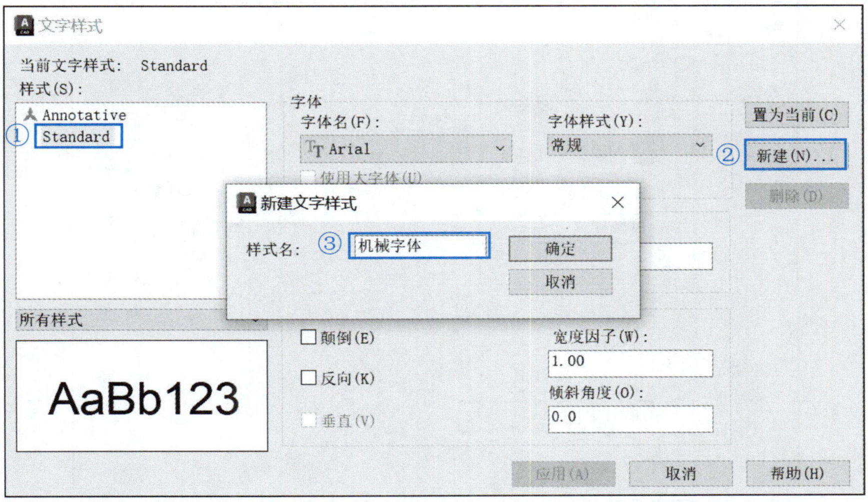

图 1-20　新建文字样式

6 勾选【使用大字体】复选框。

7 在【大字体】列表中选择【gbcbig.shx】。

如图 1-21 所示，单击【应用】按钮，建立机械字体样式。

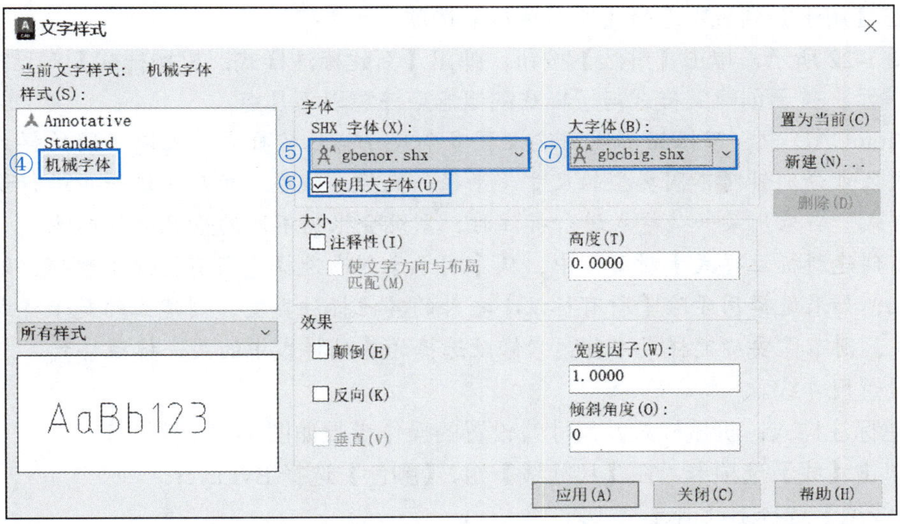

图 1-21　设置机械字体样式

🗐 提示：关于文字样式。

在 AutoCAD 中，文字样式控制着图中所使用的文字字体、字号、方向以及其他文字特性。在一幅图中可以定义多种文字样式，以适应不同对象的需要。

7. 设置尺寸标注样式

执行【设置标注样式】命令，弹出【标注样式管理器】对话框。

1）创建"机械样式"父样式

1 设置新标注样式。

【标注样式管理器】对话框及新标注样式设置的操作步骤如图 1-22 所示。

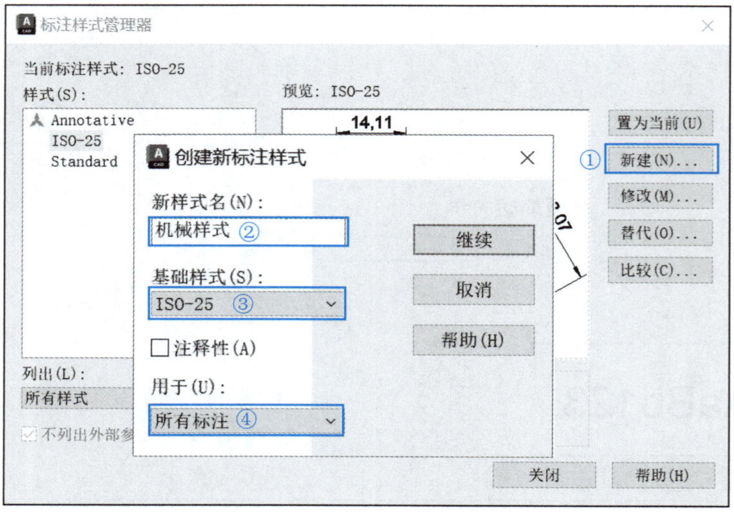

图 1-22　设置新标注样式

① 单击【新建】按钮，弹出【创建新标注样式】对话框。

② 在【新样式名】文本框中输入"机械样式"。

③ 在【基础样式】列表中选择【ISO-25】选项。

④ 在【用于】列表中选择【所有标注】选项。

如图 1-22 所示，单击【继续】按钮，弹出【新建标注样式：机械样式】对话框。

📋 提示：关于创建父样式与子样式的概念应注意以下几点。

在 AutoCAD 中，可根据不同用途设置多个尺寸标注父样式，配以不同的样式名。每个父样式又可分别针对不同类型的尺寸（半径、直径、线型、角度）进一步进行设置，即设置子样式。当采用某一父样式进行标注时，系统会根据不同的情况进行标注。

在【创建新标注样式】对话框中，从【用于】列表选择【所有标注】选项，则建立一个父样式；如果选择用于除【所有标注】之外的其他标注类型，则建立的是子样式。若建立子样式，则不需要确定样式名称，只修改选择的基础样式中的某一标注样式。

2 设置尺寸线。

新建标注样式：机械样式及尺寸线设置的操作步骤如图 1-23 所示。

① 单击【线】选项卡，在【尺寸线】组，【颜色】选择 ByLayer。

②【线型】选择 ByLayer。

③【线宽】选择 ByLayer。

④ 在【基线间距】文本框中输入 7。

⑤ 在【尺寸界线】组，【颜色】选择 ByLayer。

⑥【尺寸界线 1 的线型】选择 ByLayer。

⑦【尺寸界线 2 的线型】选择 ByLayer。

⑧【线宽】选择 ByLayer。

⑨ 在【超出尺寸线】文本框中输入 2.5。

⑩ 在【起点偏移量】文本框中输入 0。

图 1-23 设置尺寸线

3 设置符号和箭头。

单击【符号和箭头】选项卡，在箭头组【箭头大小】文本框中输入 3，如图 1-24 所示。

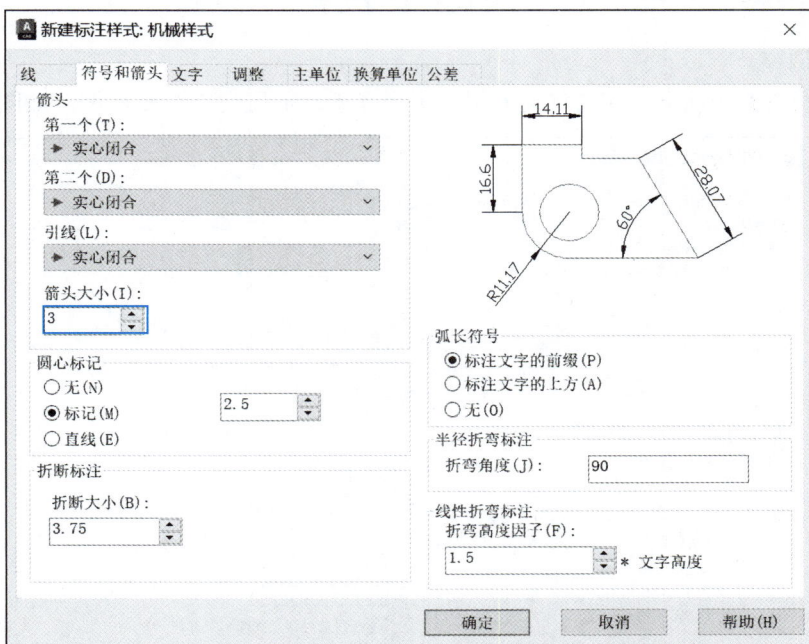

图 1-24 设置符号和箭头

4 设置文字。

① 单击【文字】选项卡，在【文字外观】组，如图 1-25 所示，从【文字样式】列表选择【机械字体】选项；

② 【文字颜色】选择 ByLayer；
③ 在【文字高度】文本框中输入 3.5。

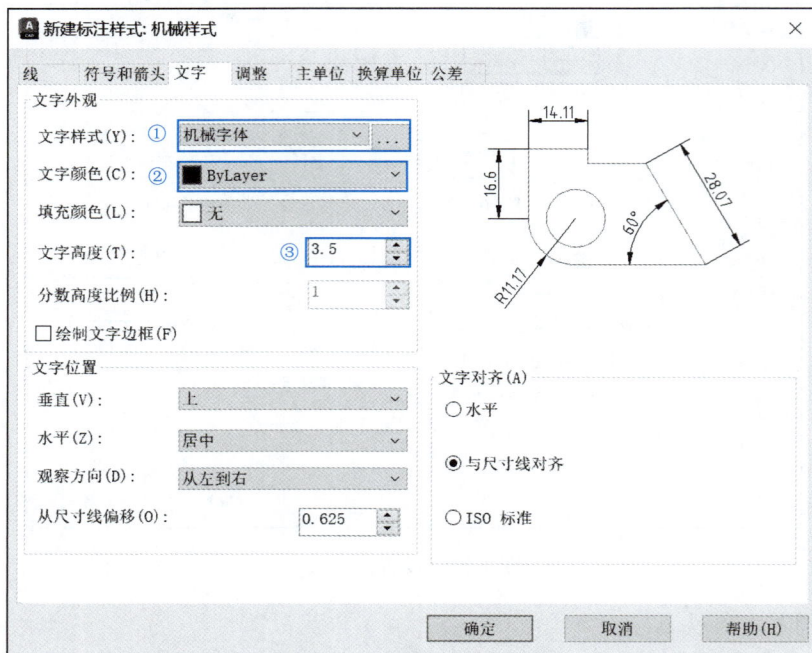

图 1-25　设置文字

5 设置调整。

单击【调整】选项卡，在【优化】组，选中【手动放置文字】复选框，如图 1-26 所示。

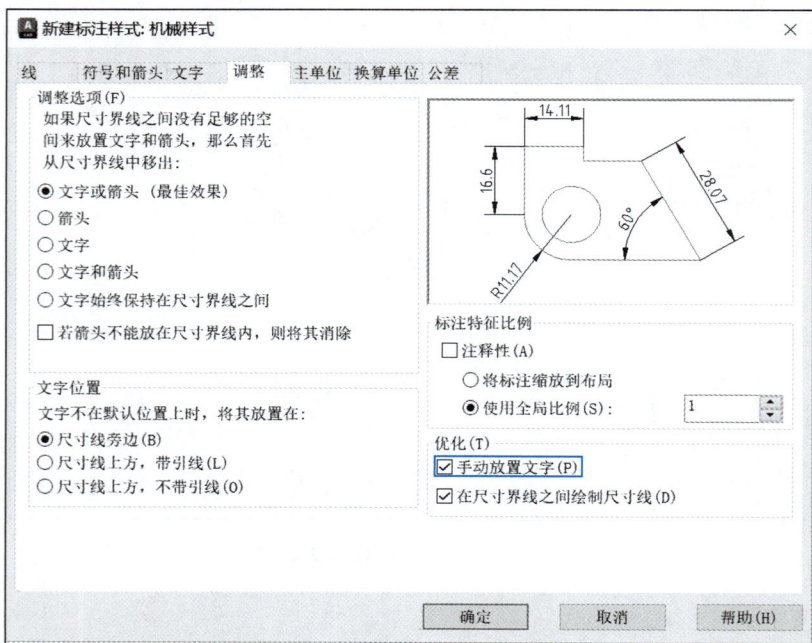

图 1-26　设置调整

6 设置主单位。

单击【主单位】选项卡，从【小数分隔符】列表选择【"."（句点）】选项，如图 1-27 所示。

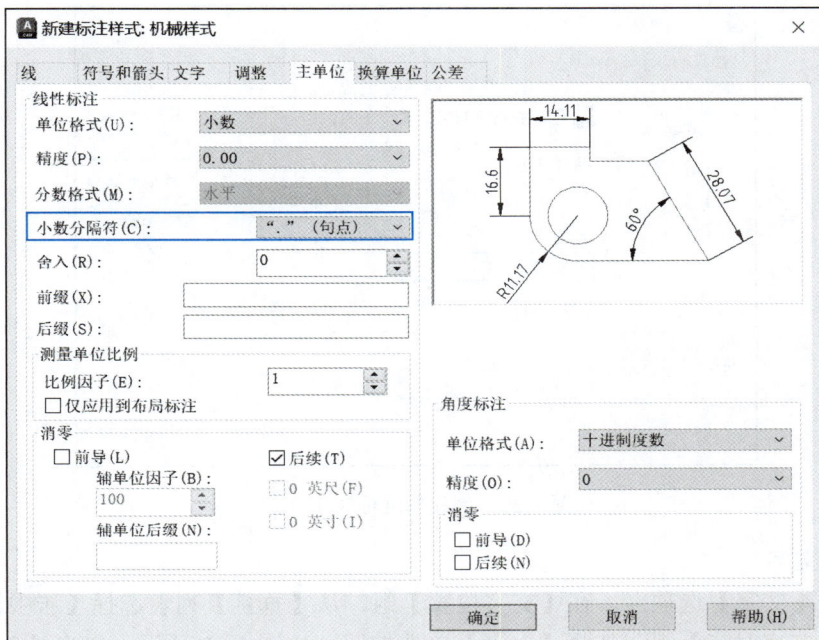

图 1-27　设置主单位

7 单击【确定】按钮，完成尺寸标注样式设置。

📑 **提示：关于尺寸标注样式。**

尺寸标注样式的各部分名称说明如图 1-28 所示。

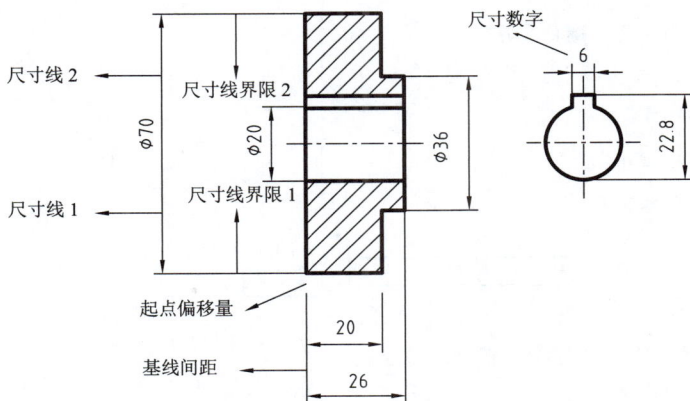

图 1-28　尺寸标注样式各部分名称说明

2）创建"机械样式"父样式的"角度"标注子样式

1 新建样式。

① 单击【新建】按钮，弹出【创建新标注样式】对话框。

② 从【基础样式】列表选择【机械样式】选项。

③ 从【用于】列表选择【角度标注】选项，如图 1-29 所示。

单击【继续】按钮，出现【新建标注样式：机械样式：角度】对话框。

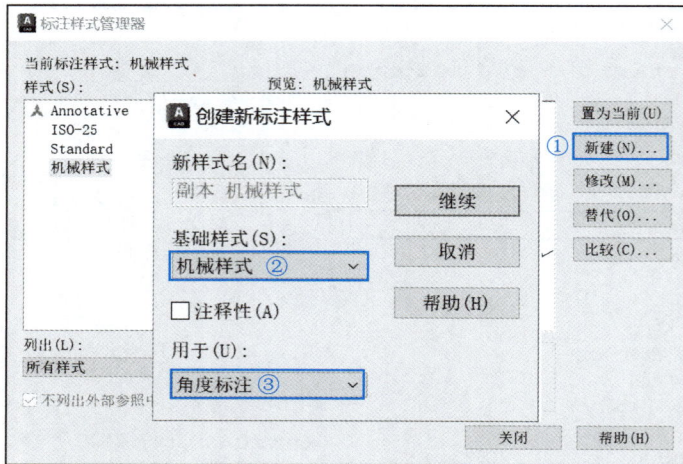

图 1-29　创建角度标注子样式

2 设置文字。

① 单击【文字】选项卡，在【文字位置】组，从【垂直】列表选择【居中】选项。

② 在【文字对齐】组，选择【水平】单选按钮。如图 1-30 所示。单击【确定】按钮，完成"角度"子样式设置。

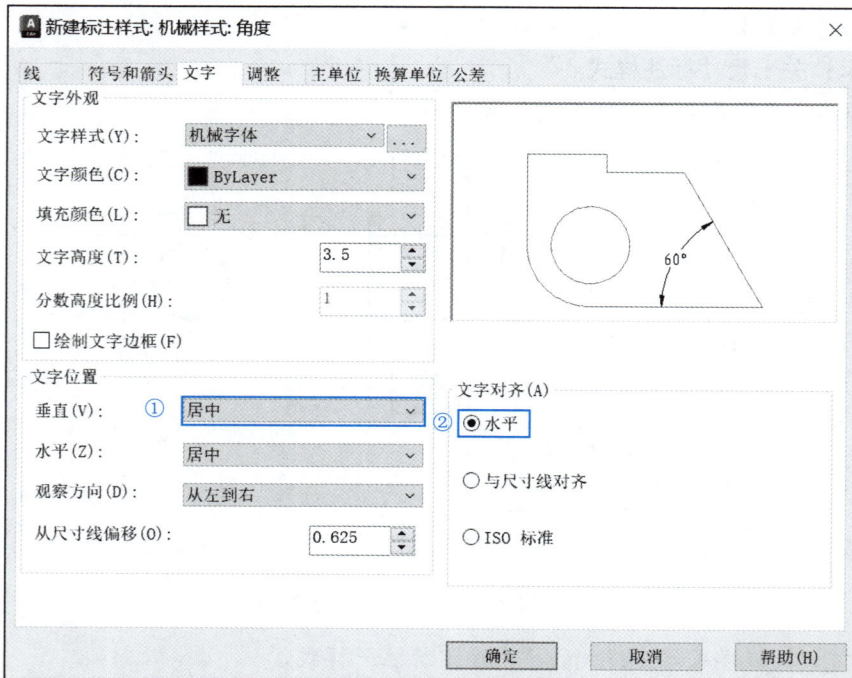

图 1-30　创建角度标注子样式——设置文字

3）创建"机械样式"父样式的"直径"标注子样式

1 新建样式。

① 单击【新建】按钮，弹出【创建新标注样式】对话框。

② 从【基础样式】列表选择【机械样式】选项。

③ 从【用于】列表选择【直径标注】选项，如图 1-31 所示。

单击【继续】按钮，弹出【新建标注样式：机械样式：直径】对话框。

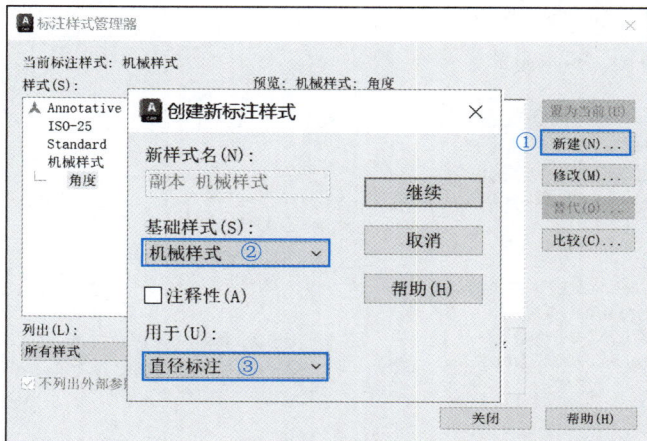

图 1-31　创建直径标注子样式

2 设置文字。

单击【文字】选项卡，在【文字对齐】组选择【ISO 标准】选项，如图 1-32 所示。

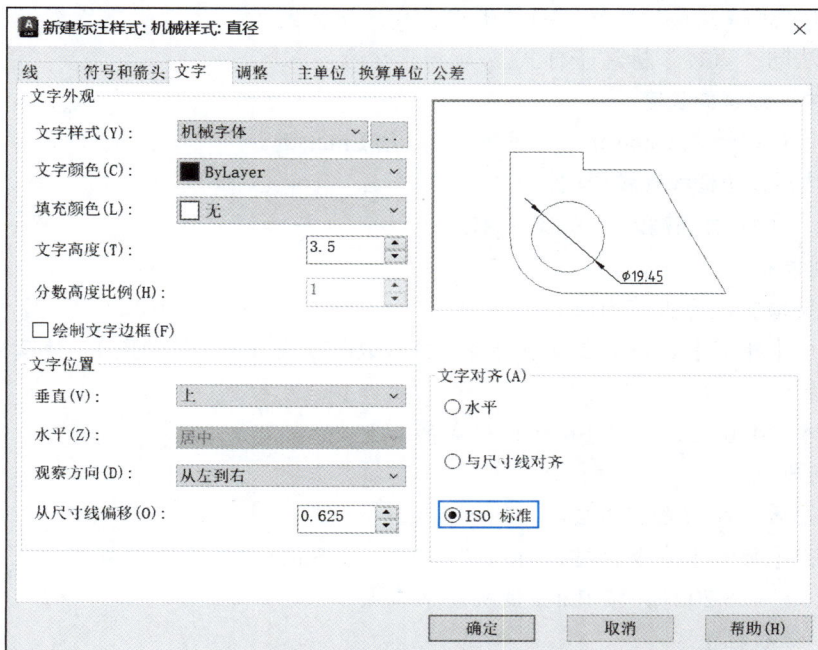

图 1-32　创建直径标注子样式——设置文字

3 设置调整。

单击【调整】选项卡，在【调整选项】组选择【文字】选项，如图 1-33 所示。单击
【确定】按钮，完成"直径"子样式设置。

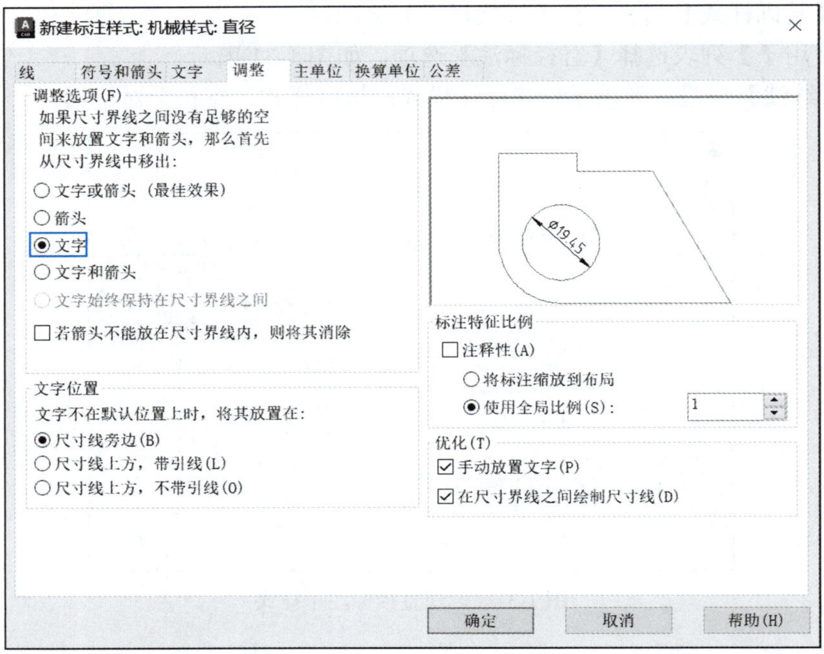

图 1-33　创建直径标注子样式—设置调整

4）创建"机械样式"父样式的"半径"标注子样式

创建方法同"直径"标注子样式。

8. 预设中心线延伸长度

在命令行窗口输入 CentreExe，输入 3.5，按 Enter 键。

9. 绘制边界、边框和标题栏框

📋 提示：关闭动态输入完成以下绘制。

1）绘制边界

（1）设置细实线为当前图层。

（2）执行【矩形】命令（在命令行窗口输入 REC，按 Enter 键确定），键盘输入"0,0"，
按 Enter 键确定第一点。

（3）输入"420,297"，按 Enter 键确定第二点。

2）绘制边框

（1）设置粗实线为当前图层。

（2）执行【矩形】命令，键盘输入"25,5"，按 Enter 键确定第一点。

（3）输入"415,292"，按 Enter 键确定第二点。

3）绘制标题栏框

（1）执行【直线】命令，键盘输入"235,5"，按 Enter 键确定第一点。

（2）输入"@0,56"，按 Enter 键确定第二点。

（3）输入"@180,0"，按 Enter 键确定第三点。

10. 保存样板文件

执行【快速访问工具栏】|【保存】。

💡 知识拓展——图框

国标对图纸的幅面大小作出了严格规定，应采用国标规定的图纸基本幅面尺寸，其基本幅面代号有 A0、A1、A2、A3、A4 五种，留装订边的图框格式具体尺寸见表 1-1。

表 1-1　图纸幅面及图框格式尺寸　　　　　　　　　　　　　　　　单位：mm

幅面代号	幅面尺寸	周边尺寸	
	$B \times L$	a	c
A0	841×1189	25	10
A1	594×841		
A2	420×594		
A3	297×420		5
A4	210×297		

图纸上限定绘图区域的线框称为图框；图框在图纸上必须用粗实线画出，图样绘制在图框内部，如图 1-34 所示。

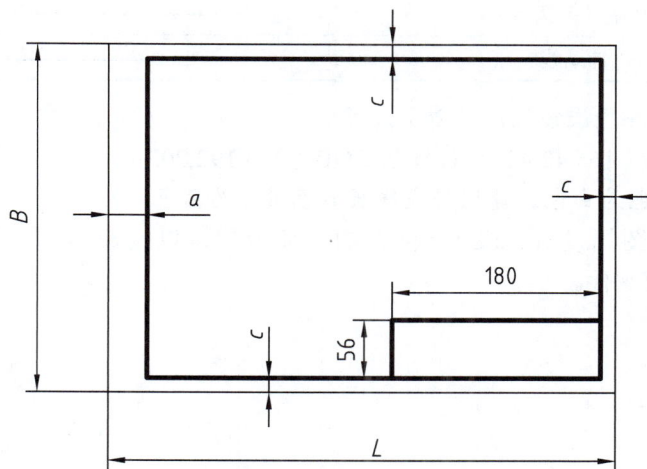

图 1-34　图框格式及标题栏方位

工程图的字体高度 h 与图纸幅面之间的大小关系，见表 1-2。

表 1-2　工程图的字体高度 h 与图纸幅面之间的大小关系　　　　　单位：mm

字体高度 h	图纸幅面				
	A0	A1	A2	A3	A4
字母、数字	5			3.5	
汉字	7			5	

【任务拓展】

1. 图层推荐的基本设置见表 1-3。

表 1-3　图层推荐的基本设置

图层名	作用	颜色	样式	线型
01 粗实线	粗实线	白（黑）色	———	CONTINUOUS
02 细实线	细实线	绿色	———	CONTINUOUS
	波浪线		～～～	
	双折线		—∿—∿—	
04 虚线	虚线	黄（蓝）色	– – – –	DASHED 或 HIDDENX2
05 中心线	细点画线	红色	—·—·—	CENTER
07 双点画线	双点画线	粉红色	—·· —·· —	PHANTOM
08 标注	尺寸线、投影连线、尺寸终端与符号细实线	绿色	———	CONTINUOUS
09 剖面线	剖面符号	绿色	////////	
10 文本	文字（细实线）		———	
辅助线	辅助线	9	———	

📄 提示：关于颜色设置应注意以下几点。

（1）棕色 RGB（165,42,42）；粉红色 RGB（255,192,203）。

（2）若屏幕底色为白色，建议将虚线层颜色设置为蓝色。

2. 按表 1-1 的图幅设置、表 1-2 推荐的字体设置，以及表 1-3 图层设置，建立 A0、A1、A2 和 A4 样板文件。

模块二　AutoCAD 基本绘图操作

课题 2-1

视频讲解

【任务描述】

通过绘制一幅如图 2-1 所示的图形，掌握利用各种坐标方式确定点画线的方法，图中 A 点的绝对直角坐标为（80,120）。

【任务目标】

（1）掌握坐标系概念。

（2）掌握利用各种坐标定义点画线的方法。

■ 先导知识——点的输入方法

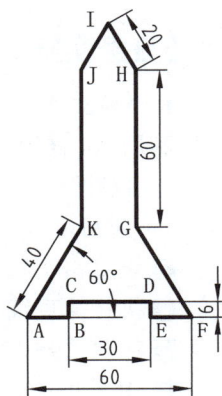

图 2-1　坐标模式绘图

📄 提示：动态输入为关闭状态。

1）屏幕取点

用鼠标等定标设备，在屏幕上移动光标并单击直接取点。

2）坐标输入法

在 AutoCAD 中，点的坐标可以用直角坐标、极坐标表示。每一种坐标分别具有两种坐标输入方式：绝对坐标和相对坐标。

1 直角坐标法：用点的 X、Y 坐标值表示的坐标。

在绝对坐标系中，点是以原点（0,0）为参考点定位的。例如，输入"100,80"，表示坐标值在 X 轴上的水平距离为 100，Y 轴上的垂直距离为 80，此为绝对坐标输入方式，表示该点的坐标是相对于坐标原点的坐标值，如图 2-2（a）所示。如果输入"@60,50"，则为相对坐标输入方式，表示该点的坐标是相对于前一点的坐标值，如图 2-2（b）所示。

2 极坐标法：用长度和角度表示的坐标。

在绝对坐标输入方式下，表示为"长度<角度"。例如，在命令行输入点的坐标提示下，输入"120<30"，其中长度为该点到坐标原点的距离，角度为该点至原点的连线与 X 轴正向的夹角，如图 2-2（c）所示。

在相对坐标输入方式下，表示为"@ 长度<角度"。例如，在命令行输入点的坐标提示下，输入"@40<40"，其中长度为该点到前一点的距离，角度为该点至前一点的连线与

X 轴正向的夹角，如图 2-2（d）所示。

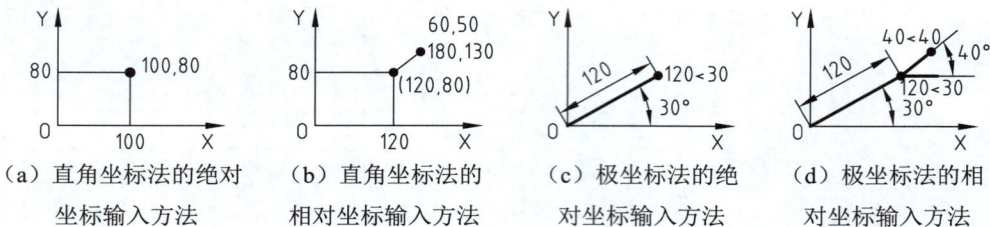

（a）直角坐标法的绝对
坐标输入方法　　（b）直角坐标法的
相对坐标输入方法　　（c）极坐标法的绝
对坐标输入方法　　（d）极坐标法的相
对坐标输入方法

图 2-2　点的坐标输入方法

3）直接输入距离

先用极轴追踪线确定方向，然后用键盘直接输入距离。

4）捕捉屏幕上已有图形的特殊点

用【目标捕捉】方式捕捉屏幕上已有图形的特殊点，如端点、中点、中心点、插入点、交点、切点、垂足点等。

【任务实施】

1. 新建文件

利用 A4 样板创建新文件，另存为"坐标模式绘图"。

2. 绘制图形

1）采用绝对坐标确定 A、B、C 点

1 设置粗实线为当前图层。

2 执行【直线】命令，键盘输入"80,120"，按 Enter 键，确定 A 点。

3 输入"95,120"，按 Enter 键，确定 B 点。

4 输入 95,126"，按 Enter 键，确定 C 点。

2）采用相对坐标确定 D、E、F 点

1 输入"@30,0"，按 Enter 键，确定 D 点。

2 输入"@0,-6"，按 Enter 键，确定 E 点。

3 输入"@15,0"，按 Enter 键，确定 F 点。

3）采用相对极坐标确定 G、H、I、J 点

1 输入"@40<120"，按 Enter 键，确定 G 点。

2 输入"@60<90"，按 Enter 键，确定 H 点。

3 输入"@20<120"，按 Enter 键，确定 I 点。

4 输入"@20<240"，按 Enter 键，确定 J 点。

4）采用相对坐标确定 K 点

输入"@0,-60"，按 Enter 键，确定 K 点。

5）封闭图框

输入 C，按 Enter 键闭合，完成图框绘制。

3. 保存文件

执行【快速访问工具栏】|【保存】。

【任务拓展】

绘制如图 2-3 所示图形，1 点的绝对直角坐标为（50,50）。

（a）绝对直角坐标练习　　　　　（b）相对直角坐标练习

图 2-3　直角坐标练习

课题 2-2

【任务描述】

通过绘制一幅如图 2-4 所示的图形，掌握利用对象捕捉精确绘制图形的方法。

【任务目标】

（1）掌握对象捕捉的使用。

（2）掌握自动捕捉的设置。

图 2-4　对象捕捉模式绘图

📖 先导知识——正交模式绘图

所谓正交模式绘图，就是在命令的执行过程中，光标只能沿 X 轴或 Y 轴移动，所有绘制的线段都将平行于 X 轴或 Y 轴，因此它们相互垂直成 90°，即正交。

单击【状态栏】|【正交】按钮📐或按 F8 键，使其亮显，开启【正交】模式。

当绘制水平线和竖直线时，适合开启"正交"模式绘图。

📖 先导知识——对象捕捉模式绘图

AutoCAD 为所有对象都定义了特征点，对象捕捉则是指在绘图过程中，通过捕捉这些特征点，迅速、准确地将新的图形对象定位在现有对象的确切位置上，如圆的圆心、线段中点或两个对象的交点等。

对象捕捉功能的调用可以通过以下方式来执行。

1 通过临时捕捉快捷菜单：按住 Shift 键或 Ctrl 键，然后在绘图窗口单击鼠标右键，

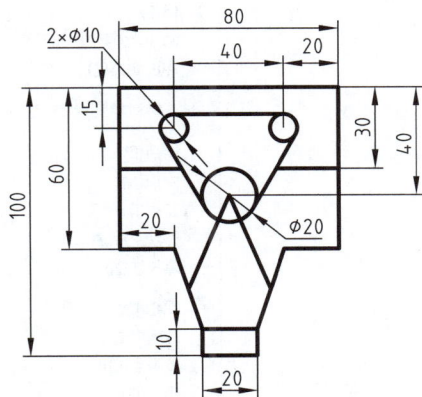

弹出临时捕捉快捷菜单，如图 2-5 所示，在快捷菜单中单击需要捕捉的特征点，然后移动光标到需要捕捉的对象的特征点附近，即可捕捉这些特征点。

2 使用命令行：当需要指定点位置时，在命令行中输入相应特征点关键字，把光标移动到要捕捉的对象的特征点附近，即可捕捉这些特征点。对象捕捉模式及关键字见表 2-1。

表 2-1　对象捕捉模式及关键字

模　　式	关键字	模　　式	关键字	模　　式	关键字
临时追踪点	TT	捕捉自	FROM	端点	END
中点	MID	交点	INT	外观交点	APP
延长线	EXT	圆心	CEN	象限点	QUA
切点	TAN	垂足	PER	平行线	PAR
节点	NOD	最近点	NEA	无捕捉	NON

3 自动对象捕捉：AutoCAD 提供了自动对象捕捉模式。单击【状态栏】|【对象捕捉】按钮或按 F3 键，使其亮显，开启【对象捕捉】模式，当光标距指定的捕捉点较近时，系统会自动精确地捕捉这些特征点，并显示相应的标记及该捕捉的提示。

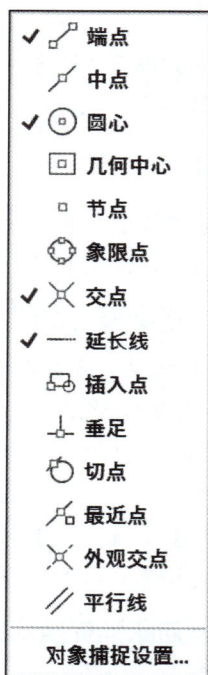

设置自动对象捕捉选项，单击【对象捕捉】按钮的下拉列表按钮，在弹出下拉列表中根据需要勾选自动捕捉的选项，如图 2-6 所示。注意，不要勾选太多的对象捕捉选项，否则会因显示的捕捉点太多而降低绘图的操作性。

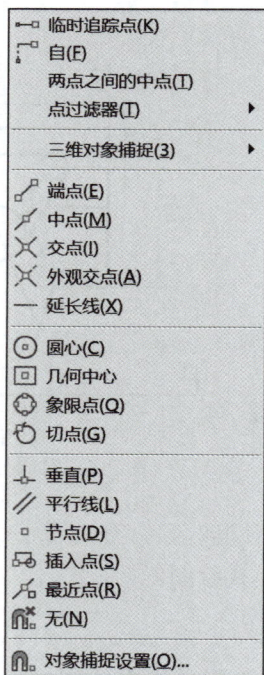

图 2-5　临时捕捉快捷菜单　　　图 2-6　设置自动对象捕捉选项

■ **先导知识——画圆**

在一个平面内，线段绕它固定的一个端点旋转一周，另一个端点所形成的图形叫圆。

1）执行方式

1 命令行窗口：输入 CIRCLE 或 C，按 Enter 键。

2 【菜单栏】|【绘图】|【圆】|【圆心、半径】。

3 【功能区】|【默认】|【绘图】|【圆心、半径】。

2）操作步骤

1 命令行窗口：输入 CIRCLE，按 Enter 键。

2 指定圆的圆心或【三点（3P）/ 两点（2P）/ 切点、切点、半径（T）】：指定圆心。

3 指定圆的半径【直径（D）】：直接输入半径数值或用鼠标指定半径长度。

3）部分选项说明

1 圆心，定义圆的半径，如图 2-7（a）所示。

2 确定圆心，输入 d 定义圆的直径，如图 2-7（b）所示。

3 三点（3P），用指定圆上三点的方法画圆，如图 2-7（c）所示。

4 两点（2P），指定圆的直径的两个端点画圆，如图 2-7（d）所示。

5 相切、相切、半径（TTR），按先指定两个相切对象，后给出半径的方法画圆，如图 2-7（e）所示。

6 相切、相切、相切（TTT），指定三个相切对象的方法画圆，如图 2-7（f）所示。

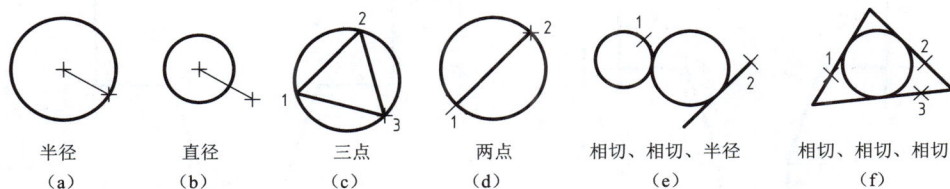

| 半径
（a） | 直径
（b） | 三点
（c） | 两点
（d） | 相切、相切、半径
（e） | 相切、相切、相切
（f） |

图 2-7　绘制圆

【任务实施】

1. 新建文件

利用 A3 样板创建新文件，另保存为"对象捕捉模式绘图"。

2. 绘制外框

绘制外框，如图 2-8 所示。

1）采用【正交】模式绘图

1 开启【正交】模式。

2 设置粗实线为当前图层。

3 执行【直线】命令，在合适位置单击确定 A 点位置。向上移动光标，输入 60，按 Enter 键，完成线段 AB 的绘制。

4 向右移动光标，输入 80，按 Enter 键，完成线段 BC 的绘制。

5 向下移动光标，输入 60，按 Enter 键，完成线段 CD 的绘制。

6 向左移动光标，输入 20，按 Enter 键，完成线段 DE 的绘制。

2）采用【坐标】模式绘图

输入"@-10,-30"，按 Enter 键，完成线段 EF 的绘制。

3）采用【正交】模式绘图

1 向下移动光标，输入 10，按 Enter 键，完成线段 FG 的绘制。

2 向左移动光标，输入 20，按 Enter 键，完成线段 GH 的绘制。

3 向上移动光标，输入 10，按 Enter 键，完成线段 HI 的绘制。

4）采用【坐标】模式绘图

输入 "@-10, 30"，按 Enter 键，完成线段 IJ 的绘制。

5）封闭外框图形

输入 C，按 Enter 键闭合，完成外框绘制。

6）采用【捕捉】模式绘制

1 开启【对象捕捉】模式，开启【对象捕捉追踪】。

2 按 Enter 键，重复【直线】命令。

3 将光标放在点 F 附近，出现小正方形□，如图 2-9 所示，单击则捕捉到 F 点。

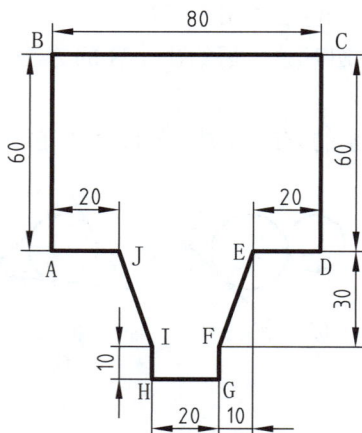

图 2-8　绘制外框　　　　　图 2-9　捕捉 F 点

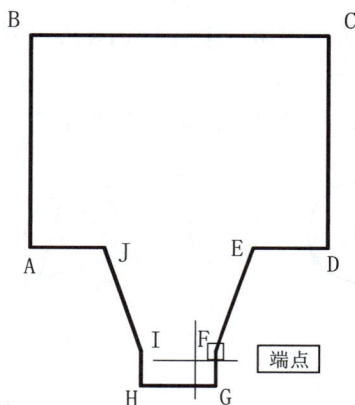

4 用同样的方式捕捉 I 点，单击，完成线段 FI 的绘制。

3. 绘制左上角和右上角的圆

1 执行【圆】命令。

2 按住 Ctrl 键同时右击，在弹出的临时捕捉快捷菜单中单击【自】 自(F)，如图 2-10 所示。

3 单击捕捉点 B，如图 2-11 所示，输入 "@20,-15"，按 Enter 键，确定左上角圆的圆心。

4 输入圆半径 5，按 Enter 键完成左上角圆的绘制，如图 2-12 所示。

图 2-10　临时捕捉快捷菜单

5 用同样的方法绘制右上角的圆，其 From 的基点为 C 点，输入 "@-20,-15" 以及圆半径 5。

4. 绘制 ϕ20 圆

1 单击【对象捕捉】按钮 的右侧下拉菜单，单击【中点】选项，如图 2-13 所示。

2 执行【圆】命令，移动光标靠近线段 BC 的中点，悬停，当显示中点标记三角形△时，竖直向下移动光标，如图 2-14 所示，从键盘输入距离 40，按 Enter 键，确定圆心。

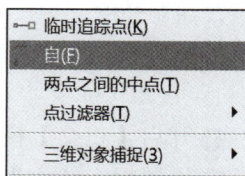

图 2-11　捕捉基点

图 2-12　输入圆半径 5

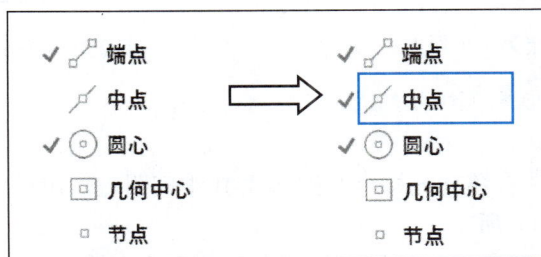

图 2-13　选择"中点"捕捉对象

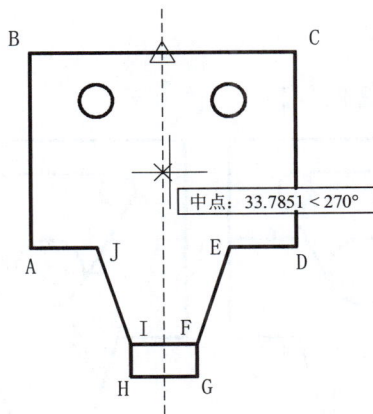

图 2-14　确定圆心

3 从键盘输入圆半径 10，按 Enter 键，完成 $\phi20$ 圆的绘制。

5. 绘制切线

1 执行【直线】命令：按住 Ctrl 键的同时右击，在弹出的快捷菜单中单击【切点】，移动光标至左上角 $\phi10$ 圆的上方，出现捕捉切点标记⎝后单击，如图 2-15 所示。

2 用同样的方法捕捉右上角圆的切点，单击完成水平切线的绘制。

3 用同样的方法，绘制左侧切线和右侧切线。

6. 绘制中间线

1 关闭【正交模式】，执行【直线】命令，移动光标捕捉 AB 中点 M，出现△标记单击。

2 水平向右移动光标，在与圆的左侧切线相交处出现交点标记 ×，单击确定 N 点，如图 2-16 所示，完成线段 MN 的绘制。

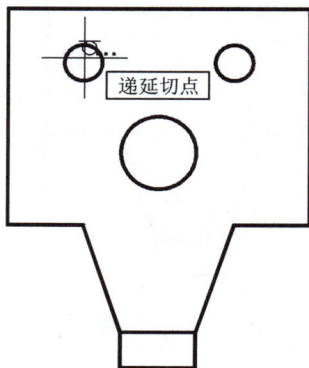

图 2-15 确定第 1 个切点

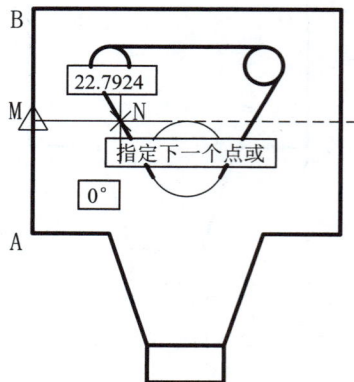

图 2-16 绘制中间线

3 用同样的方法绘制右侧中间线。

7. 绘制斜线

1 执行【直线】命令，移动光标至左侧斜线 JI 中间附近，出现中点标记△，单击确定线段起点，如图 2-17（a）所示。

2 移动光标至 φ20 圆上，出现圆心标记〇，单击确定第二点，如图 2-17（b）所示。

3 移动光标至右侧斜线 EF 中间附近，出现中点标记△，单击确定第三点。

4 按 Enter 键完成绘制。

8. 保存文件

执行【快速访问工具栏】|【保存】。

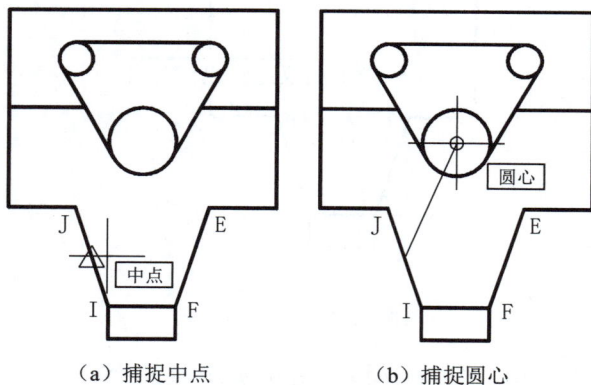

（a）捕捉中点

（b）捕捉圆心

图 2-17 捕捉中点和圆心

☼ 知识拓展——对象捕捉

首先对 AutoCAD 部分对象捕捉方式进行介绍。

1【临时追踪点】：一般用于自动捕捉，与【极轴追踪】、【对象捕捉】、【对象追踪】同时使用，也可单独使用。

绘制如图 2-18（a）所示图形。

① 绘制 ϕ20 圆。

② 执行【直线】命令，输入 tt（捕捉临时追踪点），按 Enter 键。

③ 移动光标靠近圆心，出现圆心标记，向右移动光标，如图 2-18（b）所示。

④ 输入 8，按 Enter 键。

⑤ 向下移动光标追踪到圆，出现极轴交点，单击确定起点，如图 2-18（c）所示。

⑥ 向左移动光标，与圆相交出现极轴交点，单击完成绘制。

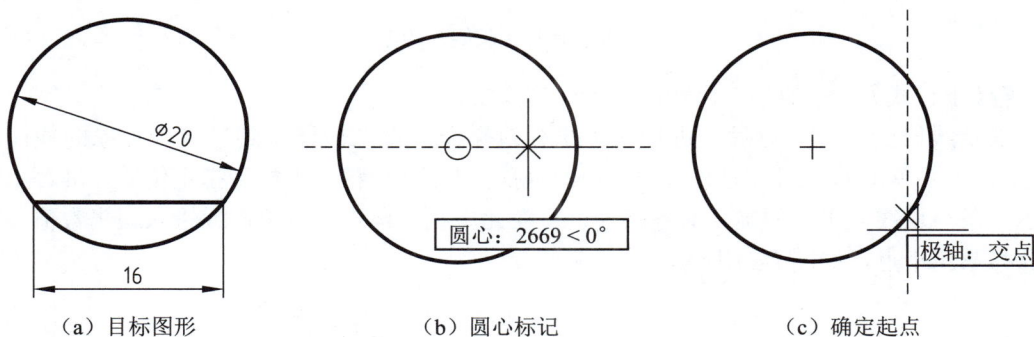

（a）目标图形　　　　　（b）圆心标记　　　　　（c）确定起点

图 2-18　临时追踪点

2【自】：确定距已知点相对距离的点。执行此捕捉命令后，先确定基点，然后输入要确定点距离基点的相对坐标"@X,Y"，按 Enter 键即可确定点。

3【外观交点】：捕捉两不相交图线的延伸交点，显示相交线段 × 标记，如图 2-19 所示；也可以捕捉线段和圆弧的延伸交点。

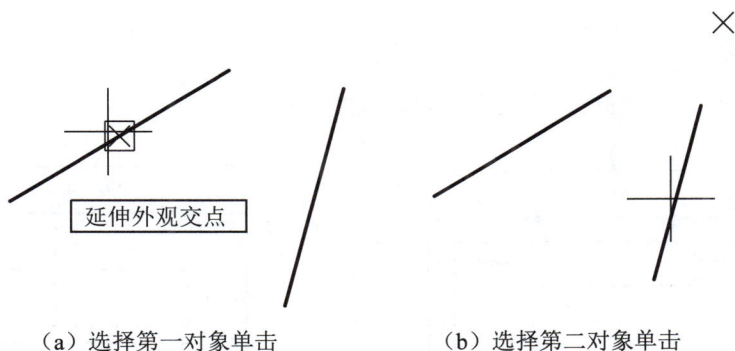

（a）选择第一对象单击　　　　　（b）选择第二对象单击

图 2-19　捕捉外观交点

4【延长线】：一般用于自动捕捉，在执行命令需要确定点时，可以捕捉离光标最近图线的延伸点。

当光标经过对象的端点时（无需单击），端点将显示小加号（+），继续沿着线段或圆弧的方向移动光标，显示临时线段或圆弧的延长虚线，以便在临时线段或圆弧的延长线上确定点。如果光标滑过两个对象的端点后，移动光标到两对象延伸的交点附近后，捕捉延伸交点，如图 2-20 所示。

（a）捕捉线段延长线上的点　　（b）捕捉圆弧延长线上的点　　（c）捕捉线段和圆弧延长线上的交点

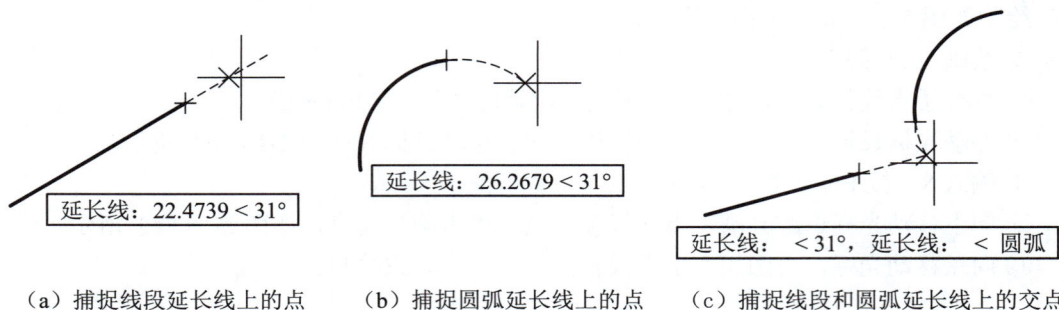

图 2-20　捕捉延长线上的点

5【平行线】╱：捕捉与已知线段平行的线段。

确定线段的第一个点后，进行捕捉平行线操作，将光标移动到另一个对象的线段上（注意，不要单击），则该对象显示平行捕捉标记 ╱，然后移动光标到指定位置，屏幕上将显示一条与原线段平行的虚线对齐路径，可在此虚线上选择一点单击或输入距离数值，即可获得第二个点，如图 2-21 所示。

（a）悬停一下确定平行对象　　　　　（b）确定平行线的长度

图 2-21　绘制线段平行线

视频讲解

【任务拓展】

采用对象捕捉追踪模式绘制图形，如图 2-22 所示。

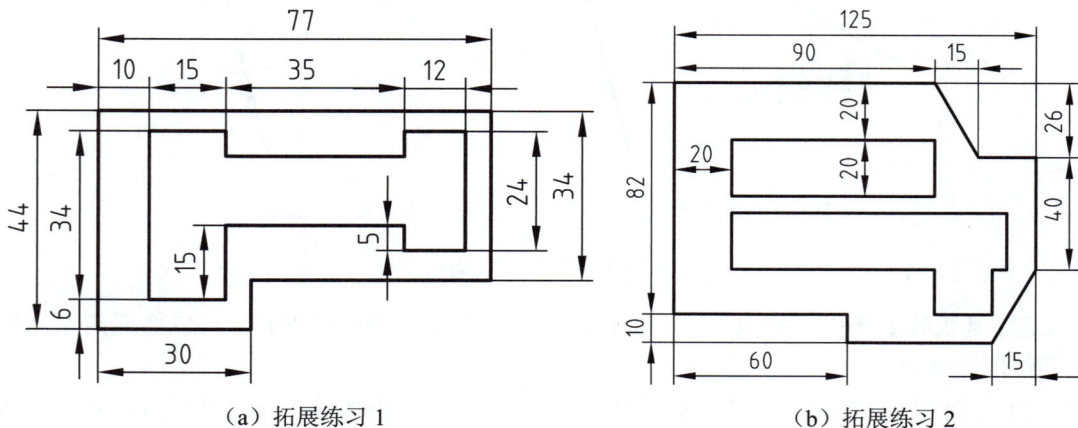

（a）拓展练习 1　　　　　　　　　　（b）拓展练习 2

图 2-22　采用对象捕捉追踪模式绘制图形拓展练习

课题 2-3

【任务描述】

通过绘制一幅如图 2-23 所示的图形，掌握利用极轴追踪模式绘制图形的方法。

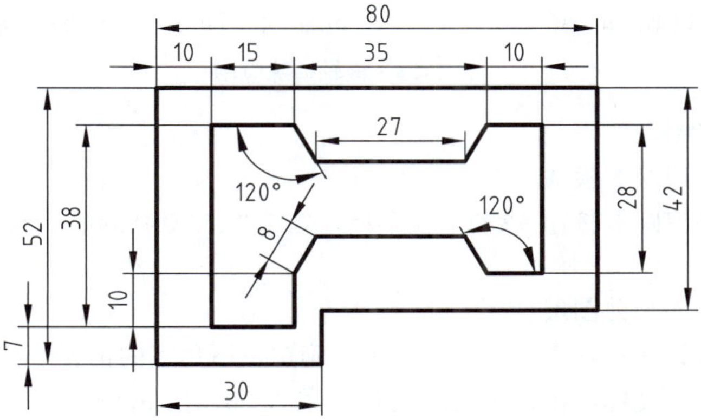

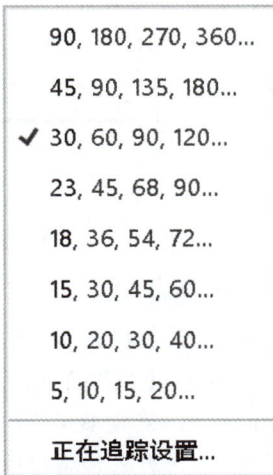

图 2-23　极轴追踪模式绘图

【任务目标】

（1）掌握设置极轴追踪的方法。

（2）掌握利用极轴追踪模式确定点的方法。

📖 先导知识——极轴追踪模式

极轴追踪是指在创建或修改对象时，按事先给定的角度增量和距离增量来追踪特征点，即捕捉相对于初始点的满足指定极轴距离和极轴角的目标点。

极轴追踪可以通过单击【状态栏】|【极轴追踪】按钮 或按 F10 键，使其亮显，开启【极轴追踪】模式。极轴追踪强迫光标沿着【极轴角度设置】中指定的路径移动。

单击【极轴追踪】按钮 的下拉菜单，系统默认"90, 180,270,360…"。选择需要的追踪角度，如需要捕捉 30° 倍数的角度，可单击"30,60,90,120…"选项，如图 2-24 所示，完成设置。

在极轴追踪模式下，只有确定第 1 点后，绘图窗口内才可以显示虚点的极轴。光标移动时，如果接近极轴角，将显示虚点的极轴，如图 2-25 所示。

注意：【极轴追踪】与【正交】模式只能二选一，不能同时使用。

90, 180, 270, 360…
45, 90, 135, 180…
✔ 30, 60, 90, 120…
23, 45, 68, 90…
18, 36, 54, 72…
15, 30, 45, 60…
10, 20, 30, 40…
5, 10, 15, 20…
正在追踪设置…

【任务实施】

1. 新建文件

利用 A3 样板创建新文件，另存为"极轴追踪模式绘图"。

图 2-24　设置极轴增量角

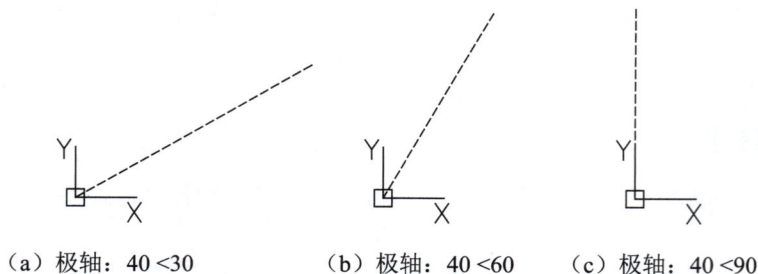

（a）极轴：40 <30　　　（b）极轴：40 <60　　　（c）极轴：40 <90

图 2-25　极轴追踪应用

2. 设置极轴追踪模式

1 开启【极轴追踪】模式。

2 单击【极轴追踪】按钮 的下拉菜单，勾选"15,30,45,60..."选项，完成设置。

3. 绘制外框

1 设置粗实线为当前图层。

2 执行【直线】命令。在合适位置单击，确定左下角点的位置。

3 水平向右移动光标，极轴角显示为 0°，输入 30，按 Enter 键。

4 竖直向上移动光标，在极轴角为 90°时，输入 10，按 Enter 键。

5 水平向右移动光标，在极轴角为 0°时，输入 50，按 Enter 键。

6 竖直向上移动光标，在极轴角为 90°时，输入 42，按 Enter 键。

7 移动光标至图线起始点处，出现捕捉端点标记小正方形□时，向上移动光标，出现"端点：<90°，极轴：<180°"时，如图 2-26 所示，单击确定点。

8 输入字母 C，按 Enter 键完成外框的绘制，如图 2-27 所示。

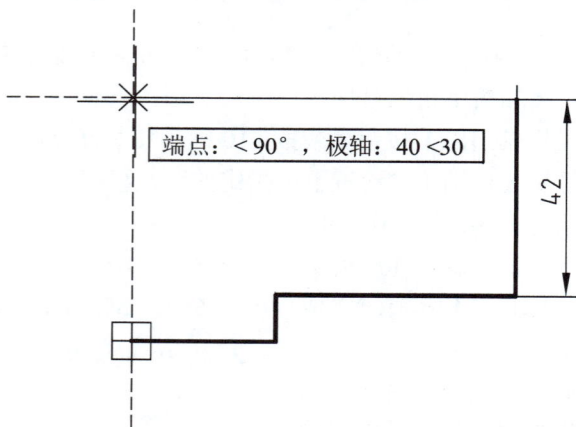

图 2-26　绘制上侧水平线

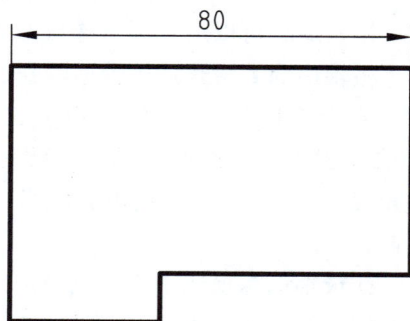

图 2-27　封闭外框

4. 绘制内框

1）利用捕捉【自】 命令确定起点

执行【直线】命令，利用捕捉【自】命令，捕捉 A 点为基点，输入"@10,7"，按 Enter 键，确定 B 点的位置，如图 2-28 所示。

2）利用极轴追踪绘制左下侧斜线

1 水平向右移动光标，在极轴角为 0°时，输入 15，按 Enter 键。

② 竖直向上移动光标，在极轴角为 90° 时，输入 10，按 Enter 键。

③ 移动光标，在极轴角为 60° 时，如图 2-29 所示，输入 8，按 Enter 键。

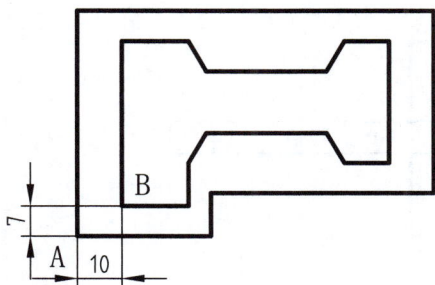

图 2-28　确定内框起点 B 　　　　　图 2-29　绘制左下侧斜线

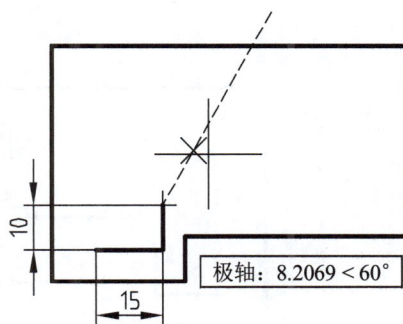

④ 水平向右移动光标，在极轴角为 0° 时，输入 27，按 Enter 键。

3）利用极轴追踪和对象捕捉追踪绘制右下侧斜线

移动光标捕捉左侧端点，水平向右移动至与极轴 300° 的交点，如图 2-30 所示，单击确定点。

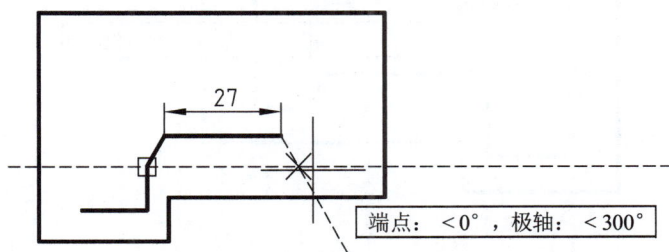

图 2-30　绘制右下侧斜线

4）利用极轴绘制线段

① 水平向右移动光标，在极轴角为 0° 时，输入 10，按 Enter 键；

② 竖直向上移动光标，在极轴角为 90° 时，输入 28，按 Enter 键。

5）利用极轴追踪和对象捕捉追踪绘制右上侧水平线

① 移动光标捕捉右下侧端点，向上移动光标至与极轴 180° 的交点，如图 2-31 所示，单击确定点。

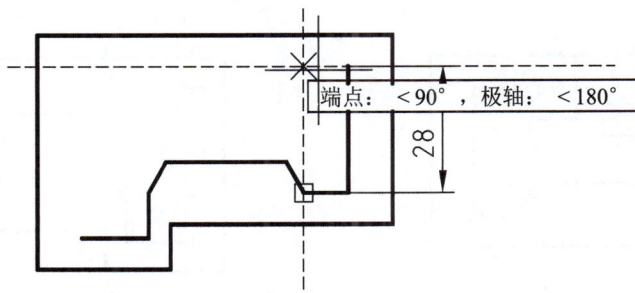

图 2-31　绘制右上侧水平线

2 移动光标捕捉右下侧端点，向上移动光标至与极轴 240°的交点，如图 2-32 所示，单击确定点。

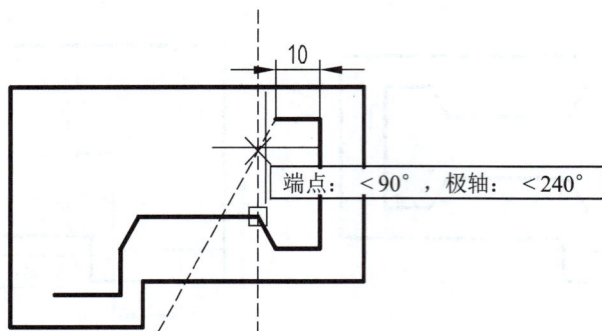

图 2-32 绘制右上侧斜线

3 移动光标捕捉左下侧交点，向上移动光标至与极轴 180°的交点，如图 2-33 所示，单击确定点。

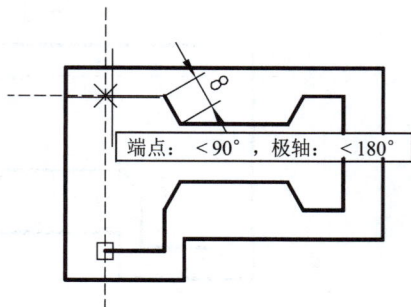

图 2-33 绘制上侧水平线

4 移动光标捕捉左下侧端点，向上移动光标，光标捕捉右上侧的端点，向左移动光标至出现如图 2-34 所示的交点，此时追踪的端点将显示小十字（如图 2-34 椭圆区域显示），单击确定点。

5 移动光标捕捉左下侧 B 点，向上移动光标至与极轴 180°的交点，如图 2-35 所示，单击确定点。

6）闭合

输入 C，按 Enter 键完成图形的绘制。

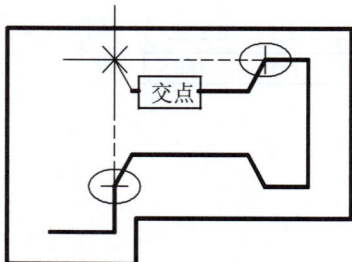

图 2-34 绘制左上侧斜线

图 2-35 绘制左上侧水平线

5. 保存文件

执行【快速访问工具栏】|【保存】。

【任务拓展】

采用极轴模式绘制图形，如图 2-36 所示。

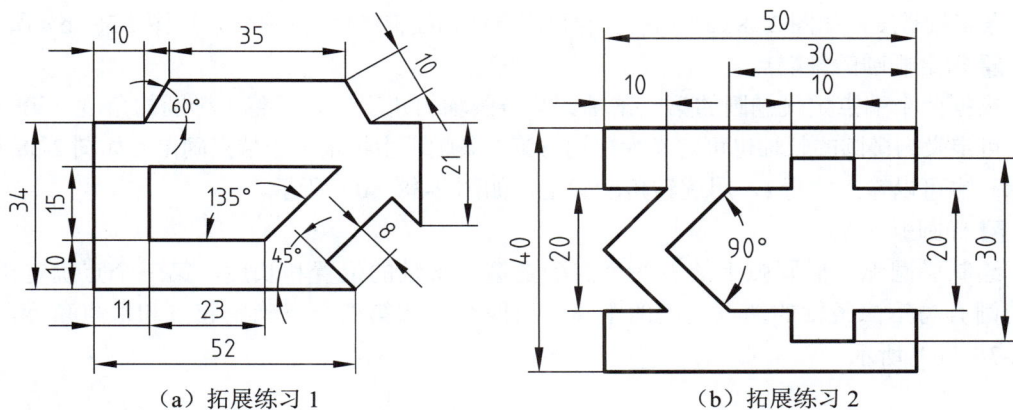

（a）拓展练习 1　　　　　　　　　　　（b）拓展练习 2

图 2-36　采用极轴模式绘制图形拓展练习

课题 2-4

【任务描述】

通过绘制一幅如图 2-37 所示的图形，掌握圆和椭圆的绘制方法。

【任务目标】

（1）掌握圆的绘制方法。

（2）掌握椭圆的绘制方法。

（3）掌握修改特性和特性匹配的使用方法。

📘 先导知识——画椭圆 ◎

到两个焦点距离之和等于常数的点的轨迹所形成的图形叫椭圆。

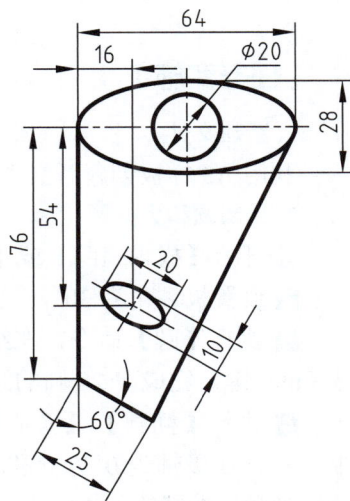

图 2-37　坐标模式绘图

1）执行方式

1️⃣ 命令行窗口：输入 ELLIPSE 或 EL，按 Enter 键。

2️⃣【菜单栏】|【绘图】|【椭圆】。

3️⃣【功能区】|【默认】|【绘图】|【椭圆】。

2）操作步骤（以"轴，端点"为例）

1️⃣ 命令行窗口：输入 ELLIPSE，按 Enter 键。

2️⃣【指定椭圆的轴端点或【圆弧（A）/中心点（C）】：指定轴端点 1。

3【指定轴的另一个端点】：指定轴端点 2。

4【指定另一条半轴长度或【旋转（R）】】：指定另一条半轴长度。

3）部分选项说明

1 中心点（C）。

用指定的中心点创建椭圆弧。先指定椭圆弧的中心点，再指定一条轴的端点，最后指定另一条半轴长度，如图 2-38（a）所示。也可用围绕轴线旋转角度 r 确定，如图 2-38（b）所示。

2 指定椭圆的轴端点。

根据两个端点定义椭圆的第一条轴。第一条轴的角度确定了整个椭圆的角度。第一条轴既可定义为椭圆的长轴也可定义为短轴，第二条轴可由指定一个端点确定，如图 2-38（c）所示。也可以输入字母 r，用旋转角度确定，如图 2-38（d）所示。

3 椭圆弧（A）。

绘制椭圆弧。椭圆弧上的前两个点确定第一条轴的位置和长度，第三个点确定椭圆弧的圆心与第二条轴的端点之间的距离，第四个点和第五个点确定起点和端点角度，如图 2-38（e）所示。

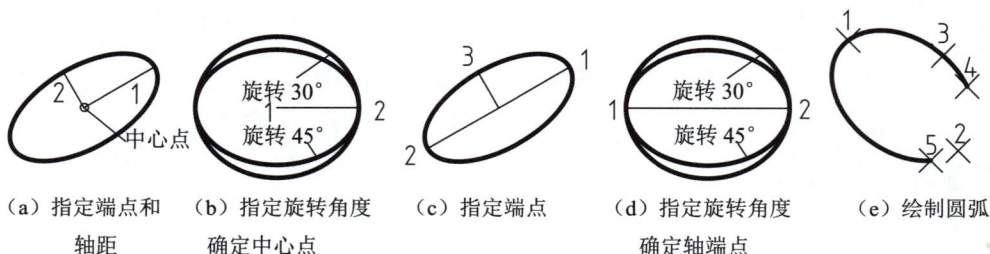

|（a）指定端点和|（b）指定旋转角度|（c）指定端点|（d）指定旋转角度|（e）绘制圆弧|
|轴距|确定中心点||确定轴端点||

图 2-38　绘制椭圆

【任务实施】

1. 新建文件

利用 A3 样板创建新文件，另存为"绘制圆和椭圆"。

2. 绘制圆和大椭圆

1 开启【极轴追踪】或【对象捕捉】或【对象捕捉追踪】模式。

2 设置极轴角为 30°，设置粗实线为当前图层。

3 执行【圆】命令，在绘图窗口大致位置，单击指定一点，作为圆的圆心，输入 10，按 Enter 键，完成 φ20 圆的绘制。

4 执行【椭圆】|【圆心】命令，移动鼠标至圆附近，出现圆心标志单击确定椭圆的中心点。在极轴为 0°方向移动光标，如图 2-39 所示，键盘输入 32，按 Enter 键确定椭圆长轴半径，继续输入 14，按 Enter 键，确定椭圆短轴半径，完成大椭圆的绘制。

3. 绘制线段

1 执行【直线】命令，并进行临时捕捉操作，在弹出的临时捕捉快捷菜单中单击象限点 ◎，捕捉椭圆的左侧象限点，如图 2-40（a）所示，单击确定线段的起点。向下移动光标，在极轴 270°方向，键盘输入 76，如图 2-40（b）所示，按 Enter 键，完成左侧线段的绘制。

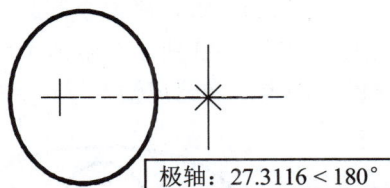

图 2-39　绘制椭圆长轴

（a）确定起点　　　　　　　（b）输入线长度

图 2-40　绘制左侧线段

2 移动光标在极轴 330°方向，如图 2-41（a）所示，输入 25，按 Enter 键，确定此线段。移动光标捕捉椭圆的切点⊙，如图 2-41（b）所示，单击鼠标，按 Enter 键，完成线段的绘制。

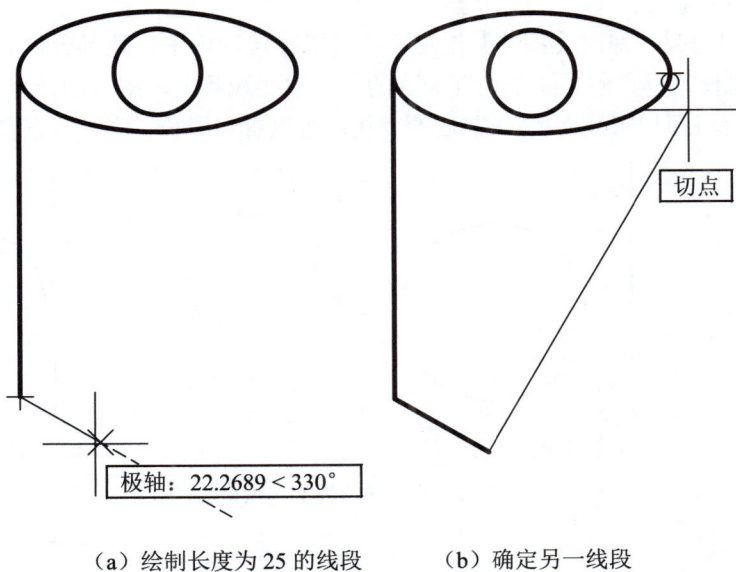

（a）绘制长度为 25 的线段　　　（b）确定另一线段

图 2-41　绘制其余线段

4. 绘制小椭圆

1 执行【椭圆】|【圆心】命令，执行临时捕捉【捕捉自】，单击其 From 基点 A 点，

如图 2-42 所示，输入"@16,-54"，按 Enter 键，确定小椭圆中心点。

2 在极轴 330°方向移动光标，如图 2-43 所示，输入 10，按 Enter 键，确定小椭圆长轴半径；继续输入 5，按 Enter 键，确定小椭圆短轴半径，完成小椭圆绘制。

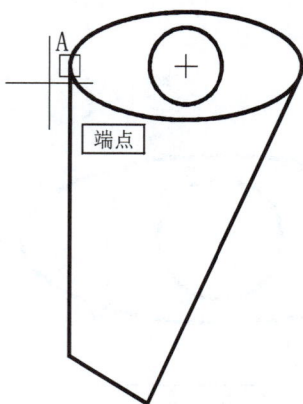

图 2-42　确定小椭圆基点

图 2-43　绘制小椭圆长轴

5. 保存文件

执行【快速访问工具栏】|【保存】。

知识拓展——修改特性和特性匹配

1. 修改特性

在绘制圆的过程中，如果已知圆的周长或者圆的面积的情况下，可按如下步骤绘制圆。

1 绘制任意半径一个圆。

2 双击绘制的圆，弹出【特性】选项板，可以在选项板中修改部分内容，如修改圆的半径、面积及周长等，它们之间是相互关联的，修改面积数据，则自动计算周长和半径等。如图 2-44 所示，将面积修改为 1234 前后的变化，可以看到周长、半径、直径的变化。

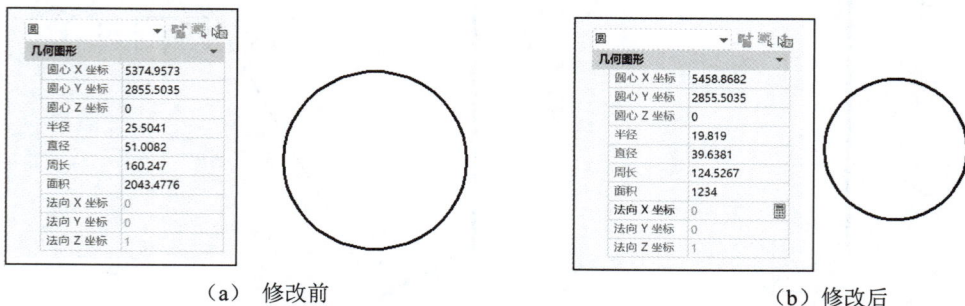

（a）修改前

（b）修改后

图 2-44　修改【特性】选项卡

2. 特性匹配 📋

特性匹配指将选定对象的特性应用于其他对象，如同 Office 中的"格式刷"命令一样。

可以复制的特性类型包括颜色、图层、线型、线型比例、线宽、打印样式、透明度和其他指定的特性。

1）执行方式

1 命令行窗口：输入 MATCHPROP 或 MA，按 Enter 键。

2【菜单栏】|【修改】|【特性匹配】。

3【功能区】|【默认】|【特性】|【特性匹配】。

2）操作步骤

1 命令行窗口：输入 MATCHPROP，按 Enter 键。

2【系统提示：选择源对象】：选择要复制特性的对象，如图 2-45（a）所示，单击源对象，光标变为刷子状。

3 系统当前的设置显示为

【系统当前设置：当前活动设置：颜色 图层 线型 线型比例 线宽 透明度 厚度 打印样式 标注 文字 图案填充 多线段 视口 表格材质 多重引线中心对象】。

4 系统提示：选择目标对象或【设置（S）】。选择目标对象，如图 2-45（b）所示，单击目标对象，则目标对象匹配源对象特性，如图 2-45（c）所示。

5 右击，在弹出的快捷菜单中单击【确定】，退出特性匹配。

图 2-45　特性匹配

📄 **提示：关于特性匹配应注意以下几点。**

（1）默认情况下，所有可应用的特性都自动地从选定的第一个对象复制到其他对象。

（2）如果要控制传递某些特性，则输入字母 S（设置），弹出【特性设置】对话框，如图 2-46 所示，清除不希望复制的项目（默认情况下所有项目都打开），设置完毕后，单击【确定】按钮。

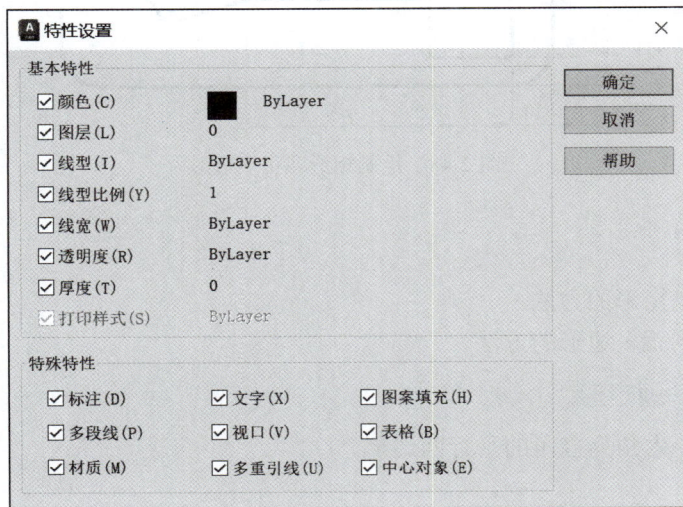

图 2-46　【特性设置】对话框

（3）选择对象时，可以采用窗选、叉选、点选等各种选择办法。

【任务拓展】

采用圆和椭圆命令绘制图形，如图 2-47 所示。

（a）拓展练习 1　　　　（b）拓展练习 2

图 2-47　采用圆和椭圆命令绘制图形拓展练习

课题 2-5

【任务描述】

通过绘制一幅如图 2-48 所示的图形，掌握绘制矩形和正多边形的方法。

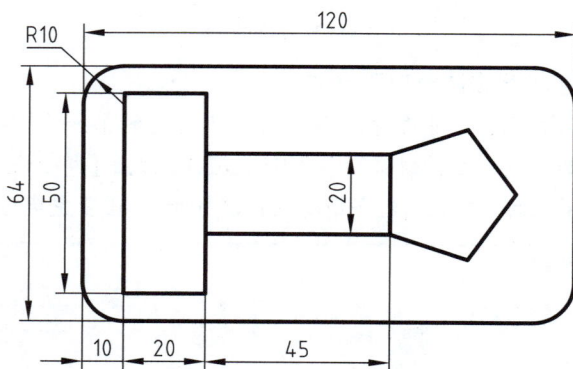

图 2-48　绘制矩形和正多边形

【任务目标】

（1）掌握绘制矩形的方法。
（2）掌握绘制正多边形的方法。

■ 先导知识——画矩形□

矩形是有一个内角为直角的平行四边形。

1）执行方式

■ 命令行窗口：输入 RECTANG 或 REC，按 Enter 键。

❷【菜单栏】|【绘图】|【矩形】。

❸【功能区】|【默认】|【绘图】|【矩形】。

2）操作步骤

❶ 命令行窗口：输入 RECTANG，按 Enter 键。

❷ 指定第一个角点或【倒角（C）/标高（E）/圆角（F）/厚度（T）/宽度（W）】：指定一点。

❸ 指定另一个角点或【面积（A）/尺寸（D）/旋转（R）】：指定另一个角点。

3）部分选项说明

❶ 倒角（C）：设置矩形的倒角距离。

倒角是指用斜线连接两个不平行的线型对象。关于倒角的相关知识会在课题 3-1 中详细介绍，此处只针对选项"倒角（C）"进行介绍。

绘制带倒角的矩形，输入 C，设置矩形倒角的第一个倒角距离 a，设置第二个倒角距离 b，按 Enter 键，绘图区域指定矩形角点，输入矩形的长和宽，按 Enter 键，如图 2-49（a）所示。执行【倒角】命令时，如不指定需要倒角的两条线段的顺序，系统默认按逆时针方向确认倒角一、二的距离。

❷ 圆角（F）：指定矩形的圆角半径。

圆角是指用指定半径的一段平滑的圆弧连接两个对象，关于圆角的相关知识会在课题 3-1 中详细介绍，此处只针对选项"圆角（F）"进行介绍。

绘制带圆角的矩形，输入 F，设置矩形圆角的半径，按 Enter 键，绘图区域指定矩形角点，输入矩形的长和宽，按 Enter 键，如图 2-49（b）所示。

❸ 标高（E）/厚度（T）：用于三维绘图。

❹ 宽度（W）：为要绘制的矩形指定多段线的宽度。

（a）设置矩形的倒角距离　　　（b）指定矩形的圆角半径

图 2-49　绘制特殊矩形

先导知识——画正多边形

正多边形是指二维平面内各边相等，各角也相等的多边形，也叫正多角形。

1）执行方式

❶ 命令行窗口：输入 POLYGON 或 POL，按 Enter 键。

❷【菜单栏】|【绘图】|【多边形】。

❸【功能区】|【默认】|【绘图】|【多边形】。

2）操作步骤

❶ 命令行窗口：输入 POLYGON，按 Enter 键。

❷【输入侧面数 <4>】：指定多边形的边数，默认值为 4。

❸【指定正多边形的中心点或【边（E）】】：指定中心点。

❹【输入选项【内接于圆（I）/外切于圆（C）】<I>】：指定多边形是内接于圆还是外

切于圆。

5【指定圆的半径】：指定多边形内接于圆或外切于圆时圆的半径。

3）部分选项说明

1 边（E）：通过指定第一条边的端点来定义正多边形，按照逆时针方向绘制，如图 2-50（a）所示。

2 内接于圆（I）：指定外接圆的半径，使正多边形的所有顶点都在此圆周上。用鼠标或键盘指定圆的半径，并指定正多边形的旋转角度和尺寸。指定的半径值将以当前捕捉旋转角度绘制正多边形的底边，如图 2-50（b）所示。

3 外切于圆（C）：指定从正多边形中心点到各边中点的距离。用鼠标或键盘指定半径，并指定正多边形的旋转角度和尺寸。指定的半径值将以当前捕捉旋转角度绘制正多边形的底边，如图 2-50（b）所示。

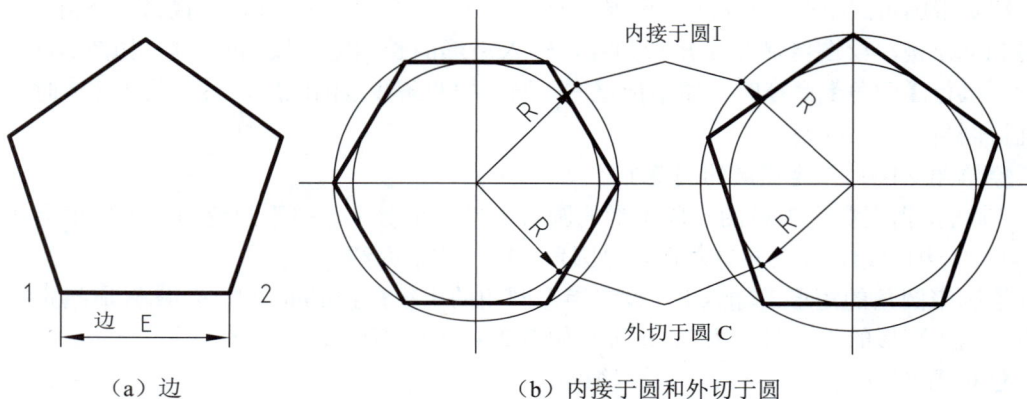

（a）边　　　　　　　　（b）内接于圆和外切于圆

图 2-50　绘制正多边形

【任务实施】

1. 新建文件

利用 A3 样板创建新文件，另存为"绘制矩形和正多边形"。

2. 绘制左侧矩形

1 设置粗实线为当前图层。

2 开启【极轴追踪】、【对象捕捉】、【对象捕捉追踪】模式绘图。

3 执行【矩形】命令，在绘图窗口合适位置单击鼠标指定一点，作为左侧矩形左下角点。

4 输入"@20,50"，作为左侧矩形右上角点，按 Enter 键，完成矩形的绘制。

3. 绘制中间的两条线段

1 执行【直线】命令，移动光标捕捉 A 点，出现端点标记□后（注意，不要单击）垂直向上移动光标，如图 2-51（a）所示，输入 15，按 Enter 键，确定线段的起点；水平向右移动光标，在极轴 0°方向，输入 45，如图 2-51（b）所示，按 Enter 键，完成下面线段的绘制。

2 按 Enter 键重复【直线】命令，按照（1）的方法绘制上面线段。

4. 绘制五边形

1 执行【多边形】命令。

（a）确定线段起点　　　　　　　　　（b）输入线段长度

图 2-51　绘制下面线段

2 侧面数输入 5，按 Enter 键。

3 选择边模式，输入字母 E（大小写均可），按 Enter 键。

4 移动光标捕捉上面线段的右端点 C，如图 2-52（a）所示，单击确定边的第一点；移动光标捕捉绘制下面线段的右端点 D，如图 2-52（b）所示，单击确定边的第二点，完成五边形的绘制。

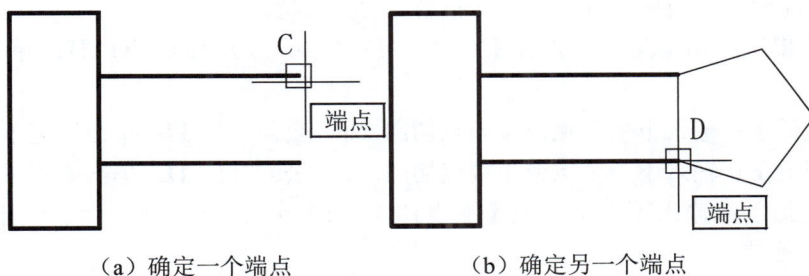

（a）确定一个端点　　　　　　　　　（b）确定另一个端点

图 2-52　绘制五边形

5. 绘制带圆角矩形

1 执行【矩形】命令，输入字母 F，按 Enter 键，输入 10，按 Enter 键，完成圆角半径设置。

2 按住 Ctrl 键，然后右击，在弹出的临时捕捉快捷菜单中单击【自】，然后单击其 Form 基点 D 点，如图 2-53（a）所示。

（a）确定 Form 基点　　　　　　　　　（b）输入偏移坐标

图 2-53　确定外矩形的起点

③ 输入偏移距离 "@-10, -7"，如图 2-53（b）所示，按 Enter 键，确定带圆角矩形左下角点。

④ 继续输入 "@120,64"，按 Enter 键，确定矩形右上角点，完成带圆角矩形的绘制。

6. 保存文件

执行【快速访问工具栏】|【保存】。

🔆 知识拓展——样条曲线 🗀

样条曲线是经过或接近一系列给定点的光滑曲线，操作者可以控制曲线与点的拟合程度，可以通过指定点来创建样条曲线，也可以封闭样条曲线，使起点和端点重合。

1）执行方式

① 命令行窗口：输入 SPLINE 或 SPL，按 Enter 键。

② 【菜单栏】|【绘图】|【样条曲线】。

③ 【功能区】|【绘图】|【样条曲线】。

2）操作步骤

① 命令行窗口：输入 SPLINE，按 Enter 键。系统显示为

【系统当前模式：当前设置：方式 = 拟合 节点 = 弦】。

② 【系统提示：指定第一个点或【方式（M）节点（K）对象（O）】：单击指定第一个点。

③ 【系统提示：输入下一个点或【起点切向（T）公差（L）】：单击确定下一个点。

④ 【系统提示：输入下一个点或【端点切向（T）公差（L）】：单击确定下一个点。

⑤ 【系统提示：输入下一个点或【端点切向（T）公差（L）放弃（U）闭合（C）】：单击确定下一个点。

⑥ 按 Enter 键完成样条曲线绘制。

📄 **提示**：若样条曲线的位置和形状不符合要求，可用夹点编辑的方式，移动夹点的位置来调整曲线的形状。

【任务拓展】

视频讲解

绘制图形，如图 2-54 所示。先用多边形命令绘制多边形，再采用对象捕捉模式绘制中间连线，最后绘制圆。

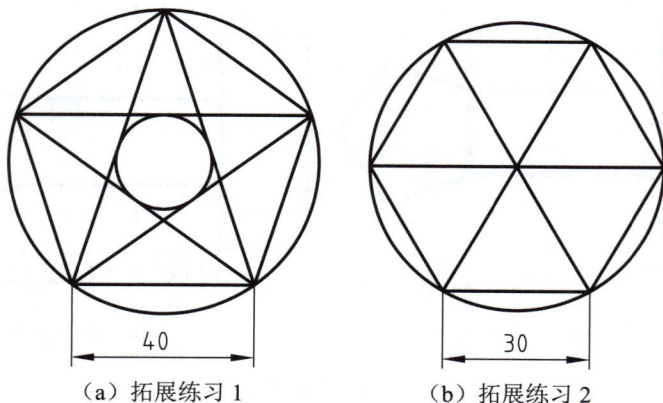

（a）拓展练习 1　　　　（b）拓展练习 2

图 2-54　绘制多边形拓展练习

课题 2-6

视频讲解

【任务描述】

通过绘制一幅如图 2-55 所示的剖切符号和旋转符号，掌握多段线命令的使用。

图 2-55　剖切符号和旋转符号

【任务目标】

掌握绘制多段线的方法。

■ 先导知识——画多段线

多段线是一种由线段或圆弧组合而成的不同线宽的连续线条，这种线的组合形式多样，且其线宽变化能够弥补线段或圆弧功能的不足，因而适合绘制各种复杂的图形轮廓。

1）执行方式

1 命令行窗口：输入 PLINE 或 PL，按 Enter 键。

2【菜单栏】|【绘图】|【多段线】。

3【功能区】|【默认】|【绘图】|【多段线】

2）操作步骤

1 命令行窗口：输入 PL，按 Enter 键。

2【指定起点】：合适位置单击。

3【指定下一点或【圆弧（A）/闭合（C）/半宽（H）/长度（L）/放弃（U）/宽度（W）】】：执行选项，完成各种绘制。

3）部分选项说明

1 圆弧（A）：将弧线段添加到多段线中。输入 A 后，命令行显示绘制圆弧的选项。

2 宽度（W）：指定下一条直线段的宽度。输入 W 后按 Enter 键。注意，要分别输入图线起点、端点的宽度值。

【任务实施】

1. 新建文件

利用 A4 样板创建新文件，另存为"剖切符号和旋转符号"。

2. 绘制剖切符号

1）设置标注层为当前图层

2）绘制剖切符号粗短画

1 执行【多段线】命令，指定一个点为剖切符号的起点。

2 输入 W，设置起点宽度 0.7，按 Enter 键，设置端点宽度 0.7，按 Enter 键。

3 移动光标至极轴 90°方向，输入 5，按 Enter 键。

3）绘制箭头

1 输入 W，设置起点宽度 0，按 Enter 键，设置端点宽度 0，按 Enter 键。

2 移动光标至极轴 0°方向，输入 5，按 Enter 键，完成细实线部分。

3 输入 W，设置起点宽度 0.7，按 Enter 键，设置端点宽度 0，按 Enter 键。

4 移动光标至极轴 0°方向，输入 4，按 Enter 键，完成箭头绘制。

📃 提示：依照如上方法，移动鼠标使极轴角度呈现不同极轴角，可以绘制不同角度和方向的剖切符号。

3. 绘制旋转符号

1）设置标注层为当前图层

2）绘制旋转符号尺寸线

1 执行【多段线】命令，指定一个点为旋转符号的起点。

2 输入 A，按 Enter 键，绘制圆弧。

3 输入 W，设置起点宽度 0，按 Enter 键，设置端点宽度 0，按 Enter 键。

4 输入 CE（圆心），按 Enter 键，鼠标水平向左移动，输入 5（字高），按 Enter 键。

5 输入 A（角度），按 Enter 键，输入 135，按 Enter 键。

6 输入 W，设置起点宽度 0.7，按 Enter 键，设置端点宽度 0，按 Enter 键。

7 捕捉尺寸线弧线圆心，水平向左移动鼠标至圆心：<180°延长线＜圆弧，如图 2-56 所示，单击，按 Enter 键完成旋转符号的绘制。

📃 提示：依照如上方法，可以绘制不同旋转方向的旋转符号。

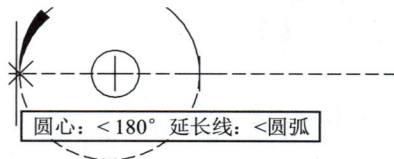

图 2-56　绘制旋转符号

4. 保存文件

执行【快速访问工具栏】｜【保存】。

【任务拓展】

绘制不同剖切方向的剖切符号、转折符号和不同旋转方向的旋转符号，如图 2-57 所示。

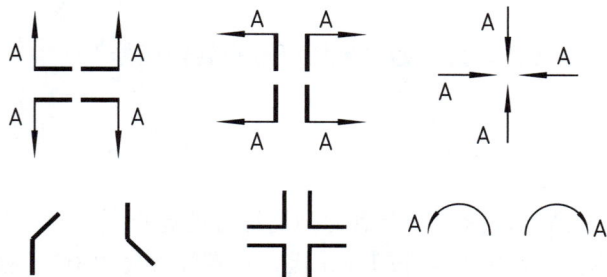

图 2-57　绘制符号拓展练习

课题 2-7

视频讲解

【任务描述】

通过绘制一幅如图 2-58 所示的图形,掌握绘制正等轴测图的方法。

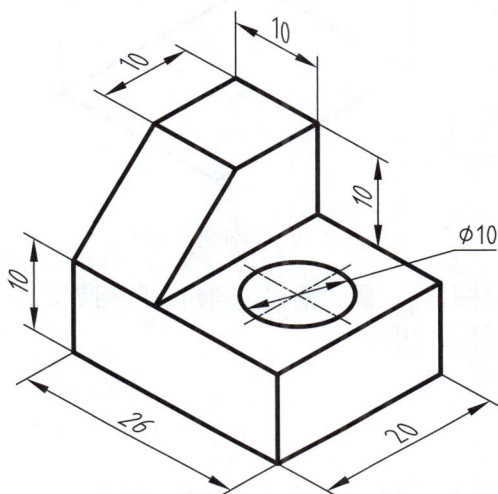

图 2-58 等轴测图

【任务目标】

掌握绘制正等轴测图形的方法。

📖 先导知识——正等轴测

正等轴测图形具有平行性和类似性的特点,正等轴测图三条坐标轴 OX、OY、OZ 轴间角 $\angle X_1 O_1 Y_1 = \angle X_1 O_1 Z_1 = \angle Z_1 O_1 Y_1$ 均为 120°,如图 5-59(a)所示;轴向伸缩系数 $p_1 = q_1 = r_1$,如图 2-59(b)所示。因此,绘制正等轴测图时物体上与坐标轴平行的线段,就可以在轴测图上沿轴向进行度量和作图。

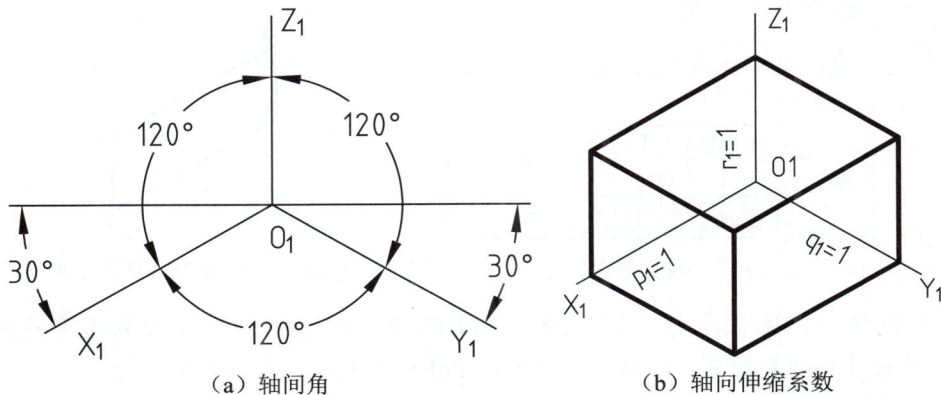

(a)轴间角   (b)轴向伸缩系数

图 2-59 正等轴测轴间角和轴向伸缩系数

等轴测图形主要有等轴测右平面、等轴测上平面和等轴测左平面，如图 2-60 所示。按 Ctrl+E 或者 F5 键可以改变等轴测平面。

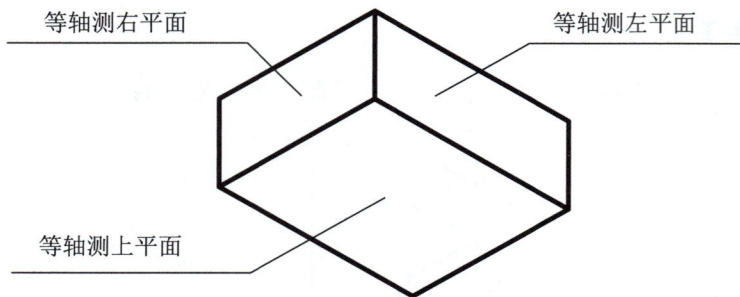

图 2-60　等轴测平面

轴测图空间不能使用多边形、圆、偏移、圆角、阵列等常规绘图和修改功能，复制、移动、修剪、延伸等命令可以使用。

【任务实施】

1. 新建文件

利用 A3 样板创建新文件，另存为"轴承正等轴测图"。

2. 绘制正等测图

1）绘图状态和捕捉设置

右击状态栏的【对象捕捉】按钮，单击【对象捕捉设置 ...】选项，弹出【草图设置】对话框。选择【捕捉和栅格】选项卡，在【捕捉类型】组选中【等轴测捕捉】选项（或单击状态栏上的等轴测草图按钮），如图 2-61 所示。

单击状态栏的【正交】按钮，启用正交模式。

2）绘制底部

1 绘制底部的左面：通过按 Ctrl+E 键或 F5 键，将等轴测平面改为【等轴测左平面】。执行【直线】命令，绘制直线 P1P2、P2P3、P3P4 和 P4P1，如图 2-62 所示。

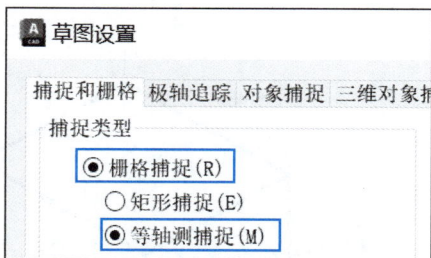

图 2-61　设置捕捉类型

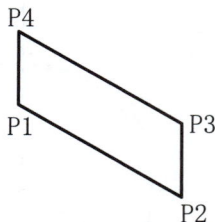

图 2-62　绘制底部的左面

2 绘制底部的右面：通过按 Ctrl+E 键或 F5 键，将等轴测平面改为【等轴测右平面】。执行【直线】命令，绘制线段 P3P6、P6P5 和 P5P2，如图 2-63 所示。

3 绘制底部的上面：通过按 Ctrl+E 键，将等轴测平面改为【等轴测上平面】。执行【直线】命令，绘制线段 P6P7 和 P7P8，如图 2-64 所示。

图 2-63　绘制底部的右面

图 2-64　绘制底部的上面

4 绘制其余线段，如图 2-65 所示。

3）绘制锥面

对象的左前端形成了一个锥角度，在等轴测图形中，可以在绘制斜线的过程中，分别捕捉斜线的端点来绘制，执行【直线】命令，绘制线段 P10P8 和 P11P4，如图 2-66 所示。

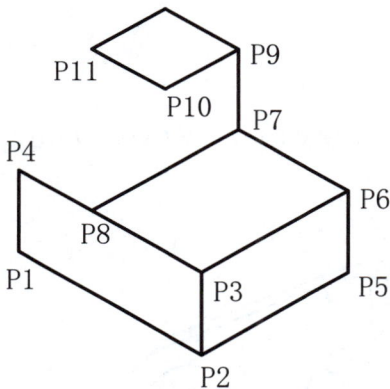

图 2-65　绘制其余线段

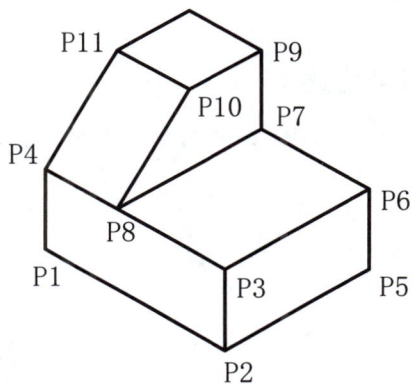

图 2-66　绘制锥面

4）绘制等轴测圆

1 绘制中心线，确定圆心的位置。

2 利用【轴，端点】椭圆命令 ⬭ 轴,端点，选择等轴测圆（I）选项绘制等轴测圆。

3 捕捉中心线交点为圆心，输入半径 5，如图 2-67 所示。

注意：在输入等轴测的半径或直径之前，必须确保处于等轴测平面中，即在【等轴测平面上】上绘制圆。

3. 保存文件

执行【快速访问工具栏】|【保存】。

【任务拓展】

绘制轴测图，如图 2-68 所示。

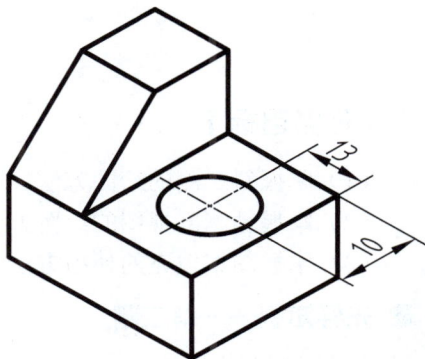

图 2-67　绘制等轴测圆

（a）拓展练习 1　　　　　　　（b）拓展练习 2

图 2-68　绘制轴测图拓展练习

课题 2-8

视频讲解

【任务描述】

通过绘制如图 2-69 所示压盖斜二轴测剖视图，掌握绘制斜二测轴测图和图案填充的方法。

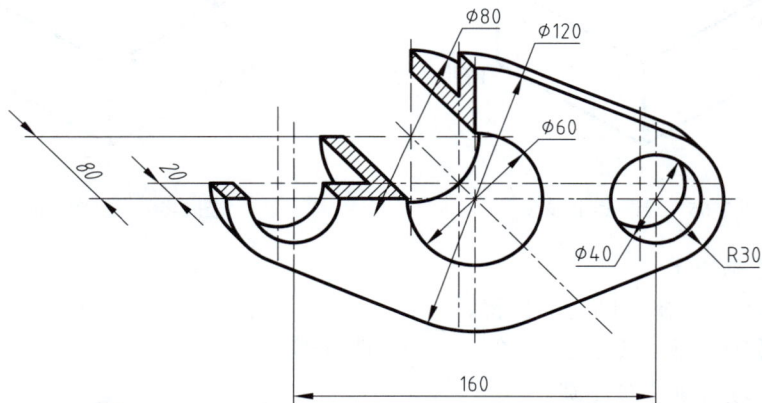

图 2-69　压盖斜二轴测剖视图

【任务目标】

（1）掌握斜二测的绘图方法。

（2）掌握轴测剖视图的绘图方法。

（3）掌握图案填充的使用方法。

📘 先导知识——斜二测

斜轴测投影是使 XOZ 坐标平面平行于轴测投影面，因而 XOZ 坐标面上的投影反映实形，称为正面斜轴测投影。最常用的一种为正面斜二测，简称斜二测，其轴间

角 $\angle X_1O_1Z_1=90°$，$\angle X_1O_1Y_1=\angle Y_1O_1Z_1=135°$，如图 2-70（a）所示；轴向伸缩系数 $p_1=r_1=1$，$q_1=0.5$，如图 2-70（b）所示。

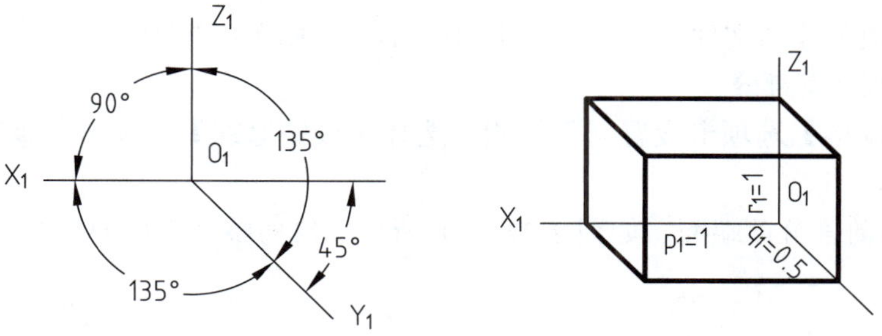

（a）轴间角　　　　　　　　　　　（b）轴向伸缩系数

图 2-70　斜二测轴间角和轴向伸缩系数

◼ 先导知识——图案填充

图案填充指在工程设计中把某种图案（如机械设计中的剖面线、建筑设计中的建筑材料符号）填入某一指定的封闭区域的操作。

1）执行方式

1 命令行窗口：输入 HATCH，按 Enter 键。

2【菜单栏】|【绘图】|【图案填充】。

3【功能区】|【默认】|【绘图】|【图案填充】。

2）操作步骤

1 命令行窗口：输入 HATCH，按 Enter 键。

2 弹出【图案填充创建】对话框，如图 2-71 所示。

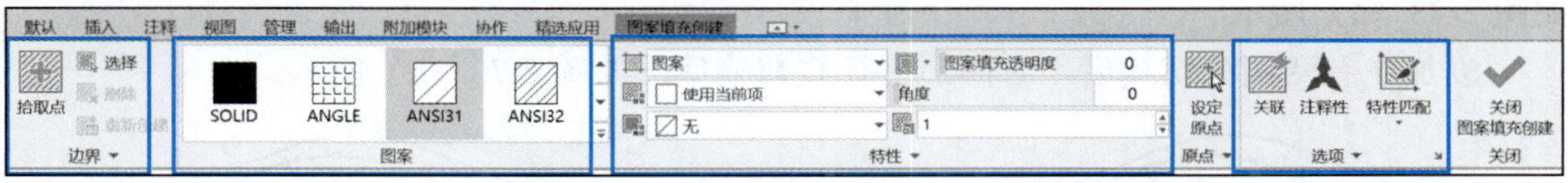

图 2-71　【图案填充创建】对话框

3）部分选项说明

1 填充的区域。

在【边界】面板单击【拾取点】按钮▦，单击对象封闭区域中的点，确定图案填充边界，这种默认确定填充边界的方式要求图形必须是封闭的。

在【边界】面板单击【选择】按钮▦，单击选定对象的图案填充边界。

2 填充的图案。

在【边界】面板选择所需的图案。

3 图案填充的方式。

在【特性】面板修改【角度】、【比例】等参数。

【关联】：控制图案的填充或填充的关联。如果关联的图案的边界在填充时被修改，那么图案将随边界更新而更新。

【任务实施】

1. 新建文件

利用 A3 样板创建新文件，另存为"绘制压盖斜二轴测剖视图"

2. 绘制轴测压盖前部分

1【捕捉和栅格】选项卡设置同正等测，选择【极轴追踪】选项卡，极轴角设置组设置增量角为 45°。

2 绘制压盖前部分前端面，如图 2-72（a）所示。修剪整理后如图 2-72（b）所示。

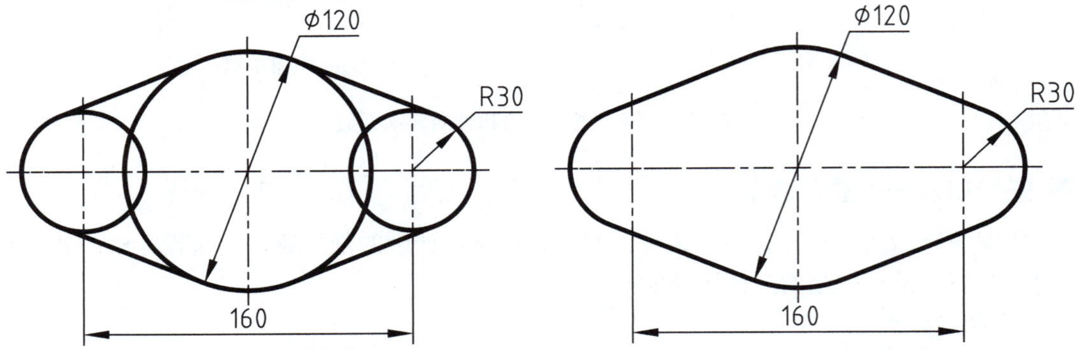

（a）绘制压盖前端面轮廓　　　　　　　　（b）修剪整理后的前端面

图 2-72　压盖前部分前端面

3 绘制压盖盘前部分后端面。

① 执行【复制】命令，选择全部对象。

② 以前端面中间对称中心线交点为基点，沿极轴角 135° 方向输入 10，按 Enter 键，如图 2-73（a）所示。

③ 加左右两侧公切线后，对图形进行修剪整理，如图 2-73（b）所示。

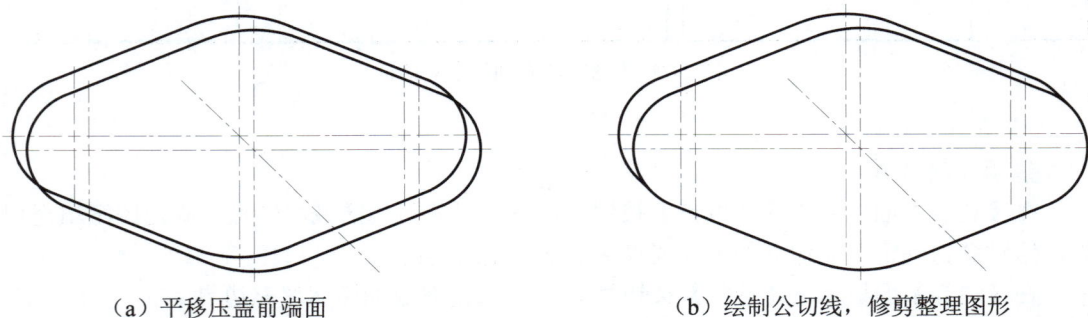

（a）平移压盖前端面　　　　　　　　　　（b）绘制公切线，修剪整理图形

图 2-73　压盖前端面沿极轴 135° 平移并整理

3. 绘制轴测压盖后部分

1 执行【圆】命令，以前端面中间对称中心线交点为圆心，绘制 φ80 的圆。

2 执行【复制】命令，选择 φ80 的圆，沿极轴角 135° 方向输入 40，按 Enter 键，如图 2-74（a）所示。

3 修剪整理后的图形如图 2-74（b）所示。

极轴: 13.3365 < 135°

（a）绘制压盖后端面 　　　　　　　（b）修剪整理图形

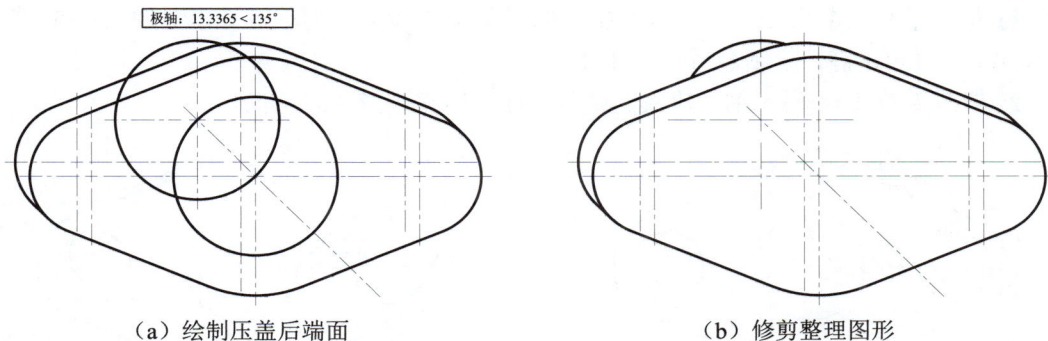

图 2-74　压盖后部分沿极轴 135° 平移并整理

4. 绘制圆柱孔

1 绘制 ϕ60 圆柱通孔。如图 2-75 所示，执行【圆】命令，以前端面中间的对称中心线交点为圆心绘制圆，通孔后端孔不可见。

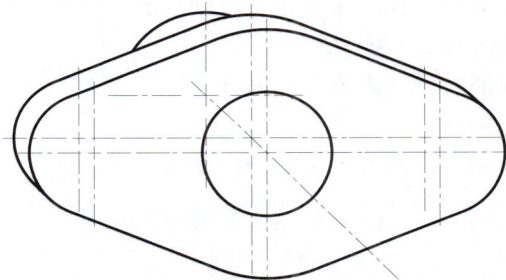

图 2-75　绘制 ϕ60 圆柱通孔

2 绘制两个 ϕ40 圆柱通孔。

① 执行【圆】命令，以前端面两侧的对称中心线交点为圆心绘制圆。

② 执行【复制】命令，选择 2 个 ϕ40 的圆，以前端面中间的对称中心线交点为基点，沿极轴角 135° 方向输入 10，按 Enter 键，移动后的图形如图 2-76（a）所示，修剪整理后的图形如图 2-76（b）所示。

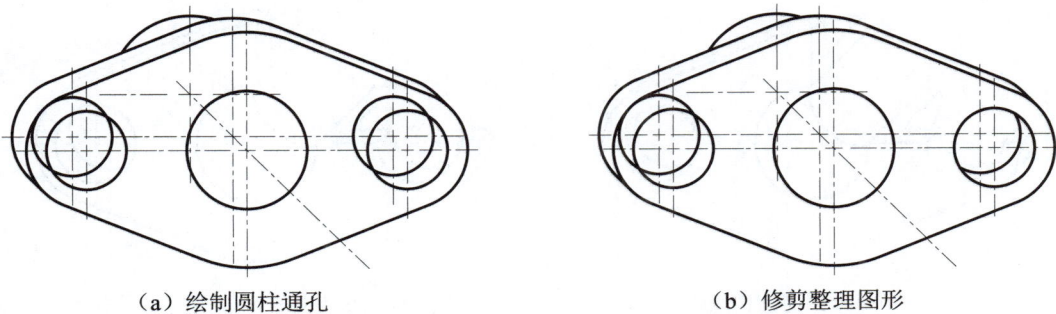

（a）绘制圆柱通孔 　　　　　　　（b）修剪整理图形

图 2-76　绘制两个 ϕ40 圆柱通孔沿极轴 135° 平移并整理

5. 绘制轴测剖切

1 执行【圆】命令，绘制 ϕ80 和前端面相交的圆，补全最后端的圆。

2 执行【复制】命令，以前端面中间的对称中心线交点为基点，沿极轴角 135° 方向输入 40，按 Enter 键，绘制最后端 $\phi 60$ 圆孔。

3 按图 2-77（a）所示剖切压盖，修剪整理后如图 2-77（b）所示。

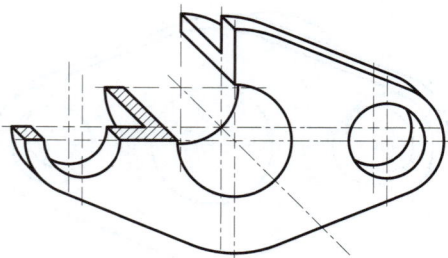

（a）绘制剖切压盖　　　　　　　　　　（b）剖切整理图形

图 2-77　绘制轴测剖切

6. 填充剖面线

1 执行【图案填充】命令，弹出【图案填充创建】对话框，如图 2-78 所示。

2 在【图案】面板组选择 ANSI31。

3 在【特性】面板组的角度文本框中输入 0。

4 在比例文本框中输入 0.5。

5 单击【拾取点】按钮，在绘图区域中需要填充剖面线的区域逐个单击。

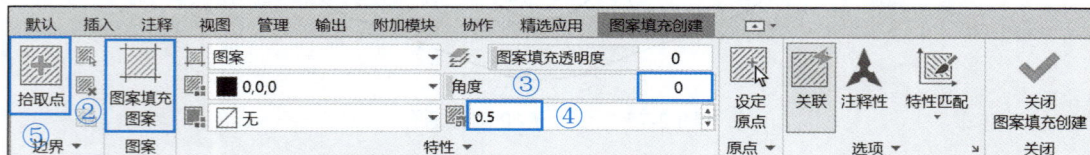

图 2-78　图案填充创建

6 单击【关闭】按钮，完成填充，如图 2-79（a）所示。

7 执行【图案填充】命令，在角度文本框中输入 5，单击【关闭】按钮，完成填充，如图 2-79（b）所示。

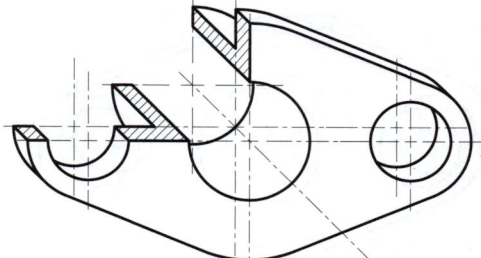

（a）填充水平面剖切线　　　　　　　　　（b）填充竖直面剖切线

图 2-79　图案填充

7. 保存文件

执行【快速访问工具栏】|【保存】。

【任务拓展】

绘制斜二轴测图，如图 2-80 所示。

视频讲解

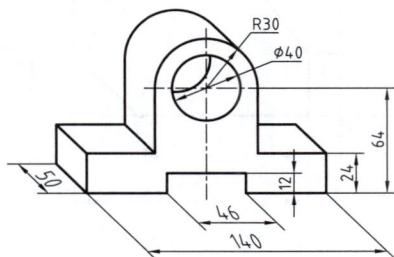

（a）拓展练习 1

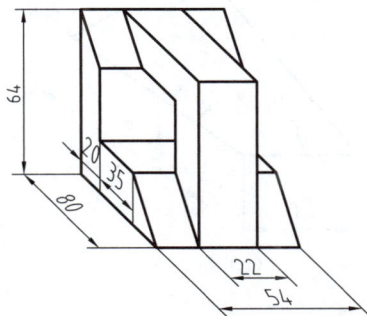

（b）拓展练习 2

图 2-80　绘制斜二轴测图拓展练习

提高练习

1. 采用坐标模式绘制下面图形，1 点绝对直角坐标（50,50），A 点的绝对直角坐标为（150,100）。如图 2-81 所示。

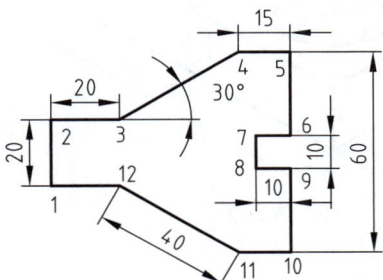

（a）练习 1

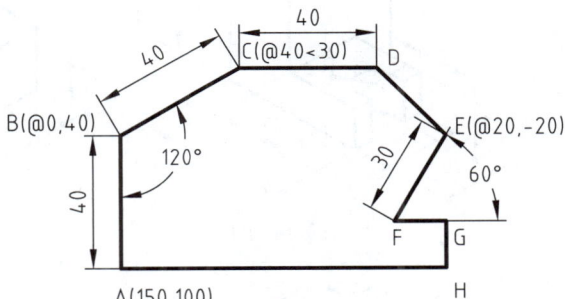

（b）练习 2

图 2-81　采用坐标模式绘制图形练习

2. 绘制平面图形，如图 2-82 所示。

视频讲解

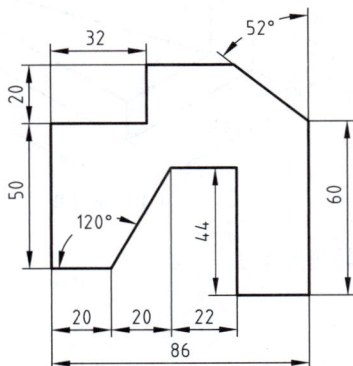

（a）练习 1

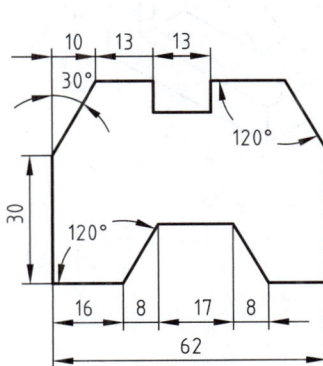

（b）练习 2

图 2-82　绘制平面图形练习

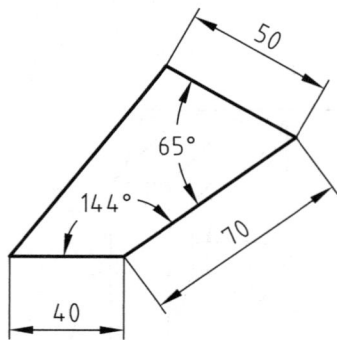

（c）练习 3

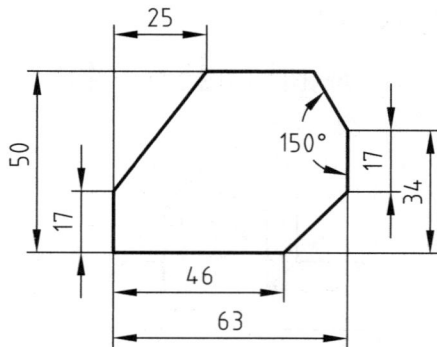

（d）练习 4

图 2-82 （续）

3. 绘制轴测图，如图 2-83 所示。

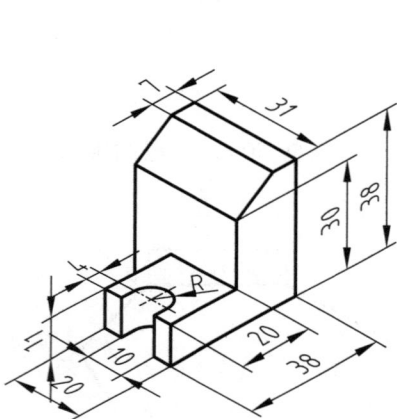

（a）练习 1

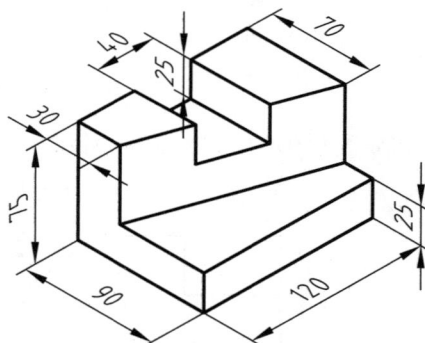

（b）练习 2

（c）练习 3

（d）练习 4

图 2-83 绘制轴测图练习

视频讲解

课题 3-1

视频讲解

【任务描述】

通过绘制一幅如图 3-1 所示的倒角、圆角对象图形，掌握倒角和圆角命令的使用方法。

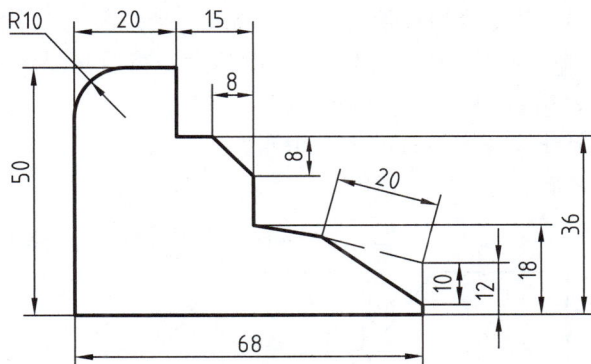

图 3-1　倒角、圆角对象

【任务目标】

（1）掌握倒角命令的使用方法。

（2）掌握圆角命令的使用方法。

（3）掌握建立选择集的方法。

📖 先导知识——倒角命令 ▱

倒角是指用斜线连接两个不平行的线型对象。

可以倒角的对象有线段、多段线、射线、构造线及三维实体等。

1）执行方式

1 命令行窗口：输入 CHAMFER 或 CHA，按 Enter 键。

2 【菜单栏】|【修改】|【倒角】。

3 【功能区】|【默认】|【修改】|【倒角】。

2）操作步骤

1 命令行窗口：输入 CHAMFER，按 Enter 键，系统显示为

【系统当前设置：（"修剪"模式）当前倒角距离 1=0.0000，距离 2=0.0000】

2【系统提示：选择第一条直线或【放弃（U）/多段线（P）/距离（D）/角度（A）/修剪（T）/方式（E）/多个（M）】：选择第一条直线或者其他选项。

3【系统提示：选择第二条直线，或按住 Shift 键选择直线以应用角点或【距离（D）/角度（A）//方法（M）】：选择第二条直线。

3）部分选项说明

1 距离（D）：选择倒角的两个斜线距离。

斜线距离是指从被连接的对象与斜线的交点到被连接两对象的交点之间的距离，如图 3-2（a）所示，系统默认选择顺序为逆时针方向，可通过单击顺序确定先后。这两个斜线距离可以相同也可以不相同，若二者均为 0，则系统不绘制连接的斜线，而是把两个对象延伸至相交，并修剪超出的部分。

2 角度（A）：指定第一条线段的倒角长度和倒角角度，如图 3-2（b）所示。

3 修剪（T）：选择"修剪模式（T）"或"不修剪模式（N）"，执行结果如图 3-2（c）所示，控制修剪命令是否将选定的边修剪到倒角直线的端点。

4 方式（E）：控制修剪命令通过使用两个距离或一个距离、一个角度来创建倒角。

5 多个（M）：为多组对象的边创建倒角。倒角命令将重复显示主提示和"选择第二个对象"提示，直到按 Enter 键结束命令。

6 放弃（U）：恢复在命令中执行的上一个操作。

7 多段线（P）：对整个二维多段线倒角。

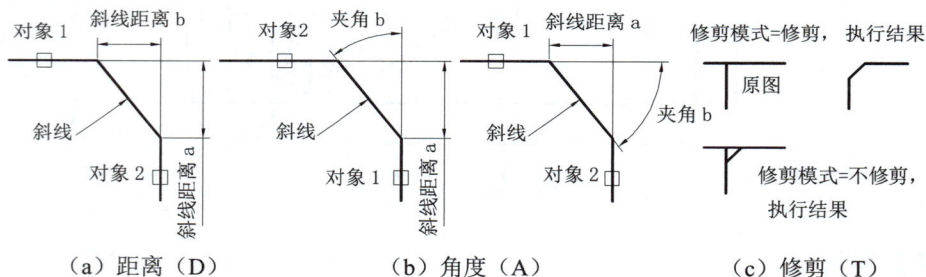

（a）距离（D）　　　　（b）角度（A）　　　　（c）修剪（T）

图 3-2　部分倒角命令

📋 **提示**：按住 Shift 键并选择两条线段，可以快速创建零距离倒角，即延伸或修剪相交成一点。

■ 先导知识——圆角命令

圆角是指用指定的半径的一段平滑的圆弧连接两个对象。

可以进行圆角的对象有：圆弧、圆、椭圆、椭圆弧、线段、多段线、射线、样条曲线、构造线和三维实体等。

1）执行方式

1 命令行窗口：输入 FILLET 或 F，按 Enter 键。

2【菜单栏】|【修改】|【圆角】。

3【功能区】|【默认】|【修改】|【圆角】。

2）操作步骤

1 命令行窗口：输入 FILLET，按 Enter 键。系统显示为

【系统当前设置：模式 = 修剪，半径 =0.0000】

2【系统提示：选择第一个对象或【放弃（U）/ 多段线（P）/ 半径（R）/ 修剪（T）/ 多个（M）】：选择第一个对象或者其他选项。

3【系统提示：选择第二个对象，或按住 Shift 键选择对象以应用角点或【半径（R）】】：选择第二个对象。

3）部分选项说明

1 多段线（P）：在一条二维多段线的两条线段的节点处插入圆滑的弧。选择二维多段线，则所有连接的交点都执行【圆角】命令。

2 半径（R）：定义圆角弧的半径，输入 R 后按 Enter 键，如图 3-3（a）所示。

3 修剪（T）：输入 T，选择"修剪模式（T）"或"不修剪模式（N）"，控制修剪命令是否将选定的边修剪到圆角弧的端点。

4 多个（M）：可设置连续绘制多个相同半径的圆角。

📋 **提示：关于绘制圆角应注意以下几点。**

（1）按住 Shift 键并选择两条线段，可以快速创建零半径圆角，即延伸或修剪相交于一点。

（2）选择对象为平行线段时，不论直径是多少，都以两线之间距离为直径绘制圆角。

（3）选择对象的位置不同，结果也不一样，如图 3-3（b）所示。

（4）修剪模式同倒角设置。

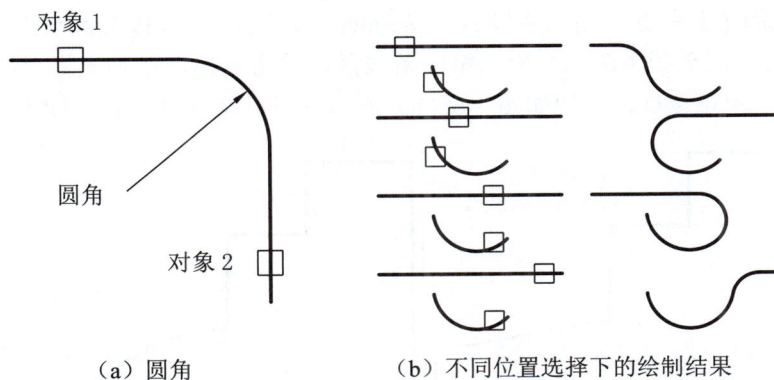

（a）圆角　　　　　　　　（b）不同位置选择下的绘制结果

图 3-3　部分圆角命令

【任务实施】

1. 新建文件

利用 A3 样板创建新文件，另存为"倒角、圆角对象"。

2. 绘制外框图形

1 采用【正交】、【对象捕捉】、【对象捕捉追踪】模式绘图，设置粗实线为当前

图层。

2 执行【直线】命令，绘图窗口合适位置，单击鼠标指定一点并作为图形起点，结合捕捉追踪绘制如图 3-4 所示的外框图。

3. 绘制倒角

1 执行【功能区】|【默认】|【修改】|【倒角】命令◻。选择"修剪模式"，输入字母 D，按 Enter 键，输入 33，按 Enter 键，输入 6，按 Enter 键，移动光标至图 3-5（a）所示的第一条线段，单击鼠标，移动光标至图 3-5（a）所示的第二条线段，单击鼠标，出现如图 3-5（b）所示图形，完成 33×6 倒角绘制。

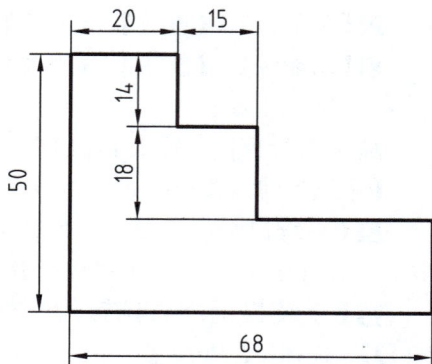

图 3-4　绘制外框图形

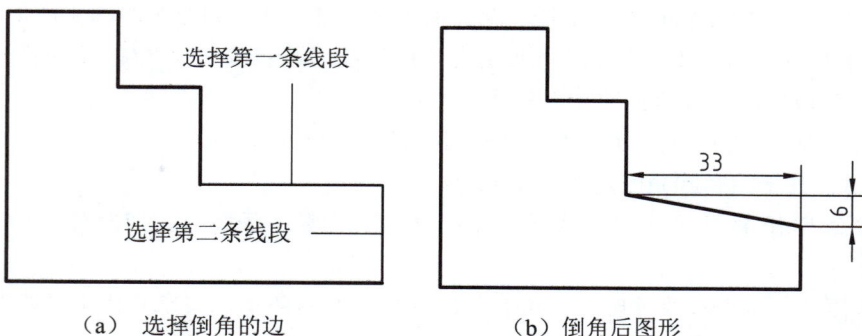

（a）　选择倒角的边　　　　　　（b）倒角后图形

图 3-5　绘制 33×6 倒角

2 执行【倒角】命令，输入字母 D，按 Enter 键，输入 20，按 Enter 键，输入 10，按 Enter 键，移动光标至图 3-6（a）所示第一条线段，单击鼠标，移动光标至图 3-6（a）所示第二条线段，单击鼠标，出现如图 3-6（b）所示图形，完成 20×10 倒角绘制。

（a）　选择倒角的边　　　　　　（b）倒角后图形

图 3-6　绘制 33×6 倒角

3 执行【倒角】命令，输入字母 A，按 Enter 键，输入 8，按 Enter 键，输入 45，按 Enter 键，移动光标至图 3-7（a）所示水平线段，单击鼠标，移动光标至图 3-7（a）所示竖直线段，单击鼠标，出现如图 3-7（b）所示图形，完成 C8 倒角绘制。

（a）　选择倒角的边　　　　　　　　（b）倒角后图形

图 3-7　绘制 C8 倒角

📋提示：倒角为 45° 时，第一条线和第二条线没有先后顺序。

4. 绘制圆角

执行【功能区】|【默认】|【修改】|【圆角】命令▱。选择"修剪模式"，输入字母 R，按 Enter 键，输入 10，再按 Enter 键，移动光标分别单击图 3-8（a）所示线段，出现如图 3-8（b）所示图形，完成 R10 圆角绘制，绘制图形结束。

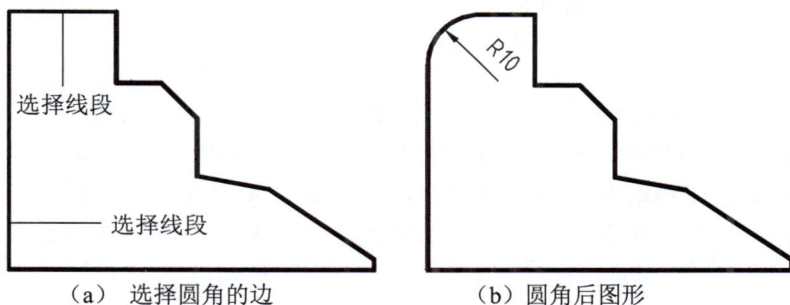

（a）　选择圆角的边　　　　　　　　（b）圆角后图形

图 3-8　绘制 R10 圆角

5. 保存文件

执行【快速访问工具栏】|【保存】。

💡 **知识拓展——建立选择集**

在编辑图形时，选择对象的方法有很多，在此介绍几种常用的方法。

1）使用拾取框光标

在命令行提示选择对象时，光标为矩形拾取框，放到要选择的对象上，对象将亮显，单击后选择，如图 3-9 所示。

📋提示：按住 Shift 键，单击已选择的对象，则这个对象退出选择集。

2）窗口选择方式（window）——W 窗口选择方式（简称窗选）

在需要选择的多个对象的左侧，单击确定第 1 点（松开左键），由左向右移动光标，将出现一个大小随光标移动而改变矩形窗口，单击后确定窗口第 2 点，只有在窗口中的对象才能被选中，变成亮显且出现夹点，如图 3-10 所示。

图 3-9　使用拾取框光标拾取

图 3-10　窗口选择方式

3）交叉窗口选择方式（crossing）——C 窗口选择方式（简称叉选）

在被选择的多个对象右侧，单击确定第 1 点（松开左键），由右向左移动光标，将出现一个大小随光标移动而改变虚线窗口，单击确定窗口第 2 点，在矩形窗口内的对象，不管是不是全部被选中，只要有一部分被选中，则整个对象变成亮显，如图 3-11 所示。

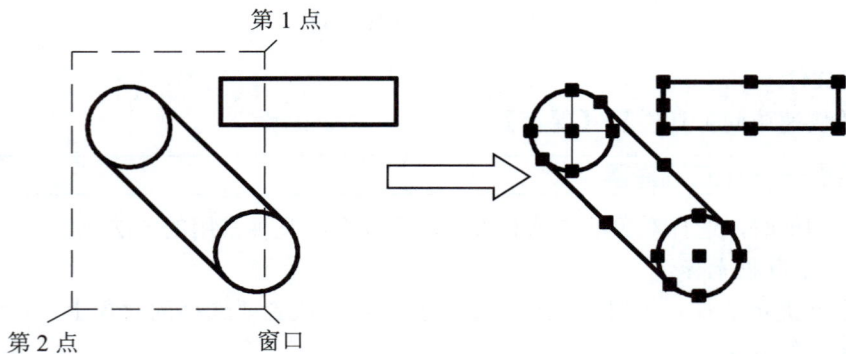

图 3-11　交叉窗口选择方式

📋 提示：可以按住鼠标左键不放，通过鼠标滑动选择对象。选择对象的方式类似框选、叉选。

【任务拓展】

采用倒角、圆角命令绘制图形，如图 3-12 所示。

视频讲解

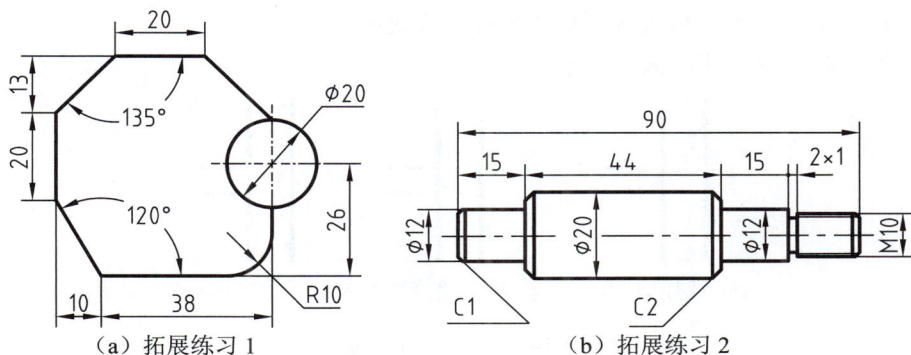

（a）拓展练习 1　　　　　　　　　　（b）拓展练习 2

图 3-12　采用倒角、圆角命令绘制图形拓展练习

课题 3-2

【任务描述】

通过绘制一幅如图 3-13 所示的修剪对象图形，掌握修剪命令的使用方法。

【任务目标】

掌握修剪命令的使用方法。

■ 先导知识——修剪命令 ✂

使用修剪命令可以将超出修剪边界的线条进行修剪，被修剪的对象可以是线段、多段线、圆弧、样条曲线、构造线等。

视频讲解

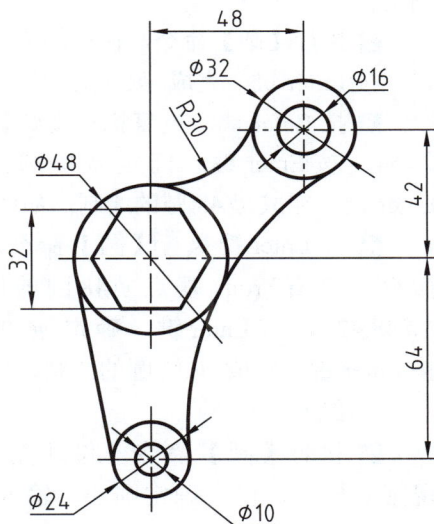

图 3-13　修剪对象

1）执行方式

1 命令行窗口：输入 TRIM 或 TR，按 Enter 键。

2【菜单栏】|【修改】|【修剪】。

3【功能区】|【默认】|【修改】|【修剪】。

2）操作步骤

1 命令行窗口：输入 TRIM，按 Enter 键。系统显示为

【系统当前设置：投影 =UCS，边 = 无，模式 = 快速】

2【系统提示：选择要修剪的对象，或按住 Shift 键选择要延伸的对象或【剪切边（T）/ 窗交（C）/ 模式（O）/ 投影（P）/ 删除（R）】】：选择需要修剪的对象。

3）部分选项说明：

1 剪切边（T）：选择对象，使被修剪的对象精准地终止于选择对象定义的边界，如图 3-14 所示。

2 窗交（C）：选择矩形区域（由两点确定）建立选择集，选择内部或与之相交的对象。

3 模式（O）：可通过模式选项更改为标准或快速。

4 删除（R）：单独删除某个对象。

① 选择剪切边　　② 选择要修剪对象　　③ 修剪结果

图 3-14　剪切边（T）命令

【任务实施】

1. 新建文件

利用 A3 样板创建新文件，另存为"修剪对象"。

2. 绘制 3 个基准圆。

1 采用【极轴追踪】、【对象捕捉】、【对象捕捉追踪】模式绘图，设置粗实线为当前图层。

2 执行【圆】命令，在绘图窗口合适位置，单击鼠标指定一点，作为圆的圆心，输入12，按 Enter 键，完成 ϕ24 圆的绘制，如图 3-15 所示。

3 按 Enter 键，重复执行【圆】命令，捕捉 ϕ24 圆的圆心，竖直向上移动光标，输入 64，按 Enter 键，确定 ϕ48 圆的圆心，输入 24，按 Enter 键，完成 ϕ48 圆的绘制，如图 3-15 所示。

4 按 Enter 键执行【圆】命令，执行临时捕捉【自】命令，单击 From 基点 ϕ48 圆的圆心，输入偏移数据"@48,42"，按 Enter 键，确定 ϕ32 圆的圆心，输入 16，按 Enter 键，完成 ϕ32 圆的绘制，如图 3-15 所示。

3. 绘制 2 个小圆

1 执行【圆】命令，移动光标至 ϕ24 圆附近，显现圆心标记，单击确定圆心，输入 5，按 Enter 键，完成 ϕ10 圆的绘制。

2 按照①的方法捕捉 ϕ32 圆心并单击，输入 8，按 Enter 键，完成 ϕ16 圆的绘制。

4. 绘制正六边形

执行【多边形】命令，输入 6，按 Enter 键，捕捉 ϕ48 圆的圆心并单击，输入字母 C，如图 3-16（a）所示，按 Enter 键，输入 16，按 Enter 键，如图 3-16（b）所示，完成正六边形绘制。

图 3-15　绘制基准圆

5. 绘制切线

1 执行【直线】命令，对象捕捉设置勾选"切点"，取消捕捉"圆心"，将光标靠近 ϕ24 圆的左侧，出现相切标记，单击鼠标确定线段的起点；移动光标靠近 ϕ48 圆的左侧，出现相切标记，单击鼠标确定线段的终点，按 Enter 键完成左侧切线的绘制。

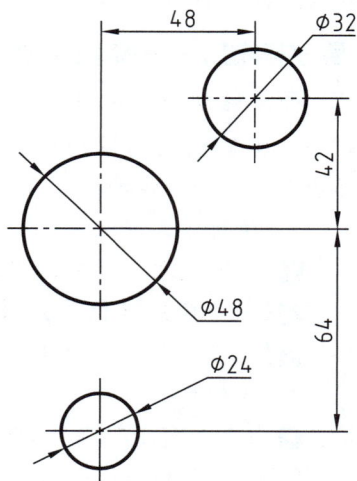

（a）输入对边距　　　　　　　　（b）完成正六边形

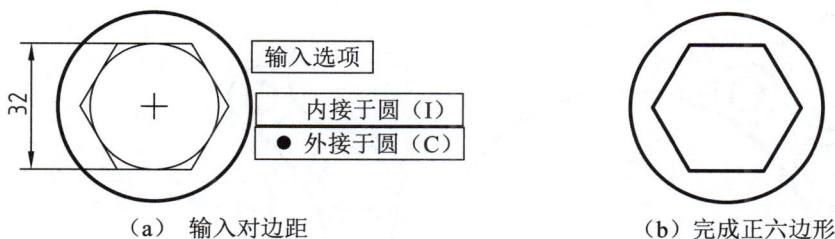

图 3-16　绘制六边形

2 单击【默认】|【绘图】|【圆】|【相切、相切、半径】命令按钮⊘（或执行【圆】命令后输入 T），移动光标靠近 φ48 圆的左上侧，出现切点标记，如图 3-17（a）所示，单击鼠标，指定一个切点；移动光标靠近 φ32 圆的左上侧，出现切点标记，如图 3-17（b）所示，单击鼠标指定一个切点，输入 30，按 Enter 键，完成圆的绘制。

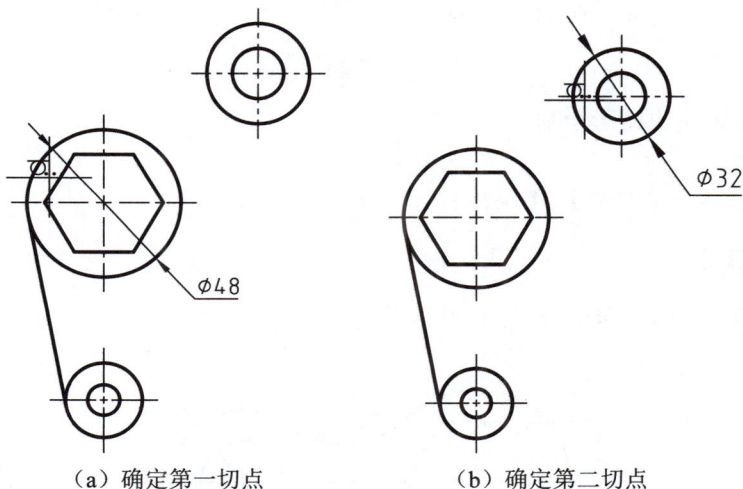

（a）确定第一切点　　　　　　（b）确定第二切点

图 3-17　确定半径为 30 的切线圆的切点

3 单击【默认】|【绘图】|【圆】|【相切、相切、相切】命令按钮○，移动光标靠近 φ24 圆右侧，出现切点标记，单击鼠标；移动光标靠近 φ48 圆的右侧，出现切点标记，单击鼠标，移动光标靠近 φ32 圆的右下侧，出现切点标记，单击鼠标，完成圆的绘制，如图 3-18 所示。

6. 整理图形

1 执行【功能区】|【默认】|【修改】|【修剪】命令，输入 t，分别单击 φ24 圆、φ48 圆和 φ32 圆，选择修剪边界如图 3-19（a）所示，按 Enter 键。

2 移动光标靠近 φ30 圆左上需删除部分，单击，移动光标靠近大圆需删除部分，单击。如图 3-19（b）所示。

图 3-18　绘制切线圆

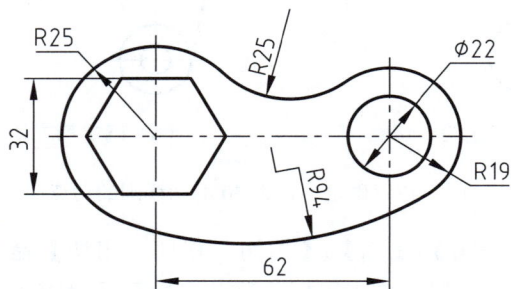

（a）选择修剪边界　　　　　　　　　　（b）删除圆弧

图 3-19　修剪圆弧

3 按 Enter 键完成图形绘制。

7. 保存文件

执行【快速访问工具栏】|【保存】。

视频讲解

【任务拓展】

采用修剪命令绘制图形，如图 3-20 所示。

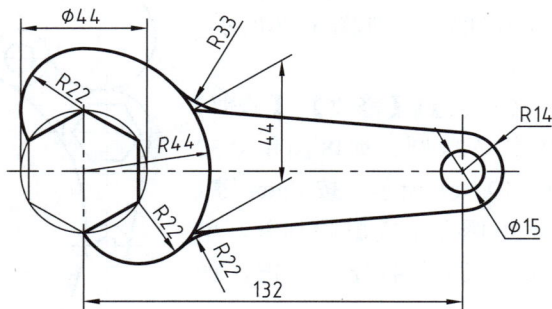

（a）拓展练习 1

（b）拓展练习 2

图 3-20　采用修剪命令绘制图形拓展练习

课题 3-3

【任务描述】

通过绘制一幅如图 3-21 所示的偏移对象图形，掌握偏移命令的使用方法。

【任务目标】

（1）掌握偏移命令的使用方法。

（2）掌握分解命令的使用方法。

（3）掌握延伸命令的使用方法。

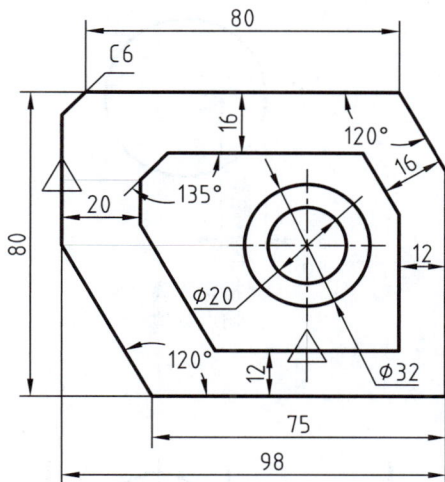

图 3-21　偏移对象

■ 先导知识——偏移命令

偏移是指保持选择的对象的形状、在不同的位置以不同（或相同）的尺寸大小新建对象的操作。

可偏移的对象有线段、圆弧、圆、椭圆、椭圆弧（形成椭圆形样条曲线）、二维多段线、构造线（参照线）和射线、样条曲线。

1）执行方式

1️⃣ 命令行窗口：输入 OFFSET 或 O，按 Enter 键。

2️⃣ 【菜单栏】|【修改】|【偏移】。

3️⃣ 【功能区】|【默认】|【修改】|【偏移】。

2）操作步骤

1️⃣ 命令行窗口：输入 OFFSET，按 Enter 键，系统显示为

【系统当前设置：当前设置：删除源＝否，图层＝源 OFFSETGAPTYPE=0】

2️⃣ 【系统提示：指定偏移距离或【通过（T）/ 删除（E）/ 图层（L）】：<通过 >】：指定距离值。

3️⃣ 【系统提示：选择要偏移的对象，或【退出（E）/ 放弃（U）】：<退出 >】：选择要偏移的对象，按 Enter 键结束选择。

4️⃣ 【系统提示：指定要偏移的那一侧上的点，距离【退出（E）/ 多个（M）/ 放弃（U）】：<退出 >】：指定偏移方向单击。

3）部分选项说明

1️⃣ 偏移距离：输入一个距离值，系统把该距离值作为偏移距离，如图 3-22 所示。

📝 提示：距离不变可以连续多次偏移，例如创建系列间距相同的平行线或同心圆。

2️⃣ 通过（T）：指点偏移的通过点，如图 3-23 所示。

📝 提示：关于偏移命令应注意以下几点。

（1）确定的点可以用捕捉替代方式确定点，但是不能指定切点、垂足等。

（2）系统设置"图层＝源"时，偏移后的对象和源对象图层一致。

（3）系统设置"删除源＝否"时，对象偏移后源对象依然保留。

图 3-22　偏移距离演示

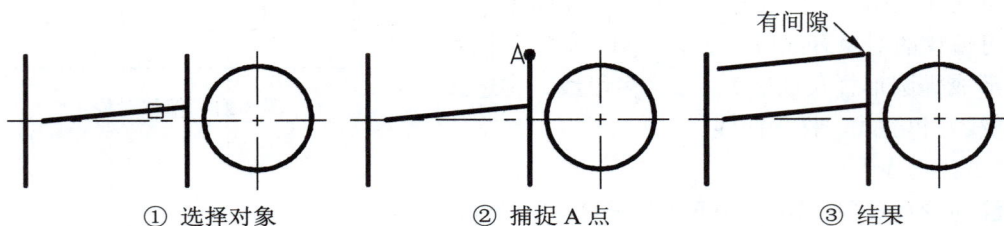

①　指定距离
　　输入数值

②　先选择对象□
　　再指定方向

③　偏移结果

①　选择对象

②　捕捉 A 点

③　结果

图 3-23　通过（T）的演示

▣ 先导知识——分解命令 ⬚

分解命令用于分解组合对象。

可用于分解的对象有多段线、块、关联阵列、注释性对象、三维实体、多行文字、面域等。

1）执行方式

1 命令行窗口：输入 EXPLODE 或 X，按 Enter 键。

2【菜单栏】|【修改】|【分解】。

3【功能区】|【默认】|【修改】|【分解】。

2）操作步骤

执行【分解】命令，系统提示选择要分解的对象，该对象会被分解，如图 3-24 所示。

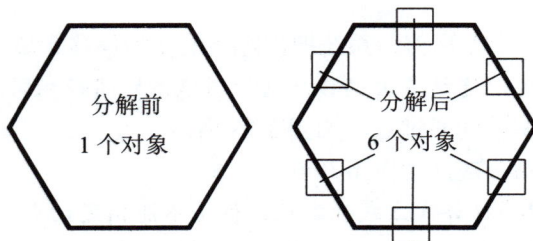

分解前
1 个对象

分解后
6 个对象

图 3-24　分解对象

■ **先导知识——延伸命令** →

延伸：使用延伸命令可以延伸对象直至另一个对象的边界线，被延伸的对象可以是直线、多段线、圆弧、样条曲线、构造线等。

1）执行方式

1 命令行窗口：输入 EXTEND 或 EX，按 Enter 键。

2【菜单栏】|【修改】|【延伸】。

3【功能区】|【默认】|【延伸】|【修剪】。

2）操作步骤

1 命令行窗口：输入 EXTEND 按 Enter 键，系统显示为

【系统当前设置：投影 =UCS，边 = 无，模式 = 快速】

2【系统提示：选择要延伸的对象，或按住 Shift 键选择要修剪的对象或，【边界边（B）/窗交（C）/ 模式（O）/ 投影（P）】】：选择需要延伸的对象。

3）部分选项说明：

1 边界边（B）：选择对象，使被延伸的对象精准地终止于选择对象定义的边界，如图 3-25 所示。

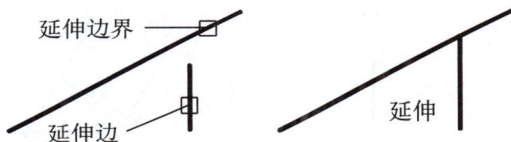

图 3-25　延伸命令

2 窗交（C）：选择矩形区域（由两点确定）建立选择集，选择内部或与之相交的对象。

3 模式（O）：可通过模式选项更改为标准或快速。

【**任务实施**】

1. 新建文件

利用 A4 样板创建新文件，另存为"偏移对象"。

2. 绘制图形外框

1 采用【极轴追踪】、【对象捕捉】、【对象捕捉追踪】模式绘图，设置粗实线为当前图层，极轴角设置为 15°。

2 执行【矩形】命令，在绘图窗口合适位置单击鼠标指定一点，作为左下角点，输入"@98，80"，作为右上角点，按 Enter 键，完成外框矩形。

3 执行【功能区】|【默认】|【修改】|【分解】命令 🔲，选择矩形图形按 Enter 键。

4 执行【倒角】命令，选择"修剪模式"，输入字母 D，按 Enter 键，输入 6，按 Enter 键，输入 6，按 Enter 键，移动光标至矩形左上角点，分别单击左上角的两条线段，完成 C6 倒角绘制。

5 执行【倒角】命令，输入字母 A，按 Enter 键，输入 12，按 Enter 键，输入 60，按 Enter 键，分别单击上边和右边这两条线段，完成右上 60° 倒角绘制。

6 执行【倒角】命令，输入字母 A，按 Enter 键，输入 23，按 Enter 键，输入 60，按

Enter 键，分别单击矩形起点右边线和上边线，完成左下 60° 倒角绘制。完成图形外框的绘制，如图 3-26 所示。

3. 绘制中间线框

1 执行【功能区】|【默认】|【修改】|【偏移】命令 ⊂，输入 20，按 Enter 键，确定偏移的距离，单击线段 AB，移动光标至其右侧，单击鼠标完成线段 AB 的偏移。

2 单击线段 BC，移动光标至其右侧，单击鼠标完成线段 BC 的偏移。

3 执行【偏移】命令，输入 12 ，按 Enter 键，单击线段 CD，移动光标至其上方，单击鼠标完成线段 CD 的偏移。

4 单击线段 DE，移动光标至其左侧，单击鼠标完成线段 DE 的偏移。

5 执行【偏移】命令，输入 16 ，按 Enter 键，单击线段 EF，移动光标至其左侧，单击鼠标完成线段 EF 的偏移。

6 单击线段 FG，移动光标至其下方，单击鼠标完成线段 FG 的偏移，偏移结果如图 3-27 所示。

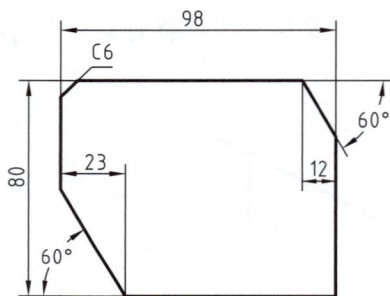

图 3-26　绘制图形外框　　　　图 3-27　执行【偏移】命令

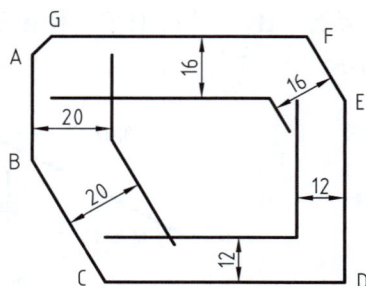

7 执行【默认】|【修改】|【延伸】命令，输入 B 按 Enter 键，单击线段 CD，按 Enter 键，单击线段 AB，完成线段 AB 的延伸，如图 3-28 所示。

8 执行【修剪】命令，单击内框外部突出的线段，完成修剪，如图 3-29 所示。

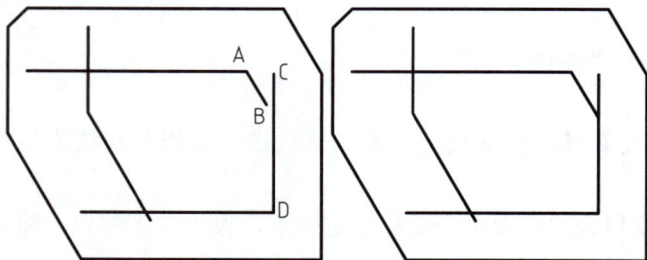

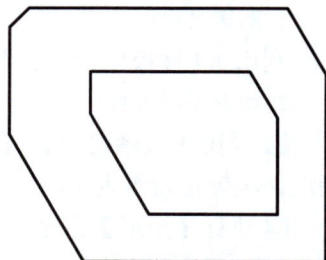

图 3-28　延伸线段　　　　图 3-29　修剪内框外部突出的线段

9 对象捕捉勾选"中点"，执行【直线】命令，捕捉线段 AB 中点，水平向右移动光标，与其偏移距离为 20 的线段相交，出现相交标记并单击，移动光标至极轴 45° 方向和偏移距离为 16 的线段相交，如图 3-30（a）所示，单击鼠标，完成 45° 斜线的绘制。执行【修剪】命令，分别单击 45° 斜线左上的两条线段，完成内框图形绘制，如图 3-30（b）所示。

4. 绘制内部圆

1 执行【圆】命令，利用对象捕捉追踪分别捕捉端点和中点，确定圆心，如图 3-31（a）所示，单击鼠标，输入 10 按 Enter 键，完成 φ20 圆的绘制。

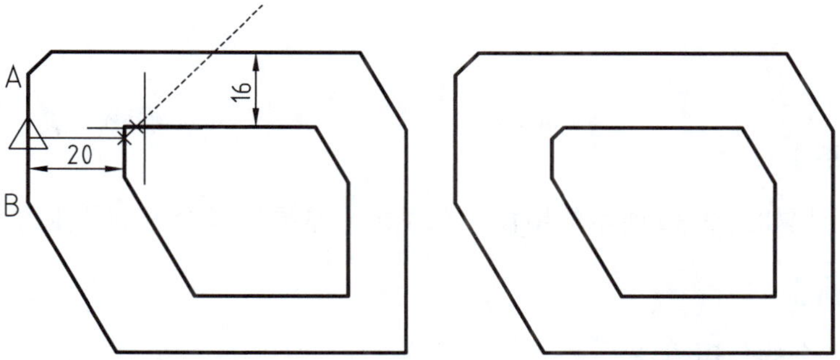

（a）绘制 45°斜线　　　　　　　　　（b）绘制内框图形

图 3-30　绘制内框左上线段

2 执行【偏移】命令，输入偏移距离 6 按 Enter 键，单击 $\phi20$ 的圆，向外移动鼠标并单击，完成 $\phi32$ 圆的绘制，如图 3-31（b）所示。

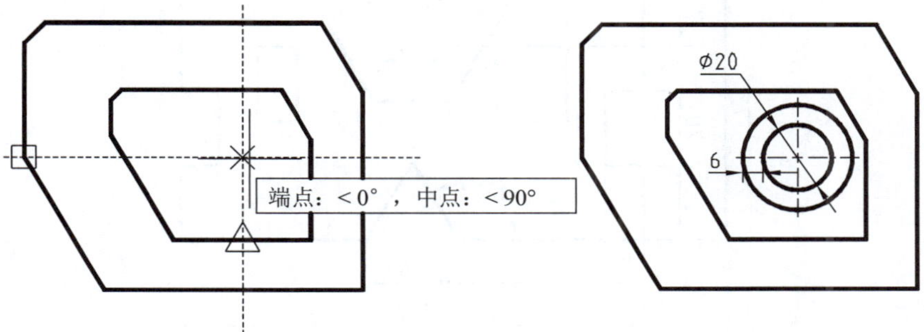

（a）确定圆心　　　　　　　　　　　（b）绘制圆

图 3-31　绘制内部圆

5. 保存文件

执行【快速访问工具栏】|【保存】。

【任务拓展】

采用偏移命令绘制图形，如图 3-32 所示。

视频讲解

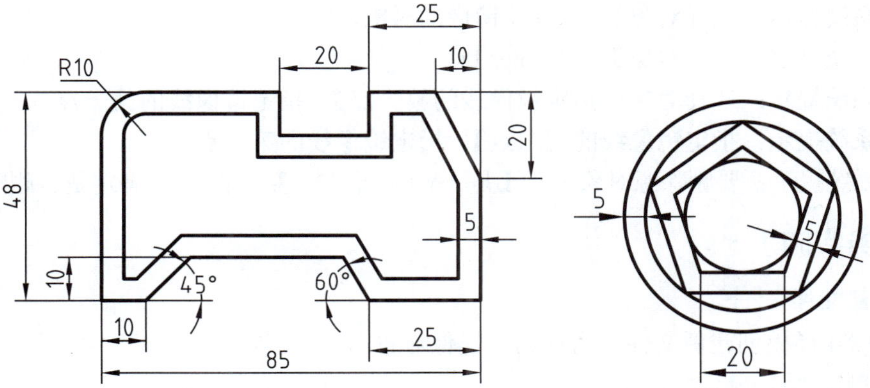

（a）拓展练习 1　　　　　　　　　　（b）拓展练习 2

图 3-32　采用偏移命令绘制图形拓展练习

课题 3-4

【任务描述】

通过绘制一幅如图 3-33 所示的镜像对象图形，掌握镜像命令的使用方法。

【任务目标】

掌握镜像命令的使用方法。

📖 先导知识——镜像命令 ⚠

镜像是指把选择的对象围绕一条镜像线进行复制的操作。

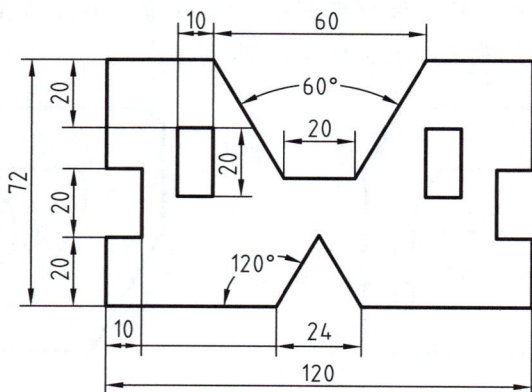

图 3-33　镜像对象

1）执行方式

1 命令行窗口：输入 MIRROR 或 MI，按 Enter 键。

2 【菜单栏】|【修改】|【镜像】。

3 【功能区】|【默认】|【修改】|【镜像】。

2）操作步骤

1 命令行窗口：输入 MIRROR，按 Enter 键。

2 【系统提示：选择对象】：选择要镜像的对象。

3 【系统提示：选择对象】：按 Enter 键。

4 【系统提示：选择对象：指定镜像线的第一点】：指定镜像线的第一点。

5 【系统提示：指定镜像线的第二点】：指定镜像线的第二点。

6 【系统提示：要删除源对象吗？【是（Y）/ 否（N）】：＜否＞】：确定是否删除源对象。

【任务实施】

1. 新建文件

利用 A4 样板创建新文件，另存为"镜像对象"。

2. 绘制左半边外框

由图 3-33 可以看出图形为左右对称结构，所以以对称轴为界绘制图形的一半。

1 采用【极轴追踪】、【对象捕捉】、【对象捕捉追踪】模式绘图，设置粗实线为当前图层，极轴角设置为 30°。

2 执行【直线】命令，在绘图窗口的合适位置指定图线第一点，采用极轴追踪的距离输入法绘制图形，然后依据图 3-34 所示尺寸，绘制图形左半边外框。

3. 绘制矩形

1 执行【矩形】命令，捕捉最上水平线右端点，出现交点标记□时，向下移动光标，如图 3-35（a）所示，输入 20，按 Enter 键，确定矩形起点。

2 输入"@-10,-20"，按 Enter 键，完成左侧矩形的绘制，如图 3-35（b）所示。

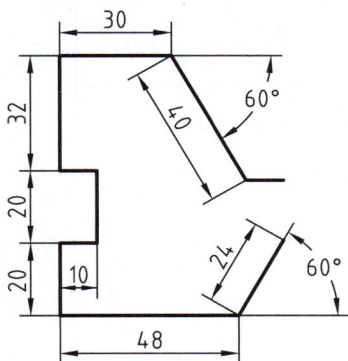

图 3-34　绘制左半边外框

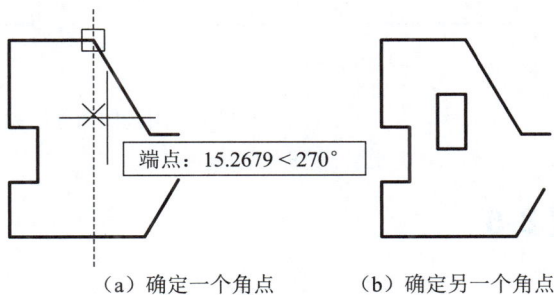

（a）确定一个角点　　（b）确定另一个角点

图 3-35　绘制矩形

4. 执行镜像

1 按 Ctrl+A 键，选择全部对象，执行【镜像】命令，捕捉绘制外框右侧上部水平线端点，如图 3-36（a）所示。

2 捕捉绘制外框右侧下部斜线上端点，如图 3-36（b）所示，按 Enter 键，完成镜像。

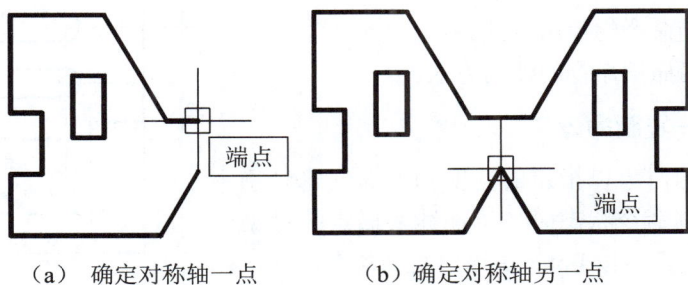

（a）确定对称轴一点　　（b）确定对称轴另一点

图 3-36　镜像图形

📋 **提示：** 镜像时也可以先捕捉下端点，然后捕捉的上端点，以选择的线段作为对称轴。

5. 保存文件

执行【快速访问工具栏】|【保存】。

【任务拓展】

采用镜像命令绘制图形，如图 3-37 所示。

视频讲解

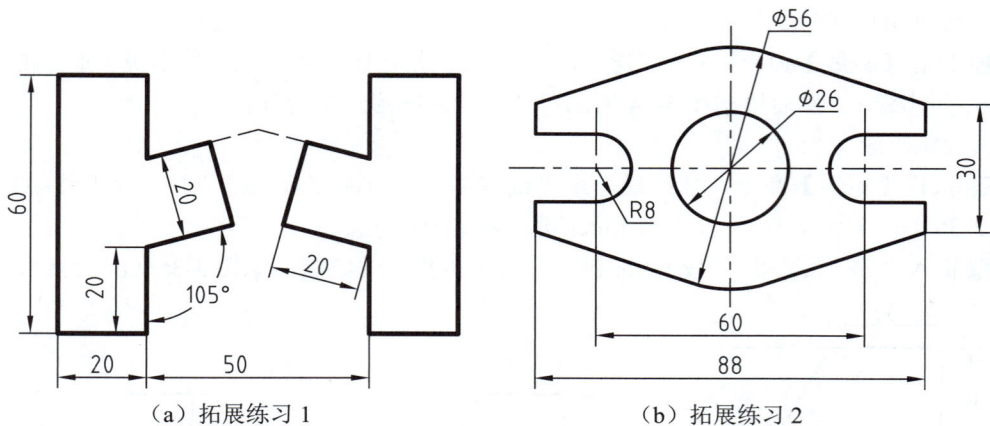

（a）拓展练习 1   （b）拓展练习 2

图 3-37　采用镜像命令绘制图形拓展练习

课题 3-5

【任务描述】

通过绘制一幅如图 3-38 所示的复制对象图形，掌握复制命令的使用方法。

【任务目标】

（1）掌握复制命令的使用方法。
（2）掌握删除命令的使用方法。
（3）掌握撤销命令的使用方法。
（4）掌握取消撤销命令的使用方法。

📖 先导知识——复制命令

复制是指从源对象以指定的角度和方向创建对象的副本，处于复制命令状态时，可连续将选定的对象粘贴到指定位置，直至按 Enter 键退出复制命令。

1）执行方式

1 命令行窗口：输入 COPY 或 CO，按 Enter 键。
2 【菜单栏】|【修改】|【复制】。
3 【功能区】|【默认】|【修改】|【复制】。

2）操作步骤

1 命令行窗口：输入 COPY，按 Enter 键。
2 系统提示：选择对象，选择要复制的对象。
3 系统提示：选择对象，按 Enter 键。
4 当前设置：复制模式 = 多个。
5 系统提示：指定基点或【位移（D）/模式（O）】<位移>。

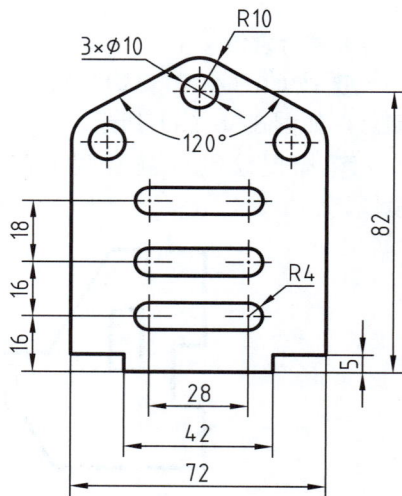

图 3-38　复制对象

6 系统提示：指定第二点或【阵列（A）】< 使用第一个点作为位移 >。

7 系统提示：指定第二点或【阵列（A）/ 退出（E）/ 放弃（U）】< 退出 >。

3）部分选项说明

指定基点：指定一个坐标点后，把该点作为复制对象的基点，指定第二点后，系统将根据这两点确定的位移矢量把选择的对象复制到第二点。

【任务实施】

1. 新建文件

利用 A4 样板创建新文件，另存为"复制对象"。

2. 绘制外框

1 采用【极轴追踪】、【对象捕捉】、【对象捕捉追踪】模式绘图，设置粗实线为当前图层，设置极轴角为 30°，对象捕捉勾选"中点"。

2 执行【直线】命令，水平方向绘制长 72mm 的线段。

3 移动光标捕捉追踪线段中点，出现中点标记垂直向上移动光标至中点和极轴 150° 相交，如图 3-39（a）所示位置，单击鼠标，确定顶点。

4 输入字母 C，按 Enter 键。

5 单击下面长度为 72mm 的线段，按 Delete 键删除，如图 3-39（b）所示，完成 120° 顶角的绘制。

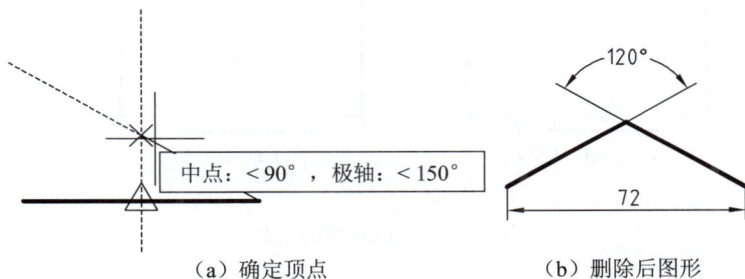

（a）确定顶点 （b）删除后图形

图 3-39 绘制 120° 顶角

6 执行【圆角】命令，输入 R，按 Enter 键，输入 10，按 Enter 键，分别单击绘制 120° 顶角的两条斜线，完成 R10 圆角的绘制。

7 执行【直线】命令，捕捉 R10 圆弧的圆心，垂直向下移动光标，如图 3-40（a）所示，输入 82，按 Enter 键，确定线段起点，利用极轴追踪直接输入距离数值法绘制如图 3-40（b）所示的图形。

8 执行【镜像】命令，框选（7）中绘制的右侧图形，按 Enter 键，分别单击 R10 的圆心和 21mm 水平线的左端点，按 Enter 键完成镜像，如图 3-41（a）所示。

9 执行【圆角】命令，输入 R，按 Enter 键，输入 10，按 Enter 键，输入 M，按 Enter 键，分别单击绘制 120° 顶角的斜线和其相连的竖线，完成两个 R10 圆角的绘制，如图 3-41（b）所示。

3. 绘制圆和槽孔

1 执行【圆】命令，移动光标捕捉顶部 R10 圆弧的圆心，单击鼠标，输入 5，按 Enter 键，完成圆的绘制。

（a）确定线段起点　　　　　　　　（b）绘制右侧线段

图 3-40　完成右侧线段的绘制

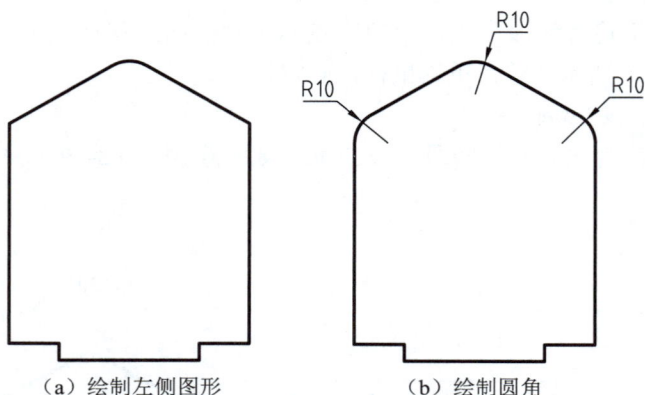

（a）绘制左侧图形　　　　　　　　（b）绘制圆角

图 3-41　完成外框的绘制

2 执行【直线】命令，使用【自】方式，将 A 点作为基点，输入"@22,11"，按 Enter 键，水平向右极轴 0°移动光标，输入 28，按 Enter 键，完成 28mm 线段的绘制，辅助线的绘制如图 3-42（a）所示。

3 执行【偏移】命令，输入 4，按 Enter 键，单击 28mm 线段，移动光标上移单击，单击 28mm 线段，移动光标下移单击，删除中间 28mm 线段，辅助线的偏移如图 3-42（b）所示。

4 执行【圆角】命令，输入 M，按 Enter 键，分别点击两条线段的左端，再分别单击两条线段右端，完成两端圆角的绘制，如图 3-42（c）所示。

4. 复制圆和槽孔

1 执行【功能区】|【默认】|【修改】|【复制】命令，单击圆，按 Enter 键，捕捉圆心单击，移动光标分别单击另外两段 R10 圆弧的圆心，按 Enter 键，完成两侧圆的复制。

2 选择槽孔的 4 段图线，执行复制命令，单击左槽孔圆心作为基点，如图 3-43（a）所示，向上移动光标极轴 90°方向，如图 3-43（b）所示，输入 16，按 Enter 键，完成向上复制第 1 个槽孔；继续向上移动光标，输入 34，按 Enter 键，完成向上复制第 2 个槽孔，如图 3-43（c）所示。

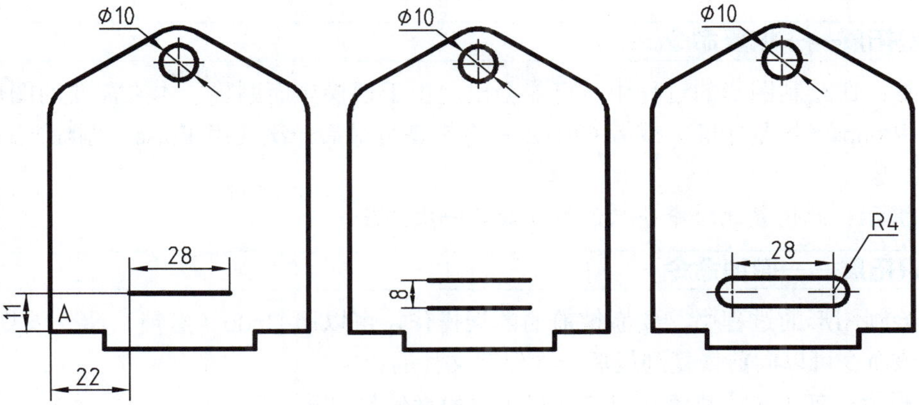

（a）　绘制辅助线　　　　　（b）偏移辅助线　　　　　（c）两端圆角

图 3-42　绘制槽孔

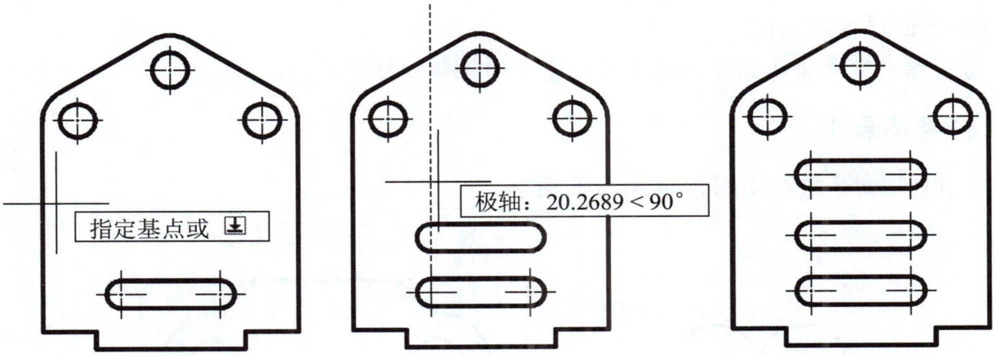

（a）　确定基点　　　　　（b）复制第一个槽口　　　　　（c）复制第二个槽口

图 3-43　复制槽孔

📄 **提示：关于复制命令应注意以下几点。**

（1）参考建立选择集的相关知识来进行对象的选择。

（2）复制移动的距离应以原始复制对象位置的移动计算。

5. 保存文件

执行【快速访问工具栏】|【保存】。

💡 **知识拓展——删除命令** ✏️

如果所绘制的图形不符合要求，可以使用删除命令将其删除。

1）执行方式

1 命令行窗口：输入 ERASE 或 E，按 Enter 键。

2 【菜单栏】|【修改】|【删除】。

3 【功能区】|【默认】|【修改】|【删除】。

4 按键盘上的 Delete 键。

2）操作步骤

1 命令行窗口：输入 ERASE，按 Enter 键。

2【系统提示：选择对象】：选择要删除的对象。

⚙ **知识拓展——恢复命令** 🖉

恢复：在绘制图形的过程中，可能会出现由于误操作而删除了本来需要的图形对象，一般可用 oops（恢复删除）或者 Ctrl+Z 命令来恢复最后一次使用 Erase（删除）命令删除的所有对象。

📋 **提示**：此恢复删除命令只能恢复最后一次删除。

⚙ **知识拓展——撤销命令** ⇐

在绘制图形的过程中，要撤销前面的误操作，可以用 Undo（撤销）命令恢复最近的操作。该命令可以向前恢复到最后一次保存文件的位置。

📋 **提示**：可单击【快速访问工具栏】中的撤销按钮 ⇦·。

⚙ **知识拓展——取消撤销命令** ⇒

在执行【撤销】命令后，退回的操作步骤多了，可以立即使用取消撤销命令 Redo，然后按 Enter 键或空格键。

📋 **提示**：可单击【快速访问工具栏】中的撤销按钮 ⇨·。

【任务拓展】

采用复制命令绘制如图 3-44 所示的图形。

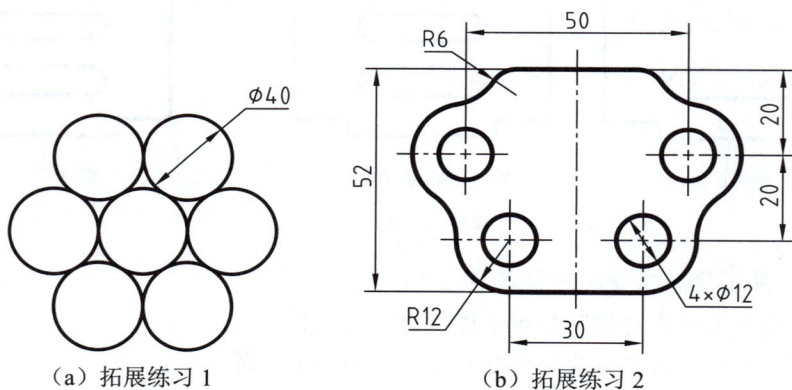

（a）拓展练习 1　　　　　　（b）拓展练习 2

图 3-44　采用复制命令绘制图形拓展练习

课题 3-6

【任务描述】

通过绘制一幅如图 3-45 所示的移动对象图形，掌握移动命令的使用方法。

【任务目标】

（1）掌握移动命令的使用方法。

（2）掌握夹点的使用方法。

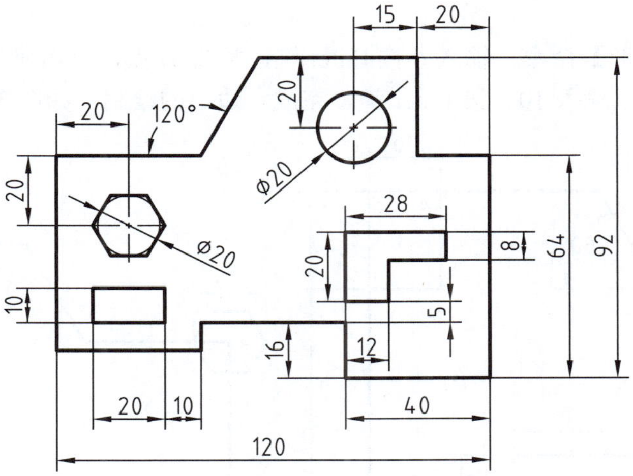

图 3-45　移动对象

📖 先导知识——移动命令 ✛

移动是指从源对象以指定的角度和方向移动到新位置。

1）执行方式

1 命令行窗口：输入 MOVE 或 M，按 Enter 键。

2【菜单栏】|【修改】|【移动】。

3【功能区】|【默认】|【修改】|【移动】。

2）操作步骤

1 命令行窗口：输入 MOVE，按 Enter 键；

2【系统提示：选择对象】：选择要移动的对象。

3【系统提示：按 Enter 键】。

4【系统提示：指定基点或【位移（D）】< 位移 >】：指定基点或位移。

5【系统提示：指定第二点或 < 使用第一个点作为位移 >】：移动到指定位置。

3）部分选项说明

指定基点：指定一个坐标点后，把该点作为移动对象的基点，指定第二点后，系统将根据这两点确定的位移矢量把选择的对象移动到第二点。

【任务实施】

1. 新建文件

利用 A4 样板创建新文件，另存为"移动对象"。

2. 绘制外框

1 采用【极轴追踪】、【对象捕捉】、【对象捕捉追踪】模式绘图，设置粗实线为当前图层，极轴角设置为 30°。

2 执行【直线】命令，在绘图窗口的合适位置单击鼠标确定 A 点，按照图 3-46 所示尺寸绘制图形外框。

3. 绘制内部图形

1 执行【圆】命令，捕捉 A 点，单击鼠标，输入 10，按 Enter 键，完成 φ20 圆的绘制，如图 3-47 所示。

2 执行【多边形】命令，输入 6 按 Enter 键，捕捉 B 点，单击确定六边形的中心点，输入 I，按 Enter 键，输入 10，按 Enter 键，完成六边形的绘制，如图 3-47 所示。

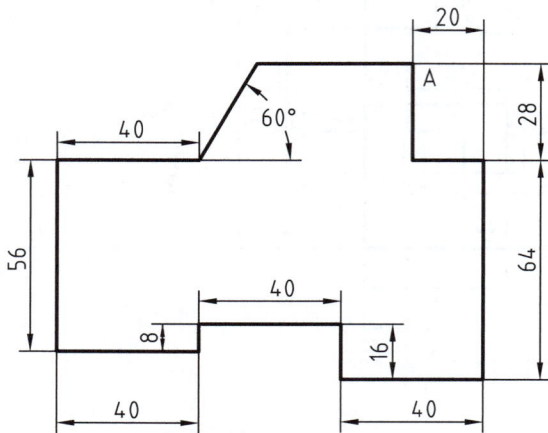

图 3-46　绘制外框　　　　　　　　图 3-47　绘制圆和六边形

3 执行【直线】命令，运用【正交】模式，在绘制的图框右侧，单击指定一点，按照图 3-48（a）所示尺寸，绘制 L 形图形。

4 执行【矩形】命令，在绘制的图框左侧，单击指定矩形起点，输入"@20,10"，按 Enter 键，完成矩形的绘制，如图 3-48（b）所示。

（a）绘制"L"形　　　　　　　（b）绘制矩形

图 3-48　绘制"L"形和矩形

4. 移动图形

1 运用极轴追踪模式绘图，执行【功能区】|【默认】|【修改】|【移动】命令，单击六边形，按 Enter 键，完成对象选择，采用临时捕捉【自】，选择六边形中心点 B 作为基点，输入"@20,-20"，按 Enter 键，将六边形移动到要求位置，如图 3-49（a）所示。

2 利用夹点方式移动 φ20 圆。单击圆，单击圆心夹点使其变为红色，水平向左移动光标，如图 3-49（b）所示，输入 15，按 Enter 键，完成水平移动；再次单击圆心夹点使其变为红色，竖直向下移动光标，如图 3-49（c）所示，输入 20，按 Enter 键，圆移动到要求位置，按 Esc 键退出当前命令。

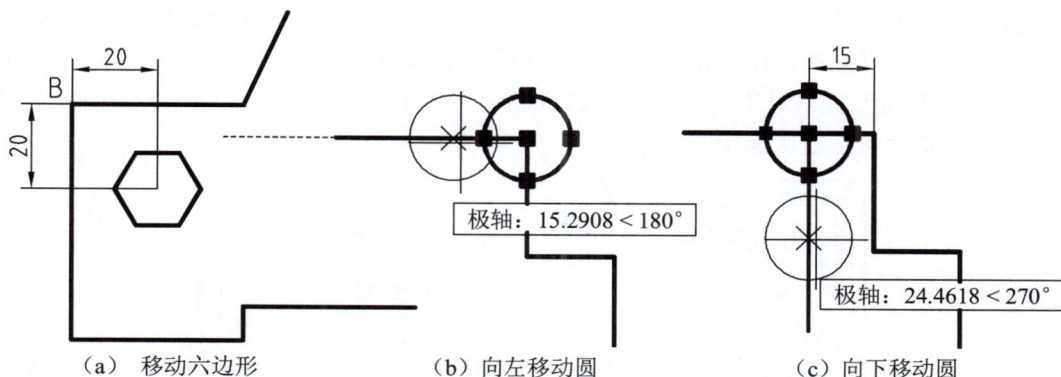

图 3-49　移动六边形和圆

3 执行【移动】命令，单击矩形，按 Enter 键，选择矩形底边中点作为基点，利用对象捕捉追踪方式，如图 3-50（a）所示，单击鼠标，完成矩形移动。

4 按 Enter 键重复移动命令，选择"L"图形的所有图线，按 Enter 键，单击"L"图形左下角点作为基点，利用对象捕捉追踪方式，如图 3-50（b）所示，输入 5，按 Enter 键，完成"L"图形的移动，完成全图绘制。

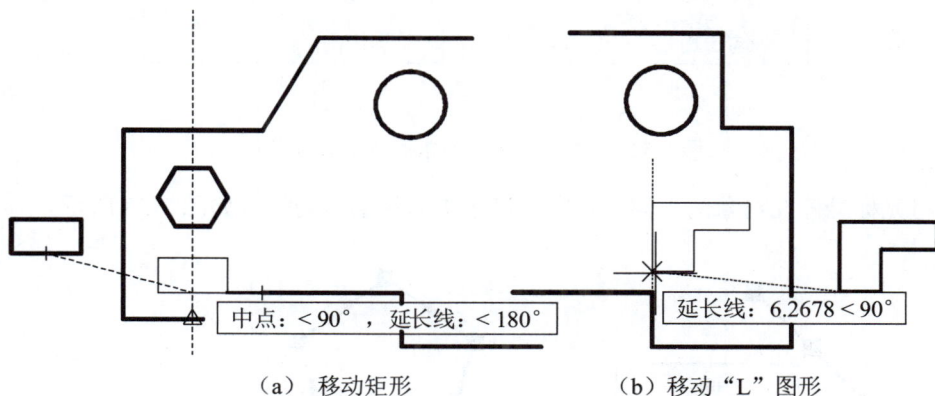

图 3-50　移动矩形和"L"图形

5. 保存文件

执行【快速访问工具栏】|【保存】。

知识拓展——夹点应用

在不执行任何命令的情况下，选择对象后，被选取的对象上会出现一些方形特殊点（计算机上显示为蓝色），称为夹点，如图 3-51 所示。

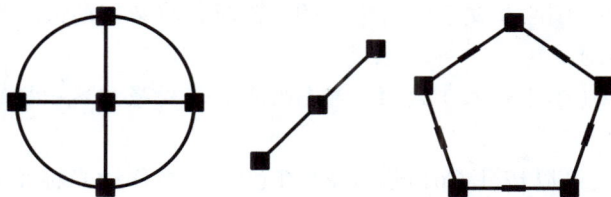

图 3-51　夹点

1 将光标悬停在任意夹点上，单击夹点变红，可通过空格键或 Enter 键进行变换，实现以红色夹点为基点的拉伸、移动、旋转、缩放和镜像等编辑操作，或单击鼠标右键弹出快捷菜单，不同形状的对象夹点其右击后所显示的菜单略有不同，如图 3-52 所示，根据需要选择编辑功能，默认为拉伸命令。

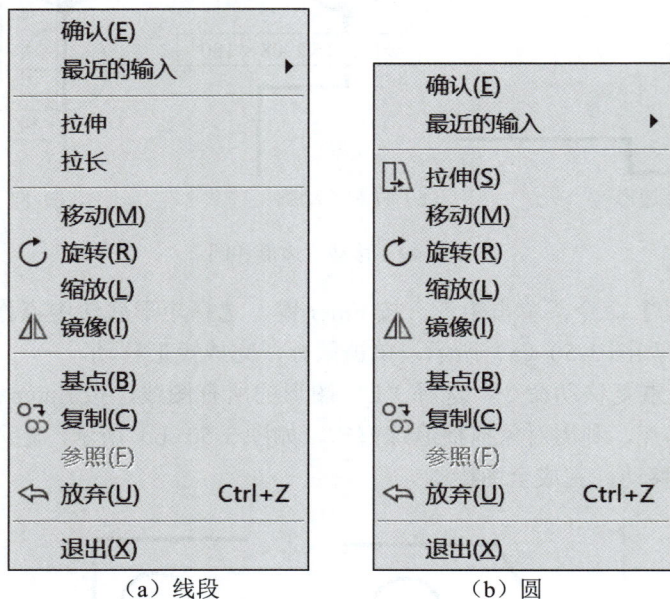

（a）线段 （b）圆

图 3-52　线段和圆夹点右击后所显示的菜单

2 将光标悬停在对象的不同夹点上，显示不同的编辑功能，如图 3-53 所示。

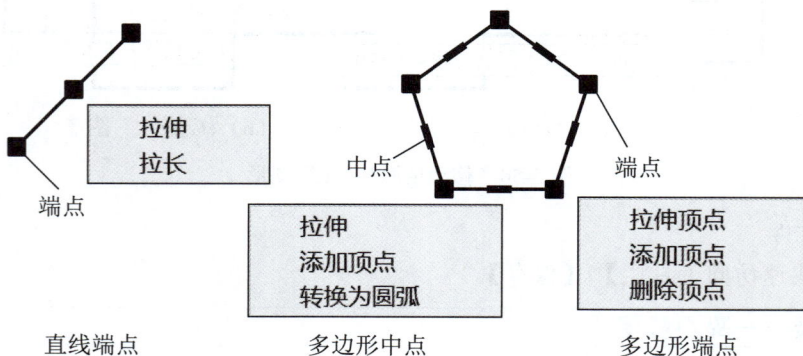

直线端点　　　　多边形中点　　　　多边形端点

图 3-53　悬停夹点时显示的编辑功能

3 选择线段中点、圆心和文字等对象上的夹点时，将会移动该对象而不会对其进行拉伸操作，如图 3-54 所示。

📝 **提示：**状态栏【动态输入】按钮亮显与灰色，其结果是不一样的。

夹点操作技巧如下。

① 选择夹点后，可以按住 Ctrl 键，单击红色夹点并移动光标复制对象，基点不同，复制后的对象也不一样。复制一次后，可以松开 Ctrl 键连续复制。

图 3-54　移动对象

② 按住 Shift 键，单击基点，只能水平或垂直移动或修改对象。

③ 移动光标后按 Alt 键，可以预览修改后的图形，再次按 Alt 键，可以继续操作。

④ 若选择红色夹点后执行【旋转】命令，则对象以红色夹点为中心进行旋转。

【任务拓展】

采用移动命令，绘制如图 3-55 所示的图形。

视频讲解

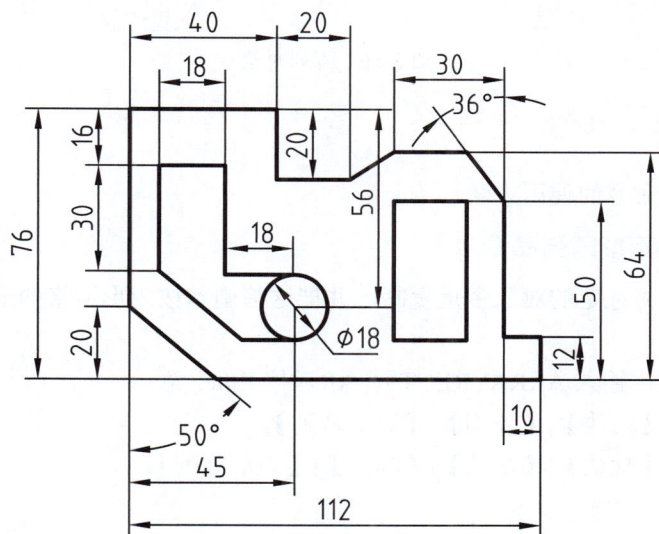

（a）拓展练习 1

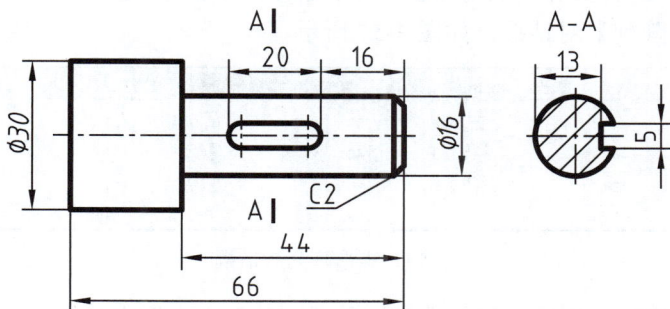

（b）拓展练习 2

图 3-55　采用移动命令绘制图形拓展练习

课题 3-7

【任务描述】

通过绘制一幅如图 3-56 所示的阵列对象图形，掌握矩形阵列命令的使用方法。

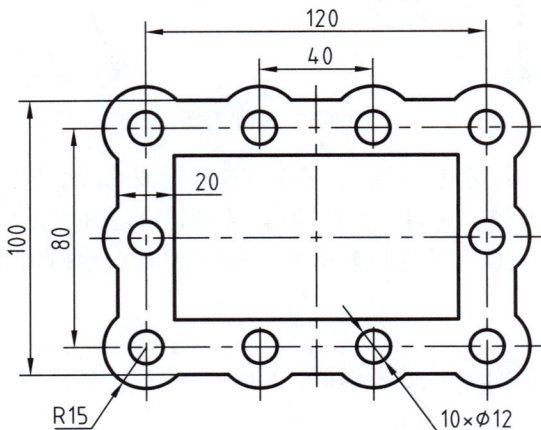

图 3-56　阵列对象

【任务目标】

掌握矩形阵列命令的使用方法。

■ 先导知识——矩形阵列命令

矩形阵列是指将选定的对象多重复制，并把这些副本按矩形网格的形式排列。

1）执行方式

1 命令行窗口：输入 ARRAYRECT 或 AR，按 Enter 键。

2【菜单栏】|【修改】|【阵列】|【矩形阵列】。

3【功能区】|【默认】|【修改】|【阵列】|【矩形阵列】。

2）操作步骤

1 执行【矩形阵列】命令。

2【系统提示：选择要阵列的对象】，选择对象后按 Enter 键。

3 弹出【矩形阵列】对话框，如图 3-57 所示。

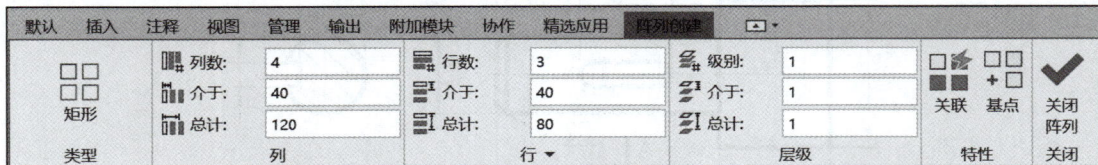

图 3-57　矩形阵列对话框

①在【列数】文本框中输入列的数目。在【行数】文本框中输入行的数目。

②在列数【介于】文本框中输入数值，此数值为要阵列的对象相同位置点间水平方向的距离，如果列偏移为负值，则向左添加列。

③在行数【介于】文本框中输入数值，此数值为要阵列的对象相同位置点间垂直方向的距离，如果行偏移为负值，则向下添加行。

步骤（3）也可按系统提示操作。

①系统当前设置：类型 = 矩形，关联 = 否。

②系统提示：选择夹点以编辑阵列或【关联（AS）基点（B）计数（COU）间距（S）列数（COL）行数（R）层数（L）退出（X）】< 退出 >。

④ 单击"关闭"或按 Enter 键。

3）部分选项说明。

① 选择夹点指定各个参数。

指定方式可以是输入数据指定，也可以是移动光标指定。每个夹点可指定的参数值如图 3-58 所示。

② 关联。

【关联】表示指定阵列中的对象是关联的还是独立的。若选择【是】，则创建包含单个阵列对象的阵列项目，类似于块。使用关联阵列，可以通过编辑特性和源对象，从而实现在整个阵列中快速传递更改。若选择【否】，则创建阵列项目作为独立对象。此时更改一个项目不影响其他项目。

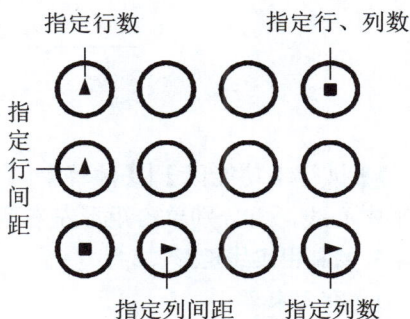

图 3-58　矩形阵列中每个夹点可指定的参数值

③ 基点。

定义阵列基点和基点夹点的位置。指定用于在阵列中放置项目的基点。

④ 间距。

指定行间距和列间距，并使用户在移动光标时可以动态观察结果。【行间距】能够指定从每个对象的相同位置测量的每行之间的距离。【列间距】能够指定从每个对象的相同位置测量的每列之间的距离。

⑤ 列数。

设置阵列中的列数，并编辑列间距。

【全部】能够指定从开始和结束对象上的相同位置测量的起点和终点列之间的总距离。

⑥ 行数。

指定阵列中的行数、它们之间的距离以及行之间的增量标高。

【全部】能够指定从开始和结束对象上的相同位置测量的起点和终点行之间的总距离。

【任务实施】

1. 新建文件

利用 A4 样板创建新文件，另存为"阵列对象"。

2. 绘制基准

① 采用【极轴追踪】、【对象捕捉】、【对象捕捉追踪】模式绘图，设置中心线为当前图层。

2 执行【矩形】命令，在合适位置单击鼠标左键，确定矩形左下角点的位置，输入
"@120,80"确定右上角的点位置，完成 120×80 矩形基准线绘制，如图 3-59 所示。

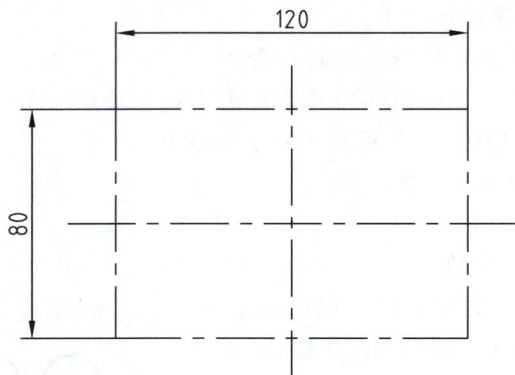

图 3-59　绘制基准线

3 执行【功能区】|【注释】|【中心线】命令，分别单击矩形上下两条边线，绘制
水平中心线，再分别单击矩形左右两条边线，绘制垂直中心线，如图 3-59 所示。

3. 绘制粗实线矩形

1）偏移矩形

1 执行【偏移】命令，输入距离 10，按 Enter 键。

2 选择中心线矩形，移动光标至矩形外侧单击，绘制一个向外侧偏移矩形，如
图 3-60（a）所示。

3 再次选择中心线矩形后，在矩形内侧单击，绘制一个向内侧偏移矩形，如图 3-60（a）
所示。

2）转换图层

1 选择偏移生成的两个中心线矩形。

2 设置粗实线为当前图层，转换为粗实线图层，结果如图 3-60（b）所示。

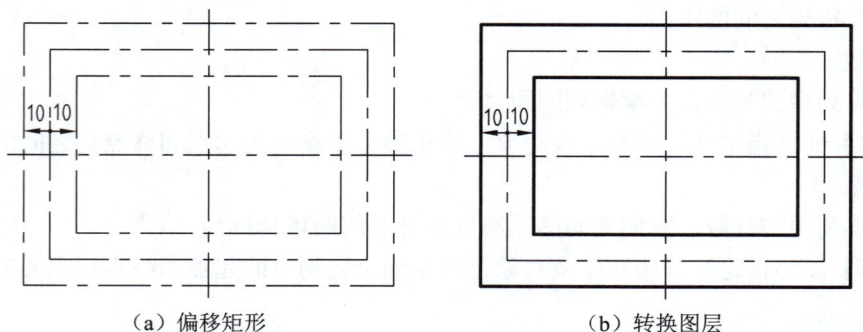

（a）偏移矩形　　　　（b）转换图层

图 3-60　绘制矩形

4. 绘制左下角圆

执行【圆】命令，在矩形基准框左下角绘制 R15 和 φ12 的圆，如图 3-61 所示。

5. 阵列圆

1 执行【矩形阵列】命令，选择 R15 和 φ12 的圆，按 Enter 键。修改阵列参数如

图 3-62 所示。

2 单击夹点 A，输入列数 4，按 Enter 键。

3 单击夹点 B，输入行数 3，按 Enter 键。

4 单击夹点 C，输入列间距 40，按 Enter 键。

5 单击夹点 D，输入行间距 40，按 Enter 键。

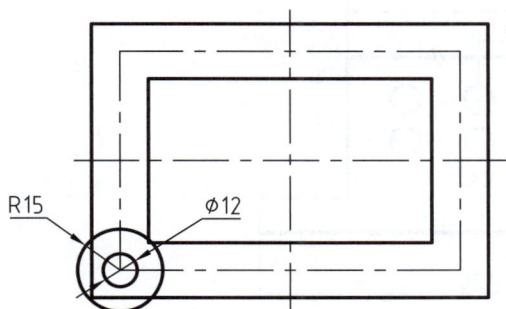

图 3-61　绘制左下角圆

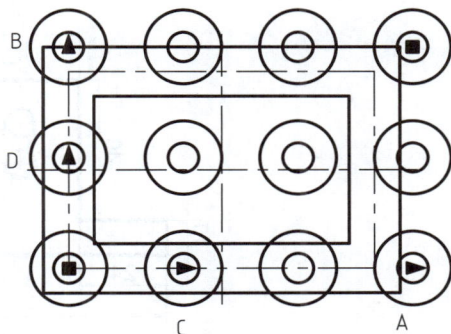

图 3-62　矩形阵列输入参数

📄 **提示：** 矩形阵列对话框输入方式可参考课题 3-7 的先导知识——矩形阵列。

6 按 Enter 键完成阵列，如图 3-63 所示。

6. 整理图形

1 执行【分解】命令，单击矩形阵列，按 Enter 键，阵列图分解。

2 执行【删除】命令，删除中间圆，如图 3-64 所示。

图 3-63　矩形阵列结果

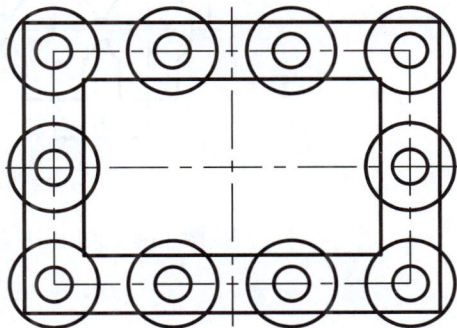

图 3-64　整理图形

3 执行【修剪】命令，修剪多余的图线，如图 3-65 所示。

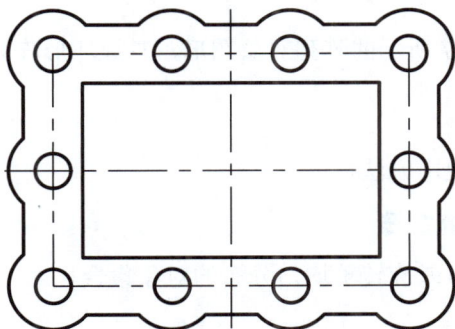

图 3-65　修剪多余的图线

7. 保存文件

执行【快速访问工具栏】|【保存】。

视频讲解

【任务拓展】

采用矩形阵列绘制图形，如图 3-66 所示。

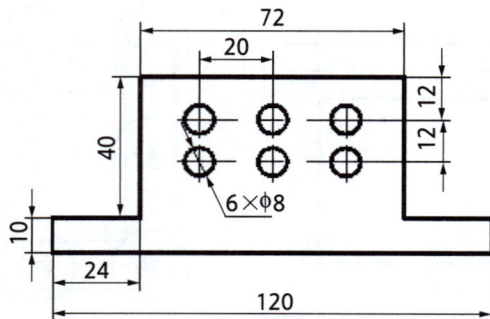

（a）拓展练习 1

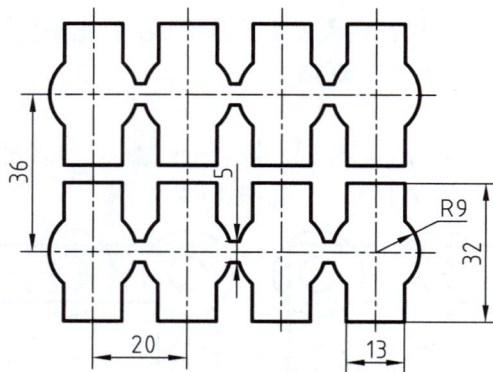

（b）拓展练习 2

图 3-66　采用矩形阵列绘制图形拓展练习

视频讲解

课题 3-8

【任务描述】

通过绘制一幅如图 3-67 所示的阵列对象图形，掌握环形阵列命令的使用方法。

【任务目标】

掌握环形阵列命令的使用方法。

■ 先导知识——环形阵列命令

环形阵列是围绕中心点或旋转轴均匀分布的对象集合。

1）执行方式

1 命令行窗口：输入 ARRAYPOLAR 或 AR，按 Enter 键。

②【菜单栏】|【修改】|【阵列】|【环形阵列】。

③【功能区】|【默认】|【修改】|【阵列】|【环形阵列】。

2）操作步骤

①执行【环形阵列】命令。

②【系统提示：选择要阵列的对象】：选择阵列对象，按 Enter 键。

③弹出【环形阵列】对话框，如图 3-68 所示。

① 在【项目数】文本框中输入项数，在【行数】文本框中输入行的数目。

② 在【项目】中的【介于】文本框中输入根据阵列中心点和阵列对象的基点所指定的对象间夹角；

③ 在【行】中的【介于】文本框中输入数值，此数值为要阵列的对象之间相同位置的点的距离。

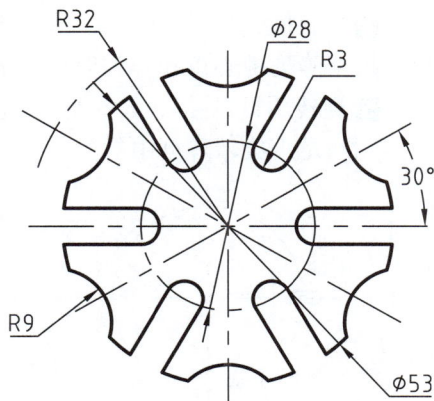

图 3-67　阵列对象

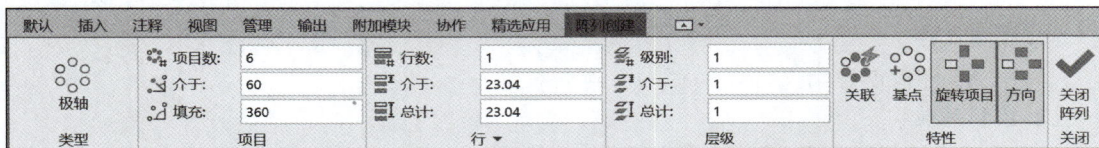

图 3-68　【环形阵列】对话框

步骤（3）也可按系统提示操作。

①【系统当前设置：类型 = 极轴 关联 = 否】。

②【系统提示：指定阵列的中心点或【基点（B）/ 旋转轴（A）】】：选择中心点。

③【系统提示：选择夹点以编辑阵列或【关联（AS）基点（B）项目（I）项目间角度（A）填充角度（F）行（ROW）层（L）旋转项目（ROT）退出（X）】＜退出＞】：编辑夹点。

④单击"关闭"或按 Enter 键。

3）部分选项说明

①选择夹点指定各个参数。

指定方式可以是输入数据指定，也可以是移动光标指定。每个夹点可指定的参数值如图 3-69 所示。

②基点。

相对于选定对象指定新的参照（基准）点，对对象指定阵列操作时，这些选定对象将与阵列圆心保持不变的距离。

③填充角度。

指定第一个和最后一个阵列对象的基点间的夹角。

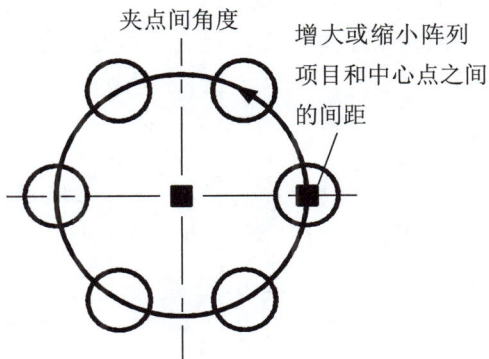

图 3-69　环形阵列中每个夹点可指定的参数值

4 项目间角度。

根据阵列中心点和阵列对象的基点指定对象间的夹角。

5 旋转项目。

判断是否旋转阵列中的对象，如图 3-70 所示。

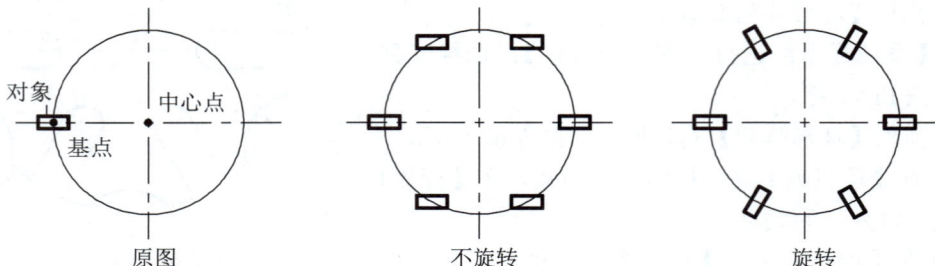

图 3-70　环形阵列图形

【任务实施】

1. 新建文件

利用 A3 样板创建新文件，另存为"阵列对象"。

2. 绘制基准

1 采用【极轴追踪】、【对象捕捉】、【对象捕捉追踪】模式绘图，设置中心线为当前图层。

2 绘制基准线，如图 3-71 所示。

3. 绘制已知线段

1）绘制 φ53 圆

设置粗实线为当前图层，执行【圆】命令，绘制 φ53 圆。

2）绘制 R9 圆弧

1 单击【默认】|【绘图】|【圆弧】按钮，采用"圆心，起点，角度"方式绘制 R9 圆弧，如图 3-72 所示。

2 捕捉圆心，追踪圆心点正上方 9mm 点作为起点。

3 输入 180，按 Enter 键。

3）绘制 R3 圆弧

同样采用"圆心，起点，角度"方式绘制 R3 圆弧，如图 3-72 所示。

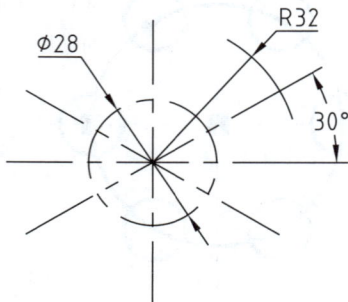

图 3-71　绘制基准线

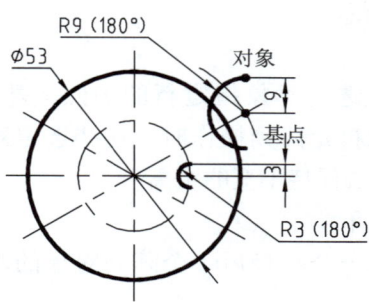

图 3-72　绘制已知线段

📑 **提示**：可以采用先绘制圆后修剪的方式完成；但是对于 R3 圆弧上的水平线，需要捕捉象限点来绘制，且在修剪的过程中，要保证 R3 圆弧为 180°。

4. 绘制连接线段

① 过 R3 圆弧上端点，作水平线段，到极轴与 φ53 圆交点结束。

② 将此线段以 30° 角中心线为对称轴进行镜像，如图 3-73 所示。

5. 整理图形

执行【修剪】命令，剪切多余图线，如图 3-74 所示。

6. 环形阵列图形

① 单击【默认】|【修改】|【阵列】|【环形阵列】按钮，选择 5 种绘制的粗实线对象，按 Enter 键。

② 捕捉中心线交点为环形阵列中心点后，显示如图 3-75 所示图形。

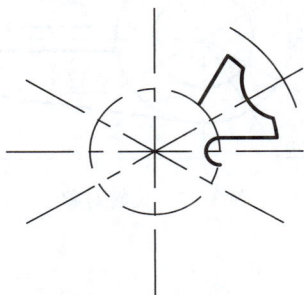 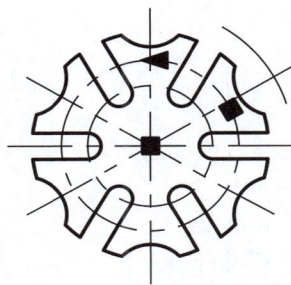

图 3-73　绘制连接线段　　　　图 3-74　阵列对象基本图形　　　　图 3-75　环形阵列图形

③ 按 Enter 键完成阵列。

7. 保存文件

执行【快速访问工具栏】|【保存】。

【任务拓展】

采用环形阵列绘制图形，如图 3-76 所示。

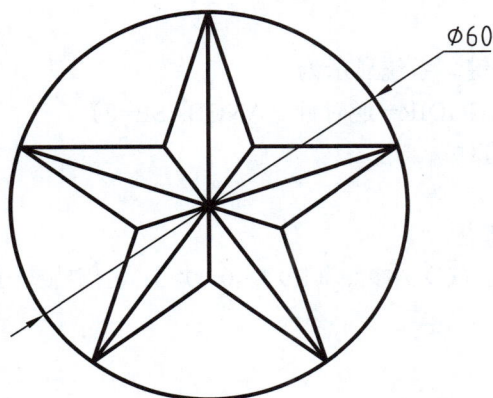 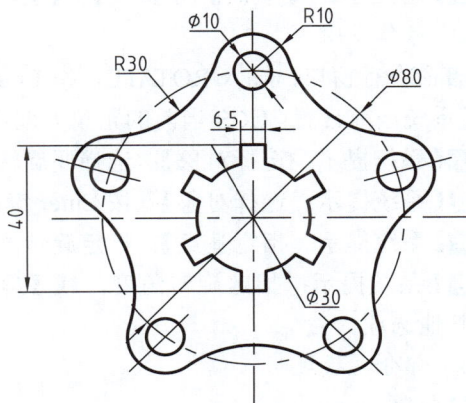

（a）拓展练习 1　　　　　　　　　　（b）拓展练习 2

图 3-76　采用环形阵列绘制图形拓展练习

视频讲解

课题 3-9

【任务描述】

通过绘制一幅如图 3-77 所示的旋转对象图形，掌握旋转命令的使用方法。

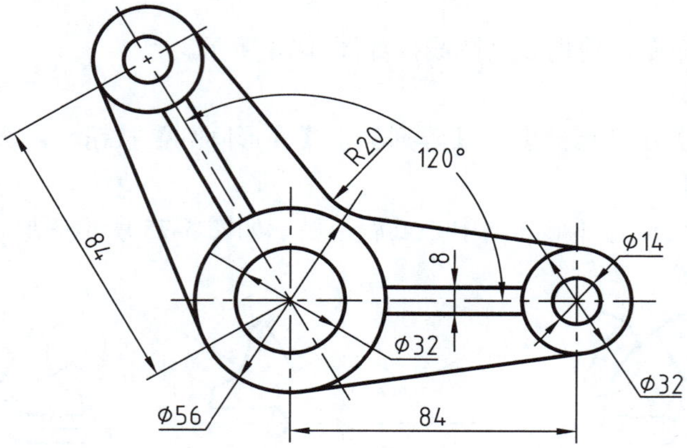

图 3-77　旋转对象

【任务目标】

掌握旋转命令的使用方法。

📘 先导知识——旋转命令 ↻

旋转是将图形围绕指定的方向进行转动。

1）执行方式

1️⃣ 命令行窗口：输入 ROTATE 或 RO，按 Enter 键。

2️⃣【菜单栏】|【修改】|【旋转】。

3️⃣【功能区】|【默认】|【修改】|【旋转】。

2）操作步骤

1️⃣ 命令行窗口：输入 ROTATE，按 Enter 键。系统显示为

【系统当前设置：UCS 当前的正角方向：ANGDIR= 逆时针　ANGBASE=0】

2️⃣【系统提示：选择对象】：选择要旋转的对象。

3️⃣【系统提示：选择对象】：按 Enter 键。

4️⃣【系统提示：指定基点】：指定旋转的基点。

5️⃣【系统提示：指定旋转角度，或【复制（C）/ 参照（R）】<0.00>】：指定旋转角度或者其他选项。

3）部分选项说明

1️⃣ 复制（C）。

旋转对象的同时保留源对象。

2️⃣ 参照（R）。

根据系统提示指定要参考的角度和旋转后的角度值，操作完毕后，对象被旋转至指定

的角度位置。

【任务实施】

1. 新建文件

利用 A3 样板创建新文件，另存为"旋转对象"。

2. 绘制水平部分图形

1️⃣ 采用【极轴追踪】、【对象捕捉】、【对象捕捉追踪】模式绘图，设置粗实线为当前图层，极轴角设置为 30°。

2️⃣ 执行【直线】命令，绘制 84mm 水平线。

3️⃣ 执行【圆】命令，分别捕捉线段的两端点绘制 $\phi56$、$\phi32$、$\phi32$、$\phi14$ 的 4 个圆，如图 3-78（a）所示。

4️⃣ 执行【直线】命令，捕捉圆的切点绘制上下 2 条切线，如图 3-78（b）所示。

5️⃣ 执行【偏移】命令，输入 4 按 Enter 键，单击 84mm 长的线段，分别向两侧偏移 4mm，删除中间辅助线。执行【修剪】命令，剪切后如图 3-79 所示。

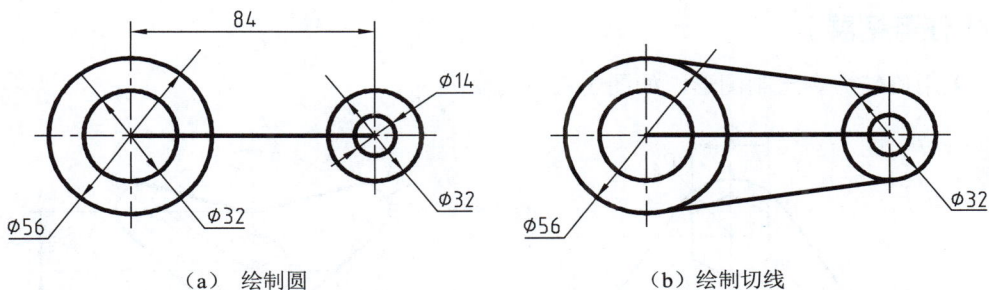

（a）绘制圆　　　　　　　　　　　　　　（b）绘制切线

图 3-78　绘制圆和切线

3. 旋转图形

执行【功能区】|【默认】|【修改】|【旋转】命令，选择图 3-79 的中间 4 条线段和右侧的两个圆，按 Enter 键，单击 $\phi56$ 圆心，输入字母 C，按 Enter 键，输入 120 按 Enter 键，完成复制对象旋转，如图 3-80 所示。

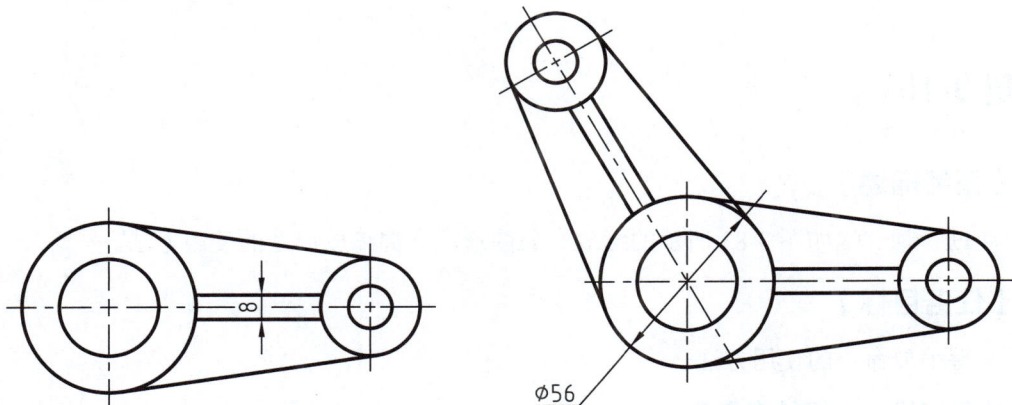

图 3-79　偏移、整理图形

图 3-80　旋转图形

4. 绘制 R20 圆角

执行【圆角】命令，输入字母 R，按 Enter 键，输入 20 按 Enter 键，分别单击图形右上方的两条斜线，完成圆角，如图 3-81 所示。

图 3-81　整理图形

5. 保存文件

执行【快速访问工具栏】|【保存】。

【任务拓展】

采用旋转命令绘制图形，如图 3-82 所示。

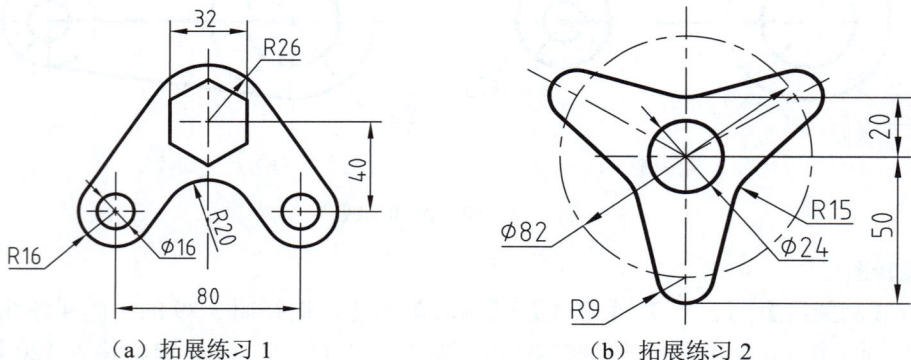

（a）拓展练习 1　　　　　　　　　　（b）拓展练习 2

图 3-82　采用旋转命令绘制图形拓展练习

课题 3-10

【任务描述】

通过绘制一幅如图 3-83 所示的缩放对象图形，掌握缩放命令的使用方法。

【任务目标】

掌握缩放命令的使用方法。

📖 先导知识——缩放命令▱

缩放：缩放可以改变实体的尺寸大小，在进行缩放的过程中，用户需要指定缩放比例。

1）执行方式

1 命令行窗口：输入 SCALE 或 SC，按 Enter 键。

2【菜单栏】|【修改】|【缩放】。

3【功能区】|【默认】|【修改】|【缩放】。

2）操作步骤

1 命令行窗口：输入 SCALE，按 Enter 键。

2【系统提示：选择对象】：选择要缩放的对象。

3【系统提示：选择对象】：按 Enter 键。

4【系统提示：指定基点】：指定缩放操作的基点。

5【系统提示：指定比例因子或【复制（C）/参照（R）】<1.00>】：指定比例因子或者其他选项。

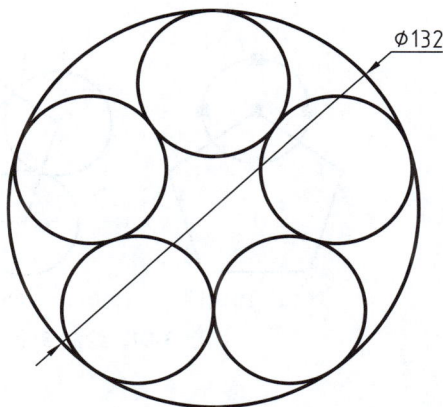

图 3-83　缩放对象

3）部分选项说明

1 指定比例因子。

按指定的比例缩放选定对象。大于 1 的比例因子使对象放大；介于 0 和 1 之间的比例因子使对象缩小。此外，还可拖动光标使对象任意变大或变小。

2 复制（C）。

创建要缩放的选定对象的副本。

3 参照（R）。

按参照长度和指定的新长度缩放所选对象。

【任务实施】

1. 新建文件

利用 A4 样板创建新文件，另存为"缩放对象"。

2. 绘制正五边形

1 采用【极轴追踪】、【对象捕捉】、【对象捕捉追踪】模式绘图，选择粗实线图层。

2 执行【多边形】命令，在绘图窗口合适位置，绘制任意大小正五边形。

3 执行【圆】命令，捕捉五边形的顶点并单击鼠标，捕捉五边形的边长中点并单击鼠标，如图 3-84（a）所示，完成圆的绘制。

4 执行【复制】命令，单击圆，按 Enter 键，单击其圆心，移动光标分别单击五边形其余 4 个顶点，如图 3-84（b）所示，完成圆的复制。

5 执行【圆】命令中的【相切、相切、相切】命令，将光标移至外部 5 个圆中任意 3 个圆的外侧，待出现切点标记后单击鼠标，即可完成外圆的绘制，如图 3-85 所示。

3. 比例缩放

1 单击五边形，按 Delete 键删除，如图 3-86（a）所示。

2 执行【缩放】命令，选择全部对象，按 Enter 键，单击大圆的圆心，输入字母 R 按 Enter 键，分别单击大圆的左右的两个象限点作为参照长度，输入 132 按 Enter 键，完成缩放，如图 3-86（b）所示。

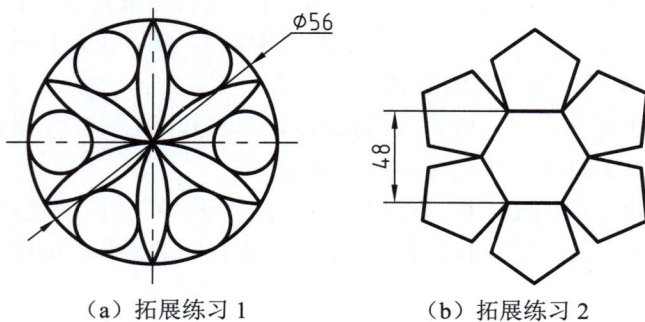

（a）绘制圆　　　　　　　（b）复制圆

图 3-84　绘制 5 个圆　　　　　　　　　　图 3-85　绘制外圆

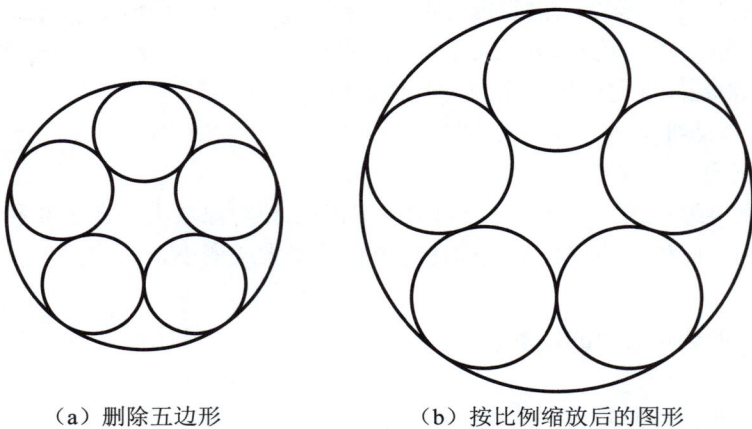

（a）删除五边形　　　　　　　（b）按比例缩放后的图形

图 3-86　比例缩放

4. 保存文件

执行【快速访问工具栏】|【保存】。

【任务拓展】

采用缩放命令绘制图形，如图 3-87 所示。

（a）拓展练习 1　　　　　　　（b）拓展练习 2

图 3-87　采用缩放命令绘制图形拓展练习

视频讲解

课题 3-11

【任务描述】

通过绘制一幅如图 3-88 所示的拉伸对象图形，掌握拉伸命令的使用方法。

【任务目标】

掌握拉伸命令的使用方法。

■ 先导知识——拉伸命令

拉伸是指拖拉选择的对象，使其形状发生改变的操作。

1）执行方式

1 命令行窗口：输入 STRETCH 或 S，按 Enter 键。

2【菜单栏】|【修改】|【拉伸】。

3【功能区】|【默认】|【修改】|【拉伸】。

图 3-88 拉伸对象

2）操作步骤

1 命令行窗口：输入 STRETCH，按 Enter 键，系统显示为

【系统当前设置：以交叉窗口或交叉多边形选择要拉伸的对象（对象）...】

2【系统提示：选择对象】：按 Enter 键。

3【系统提示：选定对象：指定对角点：】：指定对角点。

4【系统提示：选择对象】：按 Enter 键。

5【系统提示：指定基点或【位移（D）<位移>】：指定拉伸的基点。

6【系统提示：指定第二点或<使用第一个点作为位移>】：指定拉伸的移至点。

3）使用说明

1 可用于拉伸命令的对象包括圆弧、椭圆弧、线段、多段线、射线和样条曲线等。

2 使用拉伸命令时，必须用交叉多边形或交叉窗口的方式来选择对象，如果将对象全部选中，则该命令相当于 Move 命令；如果选择了部分对象，则拉伸命令只移动选择范围内的对象的端点，而其他端点保持不变。

3 拉伸命令既可以延长对象也可以缩短对象。如果拉伸的图线带尺寸标注或者有关联填充，其尺寸数字和填充都随之改变为拉伸后的实际大小。

【任务实施】

1. 新建文件

利用 A4 样板创建新文件，另存为"拉伸对象"。

2. 绘制外框和底部槽孔

1 采用【极轴追踪】、【对象捕捉】、【对象捕捉追踪】模式绘图，选择粗实线图层。

2 执行【直线】命令，根据图 3-89（a）所示尺寸，绘制图形外框。

3 执行【偏移】命令，左侧竖线向内偏移 10mm，下面水平线和右侧斜线向内偏移 8mm，确定基准线。将基准线转换为中心线后，执行【修剪】命令，剪切后的图形如图 3-89（b）所示。

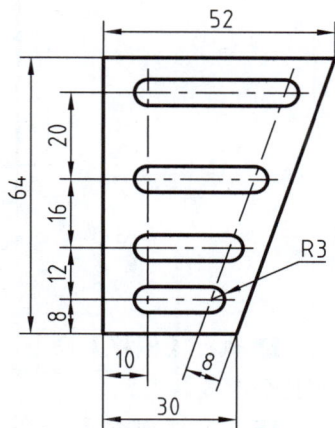

（a）绘制外框　　　（b）确定槽孔基准线

图 3-89　绘制外框和槽孔基准线

4 执行【偏移】命令，输入 3 按 Enter 键，将槽孔基准线分别向两侧偏移 3mm，删除槽孔基准线。

5 执行【圆角】命令，输入 M 按 Enter 键，分别单击偏移得到的两条线段的左端，再单击两线段的右端，绘制出两端的半圆，如图 3-90 所示。

3. 复制槽孔

执行【复制】命令，选择槽孔的 4 个对象的图线，按 Enter 键，单击槽孔左侧圆心，向上移动光标，分别输入 12 按 Enter 键，输入 28 按 Enter 键，输入 48 按 Enter 键，完成向上复制 3 个槽孔，如图 3-91 所示。

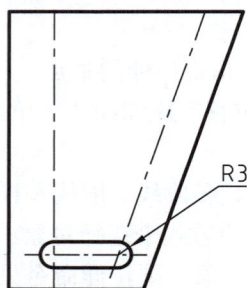

图 3-90　绘制底部槽孔

图 3-91　复制槽孔

4. 拉伸槽孔

1 单击【默认】|【修改】|【拉伸】按钮，采用交叉窗口选择图线，移动光标在 A 处单击，再移动光标到 B 处单击，如图 3-92（a）所示，按 Enter 键。

2 单击右侧圆弧的圆心，水平向右移动光标至右侧斜基准线相交，如图 3-92（b）所示，单击鼠标完成图形拉伸。

3 同（2）的方式拉伸其他两个槽孔，结果如图 3-92（c）所示。

5. 整理图形

整理基准线，完成图形绘制。

6. 保存文件

执行【快速访问浏览器】|【保存】。

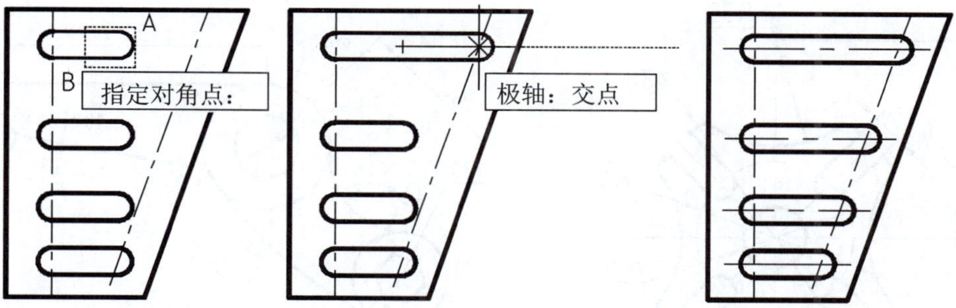

（a）叉选对象　　　　　（b）拉伸到位置　　　　　（c）拉伸后图形

图 3-92　拉伸图形

【任务拓展】

采用拉伸命令绘制图形，如图 3-93 所示。

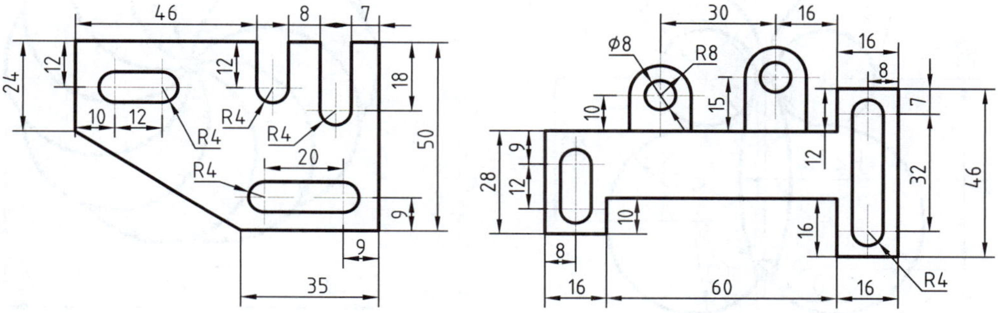

（a）拓展练习 1　　　　　　　　　　（b）拓展练习 2

图 3-93　采用拉伸命令绘制图形拓展练习

提高练习

绘制如图 3-94 所示的图形。

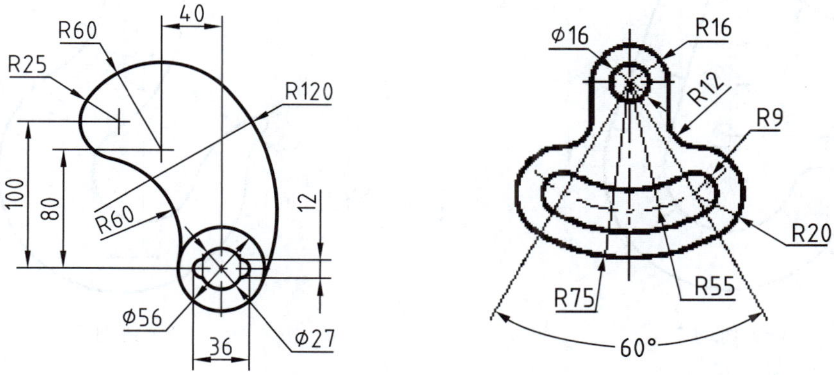

（a）练习 1　　　　　　　　　　（b）练习 2

图 3-94　提高练习

视频讲解

视频讲解

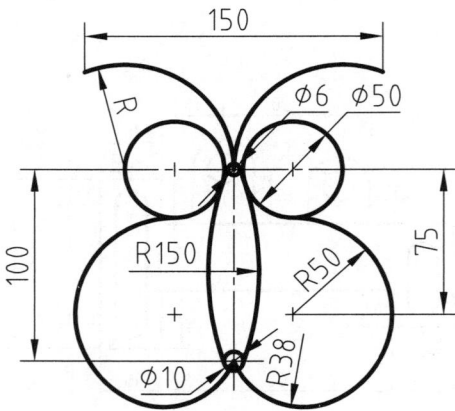

（c）练习 3

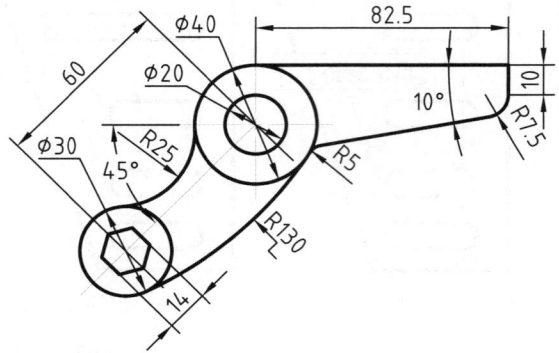

（d）练习 4

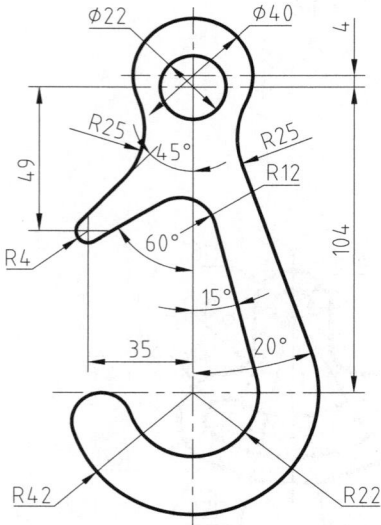

（e）练习 5

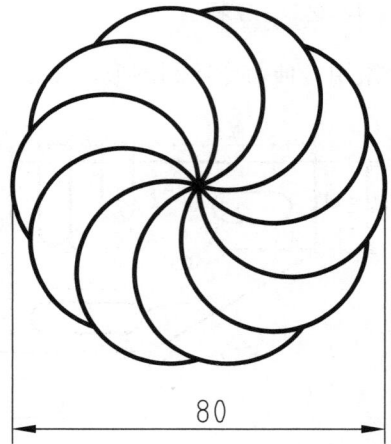

（f）练习 6

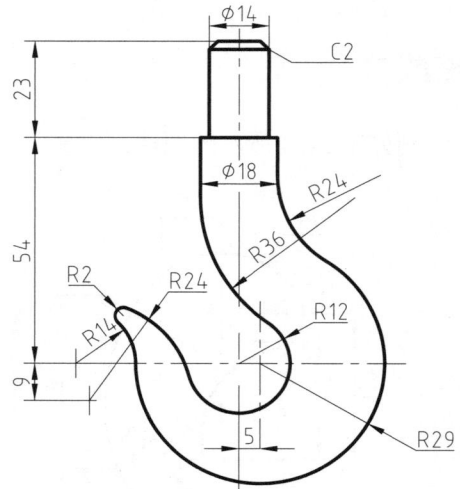

（g）练习 7

（h）练习 8

图 3-94　（续）

课题 4-1

视频讲解

【任务描述】

根据如图 4-1（a）所示的形体的轴测图，绘制如图 4-1（b）所示的形体的基本视图。

（a）轴测图　　　　　　　　　　（b）基本视图

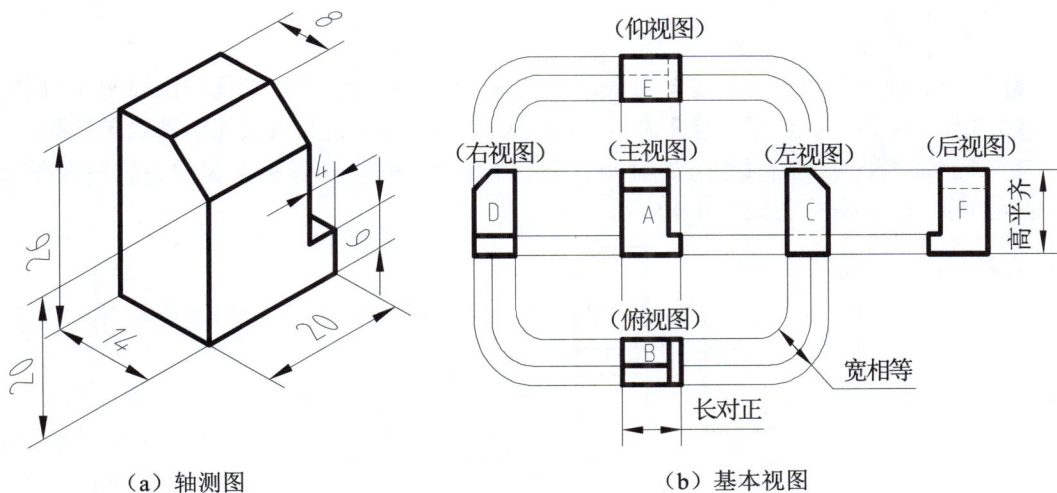

图 4-1　基本视图绘制

【任务目标】

（1）掌握基本视图的绘制方法。
（2）掌握向视图的绘制方法。

【任务实施】

1. 新建文件

利用 A3 样板创建新文件，另存为"基本视图"。

2. 绘制基本视图

1）绘制直角弯板的三视图

1 采用【极轴追踪】、【对象捕捉】、【对象捕捉追踪】模式绘图，设置粗实线为当前图层，极轴角设置为 15°。

2 根据图 4-1 所示尺寸，以轴测图右视方向作为主视图投射方向，绘制主视图。

3 采用对象捕捉追踪模式以及 45° 辅助线，绘制俯视图、左视图轮廓线。直角弯板三视图如图 4-2 所示。

▤ **提示**：45° 辅助线和投影连线均采用辅助线图层。

2）绘制右部切角的三视图

根据"长对正"、"高平齐"和 45° 辅助线绘制右部切角的三视图，如图 4-3 所示。

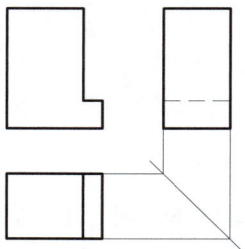

图 4-2　绘制直角弯板的三视图

图 4-3　绘制右部切角的三视图

3）绘制仰、后、右视图

1 选择俯视图，执行【镜像】命令，得到仰视图轮廓，将其有变化的图线转换图层。

2 选择主视图，执行【镜像】命令，得到后视图轮廓，将其有变化的图线转换图层。

3 选择左视图，执行【镜像】命令，得到右视图轮廓，将其有变化的图线转换图层。绘制后的仰、后、右视图如图 4-4 所示。

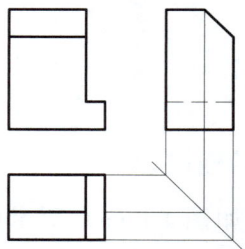

图 4-4　绘制仰、后、右视图

▤ **提示：关于绘制基本视图需要注意以下几点。**

（1）基本视图：机件向 6 个基本投影面投射所得的视图称为基本视图。

（2）这六个视图分别为：

主视图——从前往后投射得到的视图；

俯视图——从上往下投射得到的视图；

左视图——从左往右投射得到的视图；

右视图——从右向左投射所得的视图；

后视图——从后向前投射所得的视图；

仰视图——从下向上投射所得的视图。

（3）6个基本视图之间符合"长对正、高平齐、宽相等"的投影规律，如图4-1（b）所示。绘图时，根据机件的形状和结构特点，选用必要的几个基本视图。

（4）如使用辅助线图层，绘制图形完成后可关闭辅助线图层，则辅助线图层图线隐藏。

3. 保存文件

执行【快速访问工具栏】|【保存】

☀ 知识拓展——向视图

向视图是指未按投影关系配置的视图，即可自由配置的基本视图。当某视图不能按投影关系配置时，可按向视图绘制。

向视图必须标注，标注方式有如下要求，如图4-5所示。

1 在向视图的上方标出视图的名称"×"（"×"一般为大写拉丁字母）。

2 在相应视图附近用箭头指明投影方向，并注上同样字母。

绘制向视图的具体步骤如下。

1）移动视图

1 执行【移动】命令，选择仰视图中的所有对象，指定移动基点，将仰视图移动至左视图下方。

2 将后视图向下移动。

3 将右视图移动至如图4-6所示的位置。

2）绘制箭头（以E点为例按1∶1比例绘制）

1 单击【默认】|【绘图】|【多段线】按钮▱，执行【多段线】命令。

2 选择细实线图层，在视图合适位置单击确定起点。

3 输入W，按Enter键，输入0，按Enter键，输入1，按Enter键。

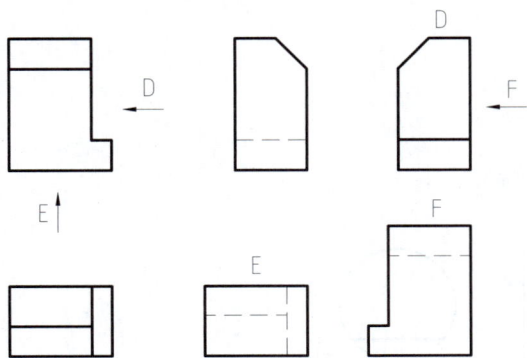

图4-5　向视图标注　　　　　　　　　　图4-6　移动视图

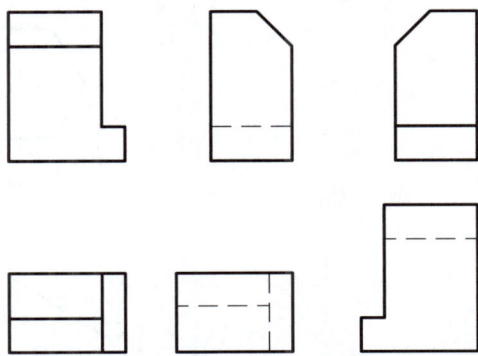

4 竖直向下移动光标，输入4，按Enter键。

5 输入W，按Enter键，输入0，按Enter键，输入0，按Enter键。

6 竖直向下移动光标，输入5，按Enter键。

7 以同样方式绘制另外两个箭头。

3）标注字母

① 单击【默认】|【绘图】|【注释】|【多行文字】按钮Ⓐ，执行【多行文字】命令。

② 在主视图下方箭头左侧指定两点确定一个矩形，弹出【文字编辑器】对话框。

③ 在对话框中选择字体格式为"机械字体"，文字的高度为 3.5。

④ 标注字母 E 后，单击【关闭】按钮（或单击绘图区域），退出当前对话框。

⑤ 同样方式标注字母 F 和 D。

【任务拓展】

1. 根据如图 4-7 所示的轴测图，绘制其基本视图和向视图。

（a）拓展练习 1　　　　（b）拓展练习 2

图 4-7　绘制基本视图和向视图拓展练习

2. 绘制形体三视图，如图 4-8 所示。

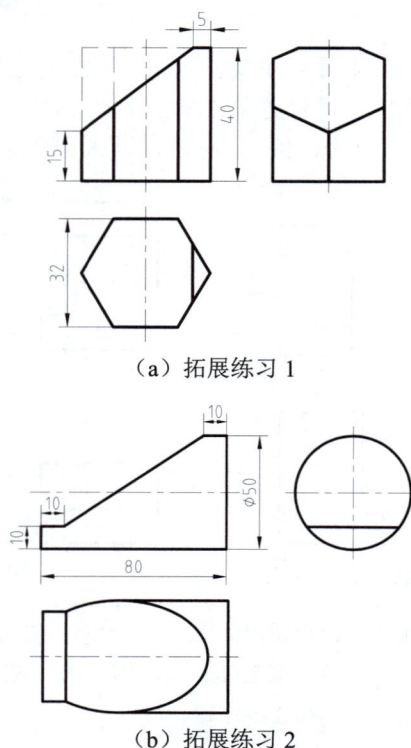

（a）拓展练习 1

（b）拓展练习 2

图 4-8　绘制形体三视图拓展练习

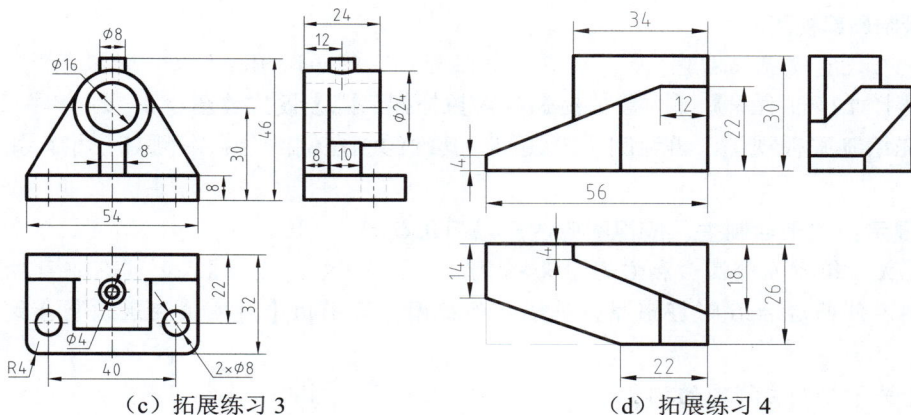

（c）拓展练习 3　　　　　（d）拓展练习 4

图 4-8 （续）

课题 4-2

【任务描述】

　　根据图 4-9（a）所示形体的轴测图，采用如图 4-9（b）所示的局部视图绘制表达机件图样。

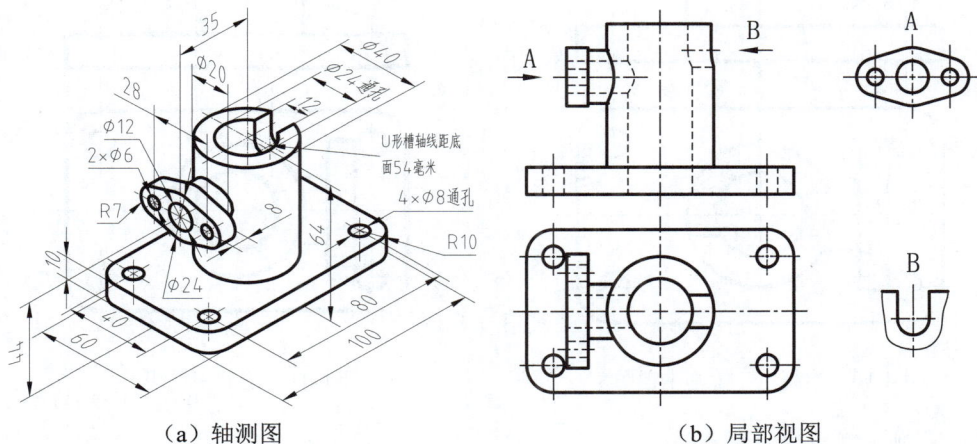

（a）轴测图　　　　　　　　（b）局部视图

图 4-9　绘制表达机件图样的局部视图

【任务目标】

掌握局部视图的绘制方法。

【任务实施】

1. 新建文件

利用 A3 样板创建新文件，另存为"局部视图"。

2. 绘制局部视图

1）绘制主、俯基本视图

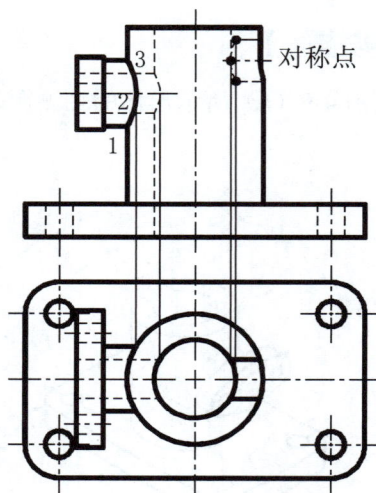

1 选择【极轴追踪】、【对象捕捉】、【对象捕捉追踪】模式绘图。

2 先绘制底板视图，再绘制圆筒视图，其次绘制左侧凸台和右侧 U 形槽，如图 4-10 所示。

📑 **提示：关于绘制主、俯视图应注意以下几点。**

（1）关于绘制左侧凸台和右侧 U 形槽。

绘制左侧凸台和右侧 U 形槽，先绘制俯视图，再采用【对象捕捉追踪】模式绘制主视图。

（2）关于绘制主视图的相贯线。

① 在左侧凸台处的两条相贯线上可以找到三个特殊点，然后用样条曲线连接这三个点。

② U 形槽处的相贯线可以通过镜像找到对称点，然后操作同①，再修剪保留下半部分相贯线，如图 4-11 所示。

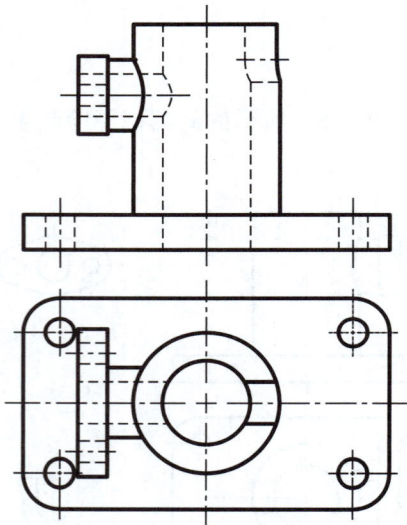

图 4-10 绘制主、俯基本视图   图 4-11 绘制相贯线

2）绘制左侧凸台局部视图

绘制左侧凸台，保持投影关系"高平齐"，绘制箭头，标注字母，如图 4-12 所示。

📑 **提示：关于绘制局部视图应注意以下几点。**

（1）局部视图是将机件的某一部分向基本投影面投射所得的视图。

（2）局部视图的画法与基本视图相同。当机件仅有某一部分形状尚未表达清楚时，没有必要画出完整的基本视图，可采用局部视图。

（3）局部视图的范围用波浪线界定，若表示的局部结构是完整且外形轮廓线封闭时，波浪线可省略不画，如图 4-12 所示。

（4）绘制局部视图时，一般在局部视图的上方标出视图的名称"×"（"×"一般为大写拉丁字母），在相应的视图附近用箭头指明投射方向，并标注相同的字母。

（5）当局部视图按基本视图配置，中间又无其他图形隔开时，可省略标注。

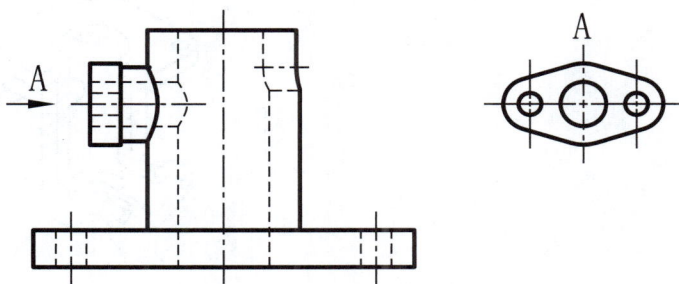

图 4-12　左侧凸台局部视图

3）绘制右侧 U 形槽局部视图

按照"高平齐"绘制右侧 U 形槽，绘制箭头，标注字母，如图 4-13 所示。

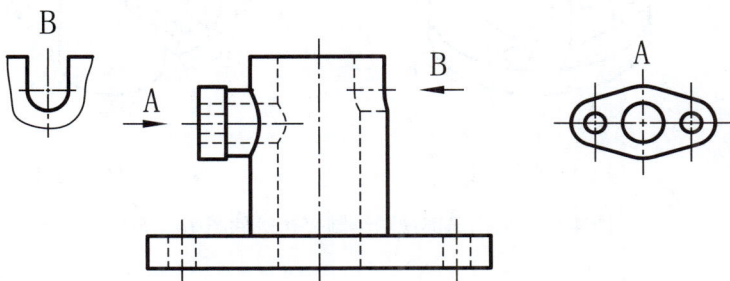

图 4-13　右侧 U 形局部视图

📋 提示：关于绘制局部视图波浪线应注意以下几点。

（1）由于局部视图所表达的只是机件某一部分的形状，故需要画出断裂边界，断裂边界用波浪线（或双折线）表示。

（2）波浪线画在机件实体部分，不应超出轮廓线，也不应穿空而过；波浪线也不应与轮廓线重合或在轮廓线的延长线上。

（3）波浪线采用样条曲线绘制。单击【默认】|【绘图】|【样条曲线拟合】按钮☒，依次选择要拟合的点，按 Enter 键结束绘制。

4）移动视图

移动局部视图到合适位置，如图 4-9（b）所示。

3. 保存文件

执行【快速访问工具栏】|【保存】。

【任务拓展】

根据如图 4-14 所示的轴测图，采用局部视图绘制表达机件图样。

（a）拓展练习 1　　　　　　　（b）拓展练习 2

图 4-14　采用局部视图绘制表达机件图拓展练习

课题 4-3

【任务描述】

根据图 4-15（a）所示形体的轴测图，可以看出机件具有倾斜结构，采用如图 4-12（b）所示的斜视图绘制表达机件图样。

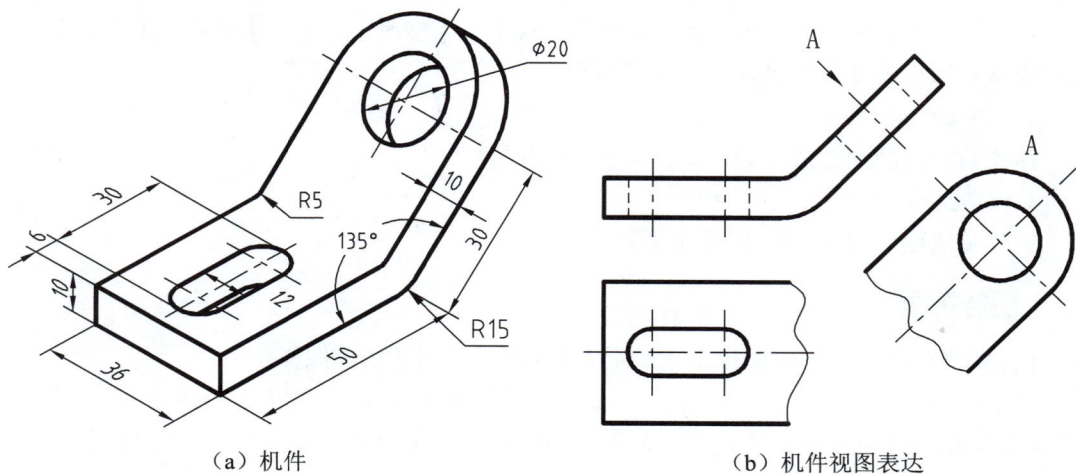

（a）机件　　　　　　　　　　　（b）机件视图表达

图 4-15　斜视图的画法与标注

【任务目标】

掌握斜视图的绘制方法。

【任务实施】

1. 新建文件

利用 A4 样板创建新文件，另存为"斜视图"。

2. 绘制斜视图

1）绘制斜视图图形

1 选择【极轴追踪】、【对象捕捉】、【对象捕捉追踪】模式绘图，极轴角设置为 15°。

2 根据尺寸以 A 点为绘图起点对象追踪绘制主视图，如图 4-16（a）所示，按照"长对正"绘制俯视图。

3 绘制 45°中心线，按照如图 4-16（b）所示的对齐方式绘制斜视图。

4 用样条曲线绘制波浪线。

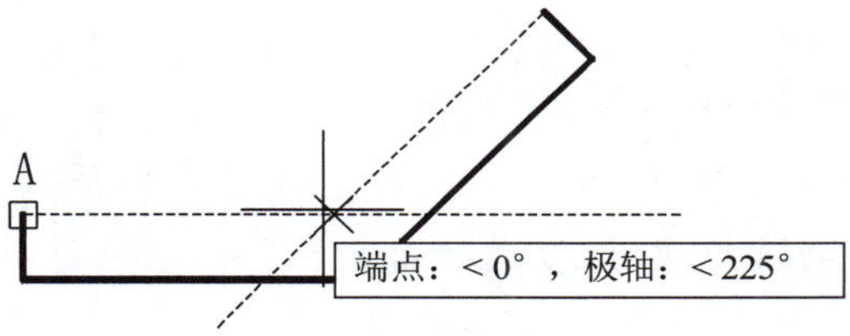

（a）对象追踪 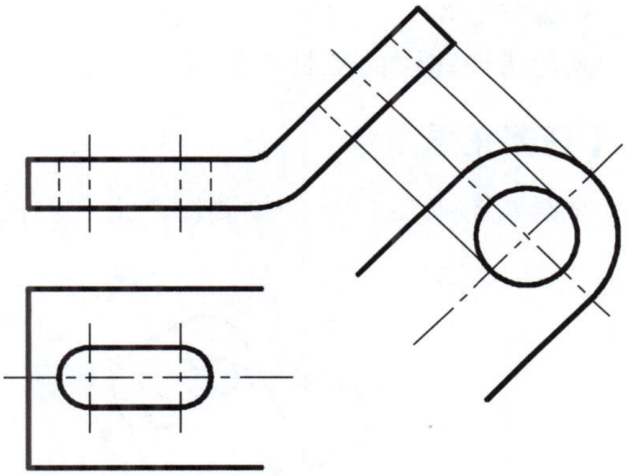　　　　　　　　　　　　　　　　（b）极轴追踪

图 4-16　绘制斜视图

2）斜视图的表达

绘制箭头，标注字母，如图 4-17 所示。

📄 **提示：关于绘制斜视图及斜视图的表达应注意以下几点。**

（1）斜视图是将机件向不平行于基本投影面的平面（投影面垂直面）投射所得的视图。

（2）斜视图主要用来表达机件倾斜部分实形，故其余部分不必全部画出。

（3）断裂边界用波浪线（或双折线）表示；如果表示的倾斜结构是完整的且外形轮廓线封闭时，波浪线可省略不画。

（4）绘图时，必须在斜视图的上方标出视图的名称"×"，在相应的视图附近用箭头指明投射方向，并标注同样的大写拉丁字母，如图 4-17（a）所示。

（5）通常斜视图按投影关系配置，必要时也可画在其他适当的位置；在不引起误解时，允许将图形旋转，箭头方向与旋转方向一致，"×"应靠近旋转字符的箭头端，旋转符号以字高为半径。旋转后的斜视图如图 4-17（b）所示。

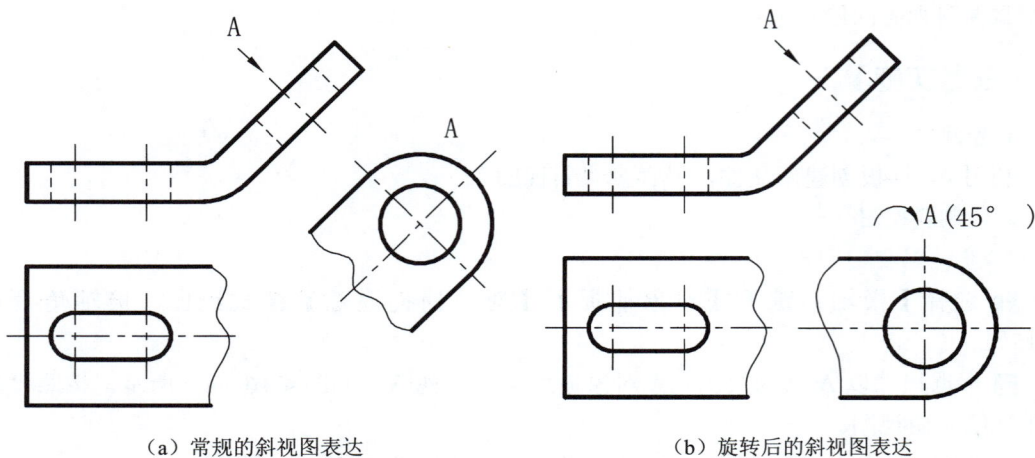

（a）常规的斜视图表达　　　　　　　　（b）旋转后的斜视图表达

图 4-17　斜视图表达

3. 保存文件

执行【快速访问工具栏】|【保存】。

【任务拓展】

根据如图 4-18 所示的轴测图，采用斜视图绘制表达机件图样。

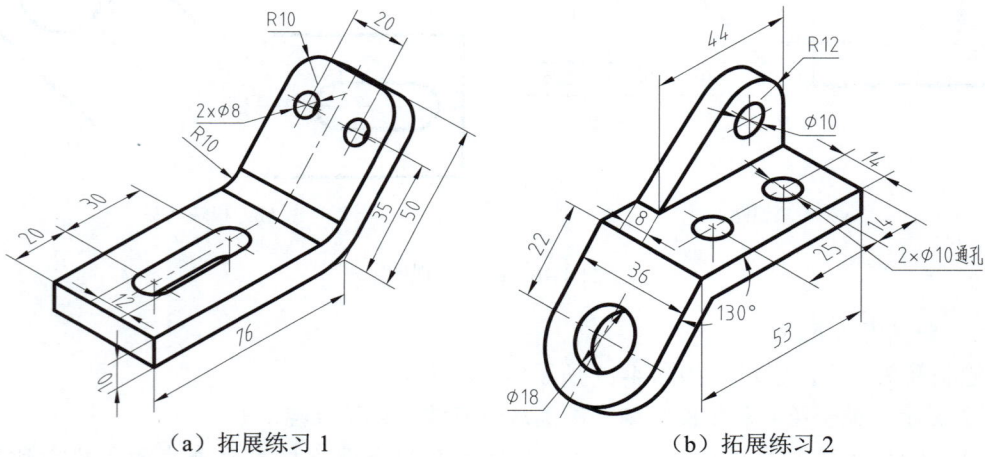

（a）拓展练习 1　　　　　　　　　　（b）拓展练习 2

图 4-18　采用斜视图绘制表达机件图样

课题 4-4

【任务描述】

根据如图 4-19（a）所示底座的轴测图，采用如图 4-19（b）所示的全剖视图绘制表达机件图样。

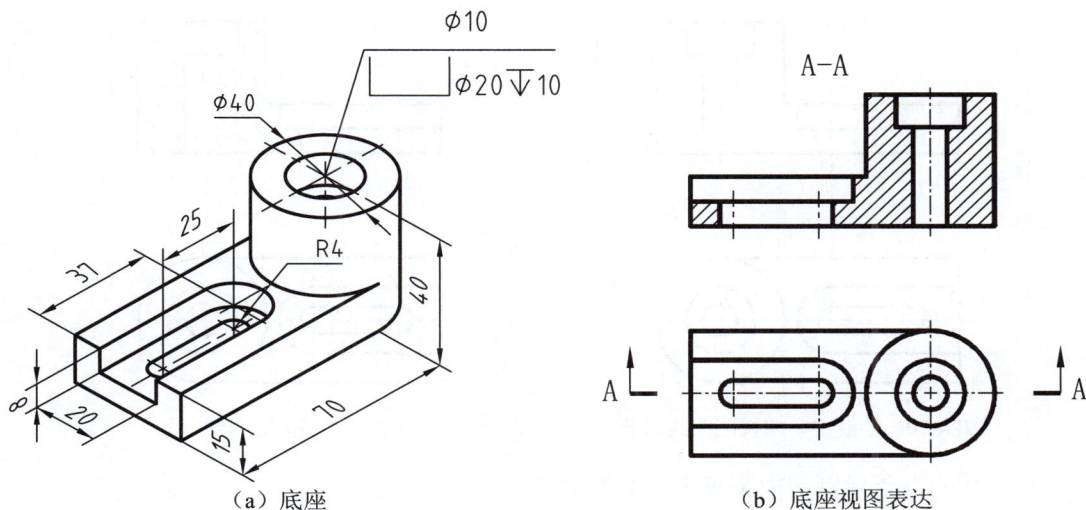

（a）底座　　　　　　　　　　　　　　　（b）底座视图表达

图 4-19　全剖视图的画法与标注

【任务目标】

掌握全剖视图的绘制方法。

【任务实施】

1. 新建文件

利用 A3 样板创建新文件，另存为"全剖视图"。

2. 绘制主、俯视图图线部分

先绘制右侧圆柱部分，底板部分先绘制俯视图，再根据"长对正"绘制主视图，如图 4-20 所示。

📋 **提示：关于绘制剖视图应注意以下几点。**

（1）假想用一个剖切平面剖开机件，然后将处在观察者和剖切平面之间的部分移去，而将其余部分向投影面投影所得的图形，称为剖视图（简称剖视）。

（2）用剖切平面完全地剖开机件所得的剖视图称为全剖视图。全剖视图主要用于表达非对称机件或外形简单的对称机件的内部结构形状。

（3）选择适当的剖切位置，使剖切平面尽量穿过较多的内部结构（孔、槽等）的轴线或对称平面，且平行于选定的投影面。

（4）内外轮廓要画齐。机件剖开后，处在剖切平面之后的所有可见轮廓线都应画齐，不得遗漏。

3. 填充剖面线并标注

执行【图案填充】命令，【图案】选定 ANSI31，角度为 0，比例为 0.5，拾取填充剖面线区域，完成填充绘制并标注，如图 4-21 所示。

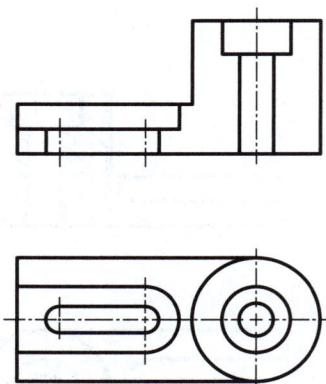

图 4-20　绘制主、俯视图图线部分　　　　图 4-21　填充剖面线并标注

📋 **提示：关于绘制剖视图应注意以下几点。**

（1）在剖视图中，凡是被剖切的部分都应画上剖面符号；金属材料的剖面符号，应画成与水平方向成 45° 的互相平行、间隔均匀的细实线。但是如果图形的主要轮廓线与水平方向成 45° 或接近 45° 时，该图剖面线应画成与水平方向成 30° 或 60° 角，其倾斜方向仍应与其他视图的剖面线一致。

（2）同一机件各个视图的剖面符号应相同。

（3）剖视图一般应该包括三部分：剖切平面的位置、投影方向和剖视图的名称。首先，在剖视图中用剖切符号（即粗短线）标明剖切平面的位置，并写上字母；其次，用箭头指明投影方向；最后，在剖视图上方用相同的字母标出剖视图的名称"×—×"。

（4）在以下情况下可省略标注：①当全剖视图按投影关系配置，中间没有其他图形隔开时，可省略箭头；②当单一剖切平面（平行于基本投影面）通过机件的对称面或基本对称面，且剖视图按投影关系配置，中间又没有其他图形隔开时，不用标注。

4. 保存文件

执行【快速访问工具栏】|【保存】。

【任务拓展】

根据如图 4-22 所示的轴测图，采用全剖视图绘制表达机件图样。

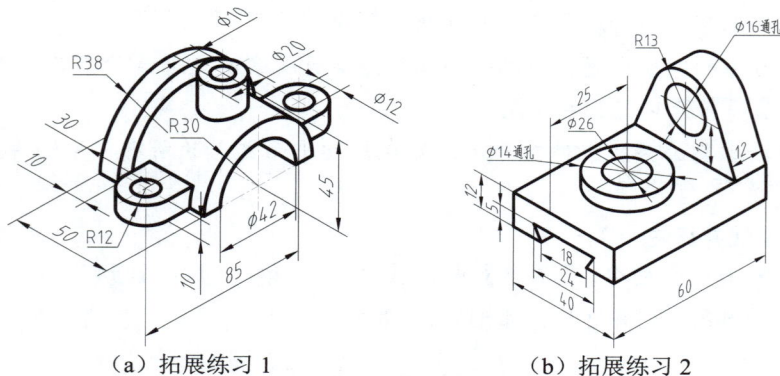

（a）拓展练习 1　　　　　　　　（b）拓展练习 2

图 4-22　采用全剖视图绘制表达机件图样拓展练习

课题 4-5

【任务描述】

根据如图 4-23（a）所示阀体的轴测图，采用如图 4-23（b）所示的半剖视图和局部剖视图绘制表达机件图样。

【任务目标】

掌握半剖视图的绘制方法。

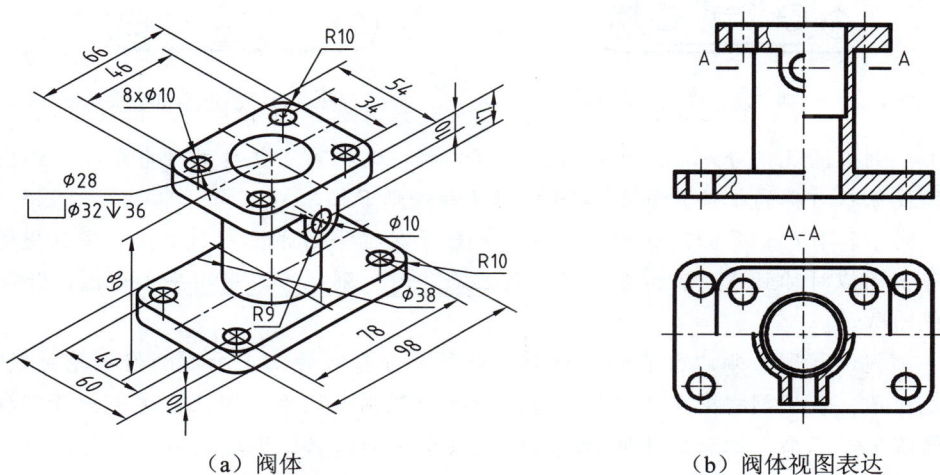

（a）阀体　　　　　　　　（b）阀体视图表达

图 4-23　半剖视图的画法与标注

【任务实施】

1. 新建文件

利用 A3 样板创建新文件，另存为"半剖视图"。

2. 绘制主、俯基本视图

1 根据给定尺寸及图形，先绘制底板和顶板部分俯视图，采用【对象捕捉追踪】模式绘图，根据主、俯视图"长对正"绘制主视图部分。

2 绘制中间圆柱部分的俯视图和主视图。

3 绘制凸台的主视图和俯视图。绘制后的主视、俯视基本视图如图 4-24 所示。

3. 整理半剖视图

绘制剖切位置，标注字母。执行【修剪】和【删除】命令，整理主视图、俯视图，如图 4-25 所示。

📋 提示：关于绘制半剖视图应注意以下几点。

（1）当机件具有对称平面时，其垂直于对称平面的投影面上的视图，可以以对称中心线为界，一半绘制成剖视图，一半保持为视图，这样的图形被称为半剖视图。

图 4-24　绘制主视、俯视基本视图

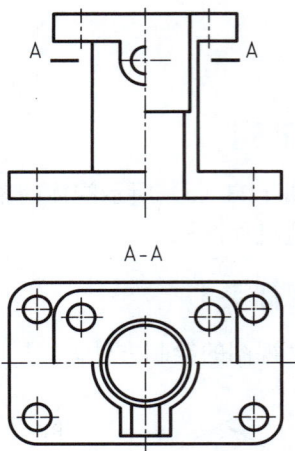

图 4-25　整理半剖视图

（2）半剖视图既充分地表达了机件的内部结构，又保留了机件的外部形状，适宜于表达对称的或基本对称的机件，如图 4-25 中的主视图所示。

（3）对于具有对称平面的机件，若需在平行于对称平面的投影面上绘制半剖视图，当机件的形状近似对称且不对称部分已另有视图表达时，则也可以采用半剖视图，如图 4-25 中的俯视图所示。

（4）剖视和视图必须以细点画线为界；若作为分界线的细点画线刚好和轮廓线重合，则应避免使用；在半剖视图中，剖开部分应清楚表达内部轮廓，因此表达未剖开部分内部的虚线通常省略不画，但若剖开部分没有表达清楚内部形状，则虚线不能省略。

4. 绘制局部剖部分的图线

主、俯视图已经把大部分结构表达清楚，底板和顶板的圆孔可以用局部剖视图绘制表达，如图 4-26 所示。

📑 **提示：关于绘制局部剖视图应注意以下几点。**

（1）用剖切面局部地剖开物体所得的剖视图称为局部剖切面。局部剖视图一般用于表达机件局部的内形和不宜采用全、半剖视的地方（如轴、连杆、螺钉等实心杆上的某些孔、槽等）。

（2）局部剖视图是在同一视图上同时表达内外形状的方法，并且用波浪线作为剖视图与视图的界线，如图 4-26 中的主视图所示。

（3）局部剖视是一种比较灵活的表达方法，剖切范围根据实际需要决定。使用时要考虑到看图方便，避免剖切过于零碎。它常用于机件仅需表达局部内形，而不必或不宜采用全剖视图，以及不对称机件需要同时表达其内、外形状的情况。

（4）表示视图与剖视范围的波浪线，可看作机件断裂痕迹的投影，因此，①波浪线不能超出图形轮廓线；②波浪线

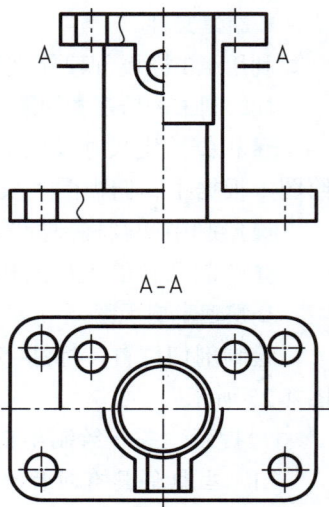

图 4-26　绘制局部剖视图

不能在穿通的孔或槽中连接起来，即遇到孔、槽等结构时，波浪线必须断开；③波浪线不能与图形中任何图线重合，也不能用其他线代替或画在其他线的延长线上；④当被剖切部位的局部结构为回转体时，允许将该结构的中心线作为局部剖视图与视图的分界线。

（5）半剖视图、局部剖视图的标注方法和全剖视图相同。但如果局部剖视图的剖切位置非常明显，则可以不标注，如图 4-26 中的主视图所示。

5. 填充剖面线

执行【图案填充】命令，【图案】选定 ANSI31，角度为 0，比例为 1，拾取填充剖面线区域，完成绘制。

6. 保存文件

执行【快速访问工具栏】|【保存】。

【任务拓展】

根据如图 4-27 所示的轴测图，采用半剖视图绘制表达机件图样。

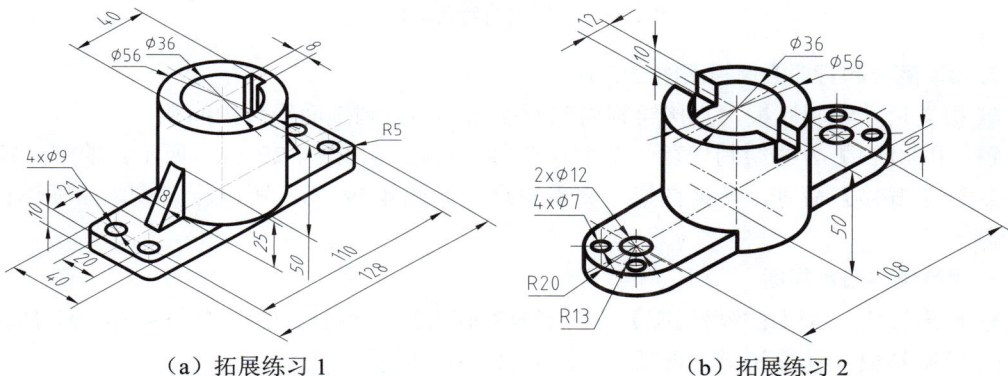

（a）拓展练习 1　　　　　　　（b）拓展练习 2

图 4-27　采用半剖视图绘制表达机件图样拓展练习

课题 4-6

视频讲解

【任务描述】

根据如图 4-28（a）所示连接弯头，采用局部剖视图和斜剖视图绘制表达机件图样，如图 4-28（b）所示。

【任务目标】

（1）掌握局部剖视图的应用。
（2）掌握斜剖视图的绘制方法。

【任务实施】

1. 新建文件

利用 A3 样板创建新文件，另存为"局部剖视图和斜剖视图"。

（a）弯头　　　　　　　　　　　　　　（b）弯头视图表达

图 4-28　斜剖视图的画法与标注

2. 绘制底板和弯曲圆筒视图图线部分

1 根据尺寸绘制底板，直接绘制局部剖视图，不绘制剖面线和中间孔。

2 利用【自】方式绘制任意长度 120° 斜线中心线，如图 4-29（a）所示。绘制 R40 圆角，执行【偏移】命令，转换图层，修剪整理，如图 4-29（b）所示，完成弯曲圆筒视图的绘制。

3. 绘制倾斜凸台视图

1 根据尺寸，运用【极轴追踪】、【对象捕捉追踪】绘制斜板视图，如图 4-30（a）所示。

2 绘制耳块主视图和斜剖视图，如图 4-30（b）所示。

（a）绘制中心线　　　　　　　　　　（b）绘制轮廓线

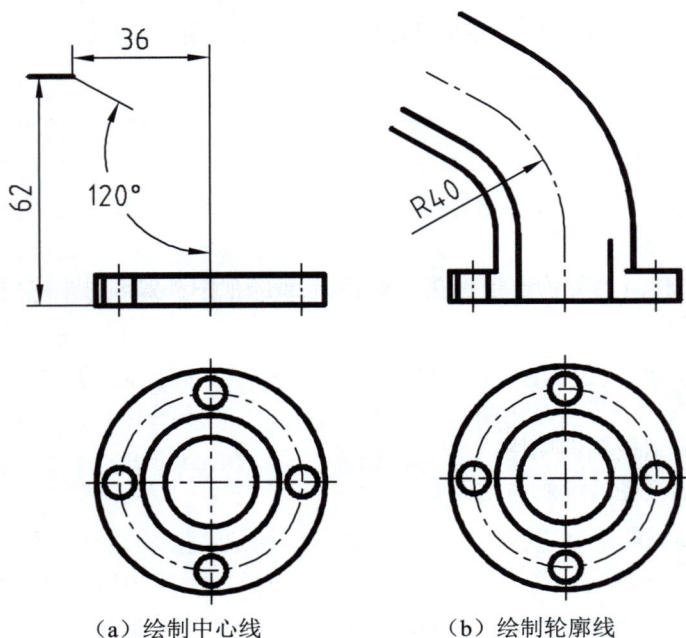

图 4-29　绘制弯曲圆筒

（a）绘制斜板 （b）绘制耳块

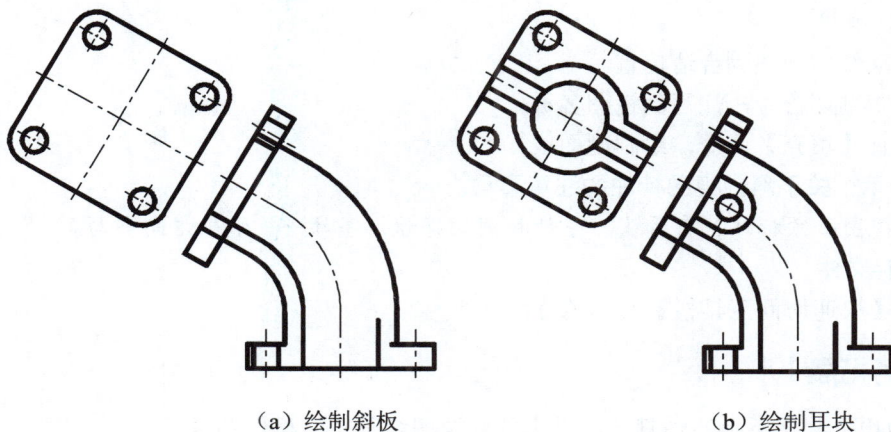

图 4-30 绘制倾斜凸台

📋 **提示：关于绘制斜剖视图应注意以下几点。**

（1）用不平行于任何基本投影面的剖切平面剖开机件的方法也称为斜剖，所画出的剖视图，称为斜剖视图。斜剖视图适用于机件的倾斜部分需要剖开以表达内部实形时，并且内部实形的投影是通过辅助投影面法获得的。

（2）画斜剖视图最好与基本视图保持直接的投影关系，必要时（如为了合理布置图幅）可以将斜剖视图画到其他地方，但要保持原来的倾斜度，也可以转平后画出，但必须加注旋转符号和角度。

（3）斜剖视图主要用于表达倾斜部分的结构。机件上方在斜剖视图中失真的投影，一般应避免表示。

4. 绘制波浪线，修剪视图

绘制波浪线，修剪多余图线，如图 4-31 所示。

图 4-31 修剪视图

5. 整理视图

1 移动斜剖视图到合适位置。

2 绘制剖切符号，注写剖视图名称。

3 执行【填充】命令，绘制剖面线。

📑 **提示：关于斜剖视图标注的注意事项。**

斜剖视图必须标注，有箭头、字母和剖切符号，字母一律水平方向书写。

6. 保存文件

执行【快速访问工具栏】|【保存】。

【任务拓展】

根据如图 4-32 所示的轴测图，采用斜剖视图绘制表达机件图样。

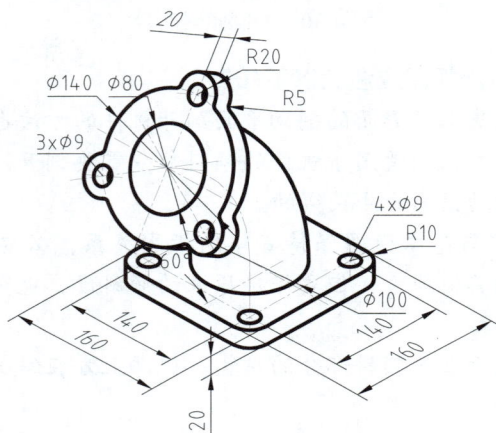

图 4-32　采用斜剖视图绘制表达机件图样拓展练习

课题 4-7

【任务描述】

根据如图 4-33（a）所示轴测图，采用如图 4-33（b）所示相交平面的剖视图绘制表达机件图样。

【任务目标】

掌握相交平面的剖视图的绘制方法。

【任务实施】

1. 新建文件

利用 A3 样板创建新文件，另存为"相交平面的剖视图"。

2. 绘制主视图、左视图

1 根据尺寸，绘制圆柱凸台的左视图、主视图。

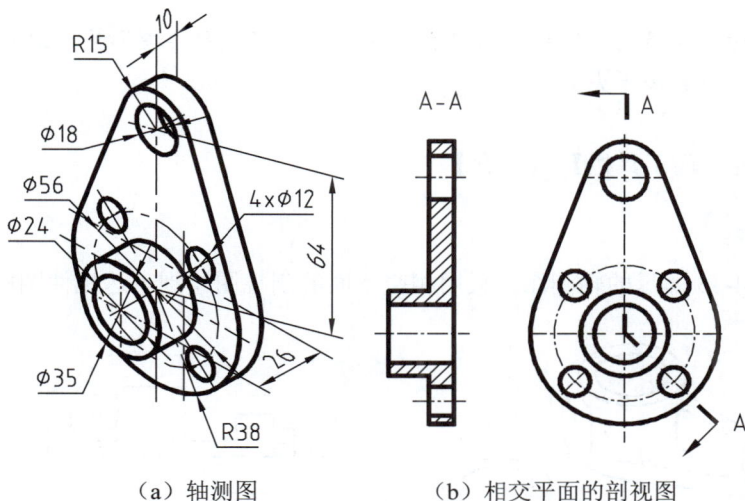

（a）轴测图　　　　（b）相交平面的剖视图

图 4-33　绘制表达机件图样的相交平面的剖视图

2 采用【对象捕捉追踪】模式绘制底板左视图、主视图外轮廓。

3 在左视图中绘制底板 φ18 圆柱孔和 4 个 φ12 的孔的图线，在主视图中绘制 φ18 圆柱孔的图线。

4 在左视图中绘制剖切符号和投射方向，确定剖切位置。

5 左视图 φ12 的孔需要旋转至竖轴位置，然后向主视图投射绘制图线，主、左视图图线如图 4-34 所示。

📋 提示：关于绘制相交平面的剖视图应注意以下几个问题。

（1）用两个相交的剖切平面（交线垂直于某一基本投影面）剖开机件，这种剖切方法可称为旋转剖，适用于那些有明显回转轴线的机件。在这些机件中，轴线恰好是两个剖切平面的交线，并且两个剖切平面中，一个为投影面平行面，一个为投影面垂直面。

（2）采用这种剖切方法画剖视图时，被剖切的结构及其相关部分会绕剖切平面的交线旋转，直至与选定投影面平行后再投射绘图，如图 4-34 所示。

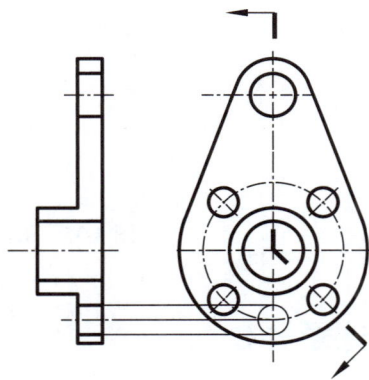

图 4-34　绘制主、左视图图线

（3）倾斜的平面必须旋转到与选定的基本投影面平行，以使投影能够表达实形，但剖切平面后面的结构，一般应按原来的位置绘制它的投影。

3. 注写字母，填充剖面线

根据图 4-33（b）标注字母，填充剖面线。

📋 提示：关于相交平面的剖视图标注应注意以下几个问题。

（1）相交平面的剖视图必须标注，在剖切平面迹线的起始、转折和终止的地方，用剖切符号（即粗短线）表示它的位置，并写上相同的字母，在剖视图上方用相同的字母标出名称"X—X"。

（2）在剖切符号两端用箭头表示投影方向（如果剖视图按投影关系配置，中间又无其他图形隔开时，可省略箭头）。

4. 保存文件

执行【快速访问工具栏】|【保存】。

【任务拓展】

视频讲解

根据如图 4-35 所示的轴测图，采用相交平面的剖视图绘制表达机件图样。

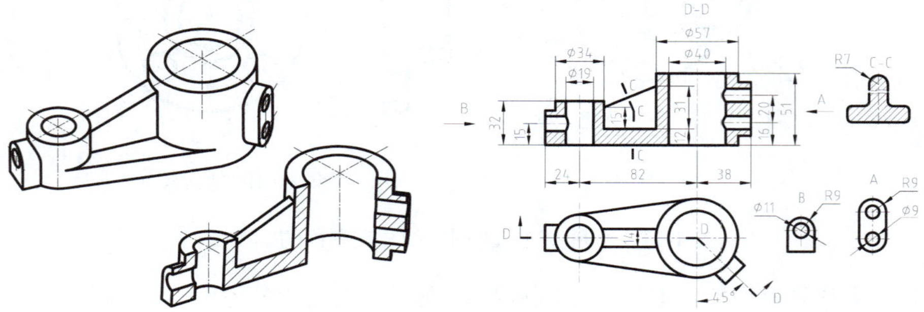

（a）拓展练习 1

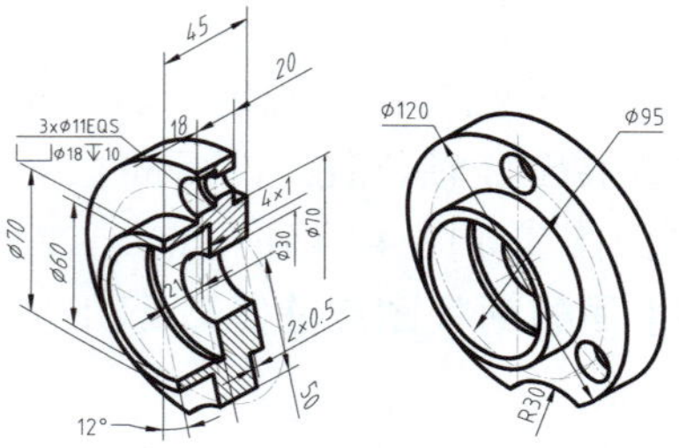

（b）拓展练习 2

图 4-35　采用相交平面的剖视图绘制表达机件图样拓展练习

课题 4-8

视频讲解

【任务描述】

根据 4-36（a）所示的轴测图，采用平行平面的剖视图绘制表达机件图样，如图 4-36（b）所示。

【任务目标】

掌握平行平面的剖视图的绘制方法。

【任务实施】

1. 新建文件

利用 A3 样板创建新文件，另存为"平行平面的剖视图"。

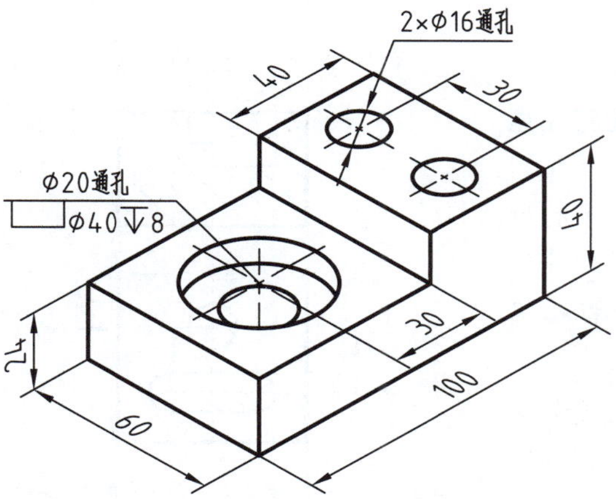

（a）垫板 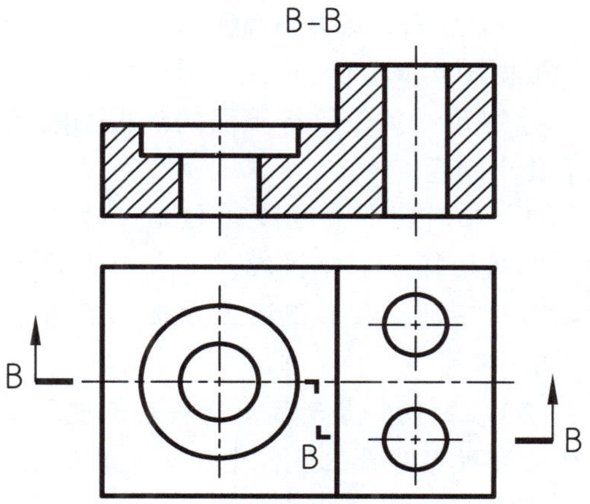　　　　　　　　　　　（b）垫板视图表达

图 4-36　绘制表达机件图样的平行平面的剖视图

2. 绘制主、俯视图图线

1 先绘制主、俯视图外部轮廓。

2 绘制俯视上的孔，绘制剖切位置和投射方向。

3 根据"长对正"的规律，绘制孔对应的主视图图线。绘制后的主、俯视图图线如图 4-37 所示。

> 📑 **提示：关于绘制平行平面的剖视图需要注意以下几点。**

（1）当机件的内部结构分布在不同层面上，用一个剖切平面无法将其都剖到时，可采用几个平行的剖切平面剖切机体（这种剖切可称为阶梯剖）。

（2）为了表达孔、槽等内部结构的实形，几个剖切平面应同时平行于同一个基本投影面，如图 4-37（b）所示。

（3）两个剖切平面的转折处，不能画分界线，如图 4-37（a）中的主视图所示。

（4）一般在图形内不应出现不完整要素（如在阶梯孔处剖切），但当两个要素在图形上具有公共的对称中心线和轴线时，可以各画一半，这时细点画线就是分界线，如图 4-38 所示。

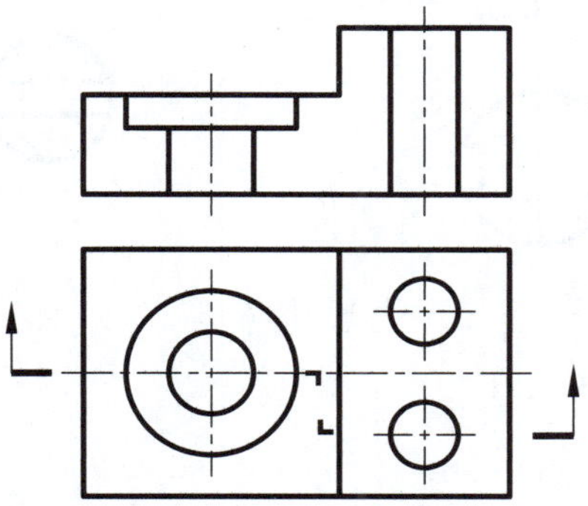

（a）剖切位置 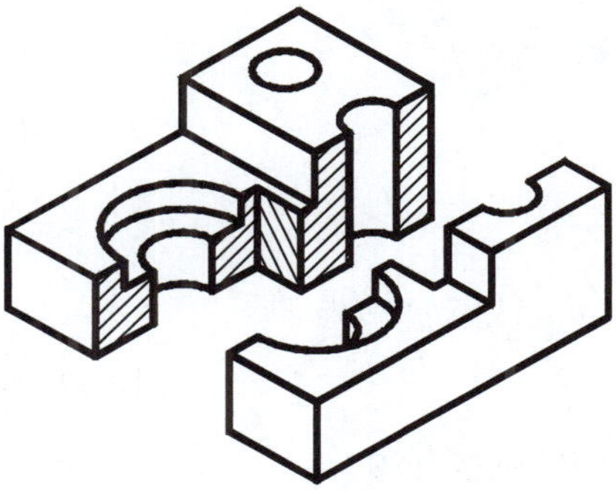　　　　　　　　　　（b）形体分析

图 4-37　绘制主、俯视图图线

3. 标注字母，填充剖面线

根据图 4-36（b）标注字母，填充剖面线。

📄 **提示：关于平行平面的剖视图的标注应注意以下几个问题。**

（1）在剖切平面迹线的起始、转折和终止的地方，用剖切符号（即粗短线）表示它的位置，并写上相同的字母，在剖视图上方用相同的字母标出名称"X—X"。

（2）在剖切符号两端用箭头表示投影方向（如果剖视图按投影关系配置，中间又无其他图形隔开时，可省略箭头）。

4. 保存文件

执行【快速访问工具栏】|【保存】。

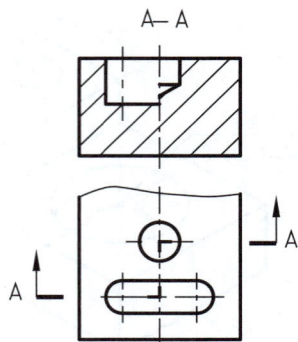

图 4-38　平行平面的剖视图的特殊情况

💡 **知识扩展——断面图**

假想用剖切平面将机件在某处切断，只画出切断面形状的投影并画上规定的剖面符号的图形，称为断面图，简称为断面。国家标准 GB/T 17452—1998 和 GB/T 4458.6—2002 规定了断面图画法。

断面图与剖视图的区别在于，断面图仅画出机件断面的图形，而剖视图则要画出剖切平面以后的所有部分的投影。

断面图分为移出断面图和重合断面图两种。

1. 移出断面图

画在视图轮廓之外的断面图称为移出断面图。图 4-39 所示断面即为移出断面。

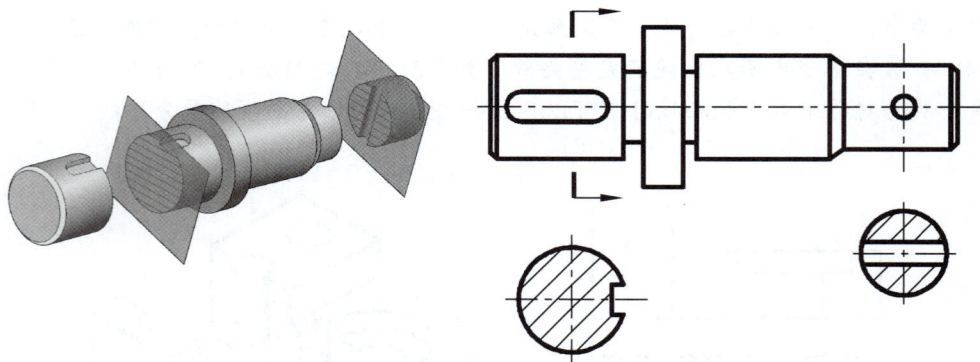

（a）假想剖面　　　　　　　　　　（b）视图表达

图 4-39　移出断面图

移出断面的画法如下。

1️⃣ 移出断面的轮廓线用粗实线画出，断面上画出剖面符号。移出断面应尽量配置在剖切平面的延长线上，必要时也可以画在图纸的适当位置。

2️⃣ 当剖切平面通过由回转面形成的圆孔、圆锥坑等结构的轴线时，这些结构应按剖视画出，如图 4-40 所示。

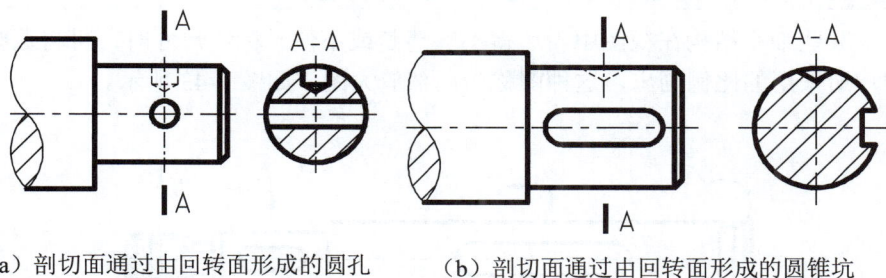

（a）剖切面通过由回转面形成的圆孔　　　　（b）剖切面通过由回转面形成的圆锥坑

图 4-40　通过圆孔、圆锥坑等回转面的轴线时断面图的画法

2. 重合断面图

画在视图轮廓之内的断面图称为重合断面图。图 4-41 所示的断面即为重合断面。

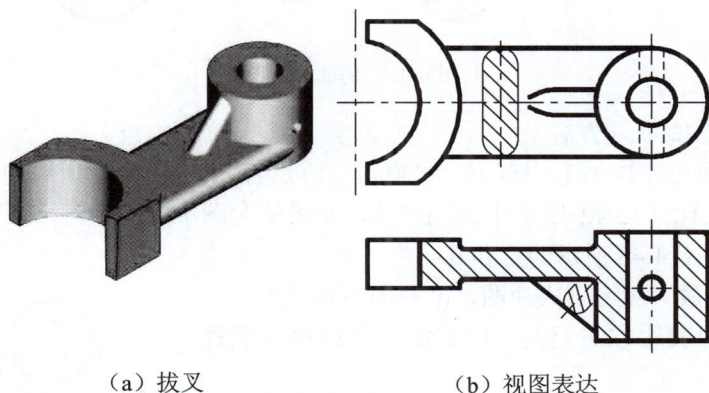

（a）拔叉　　　　　　　　　（b）视图表达

图 4-41　重合断面图

为了使图形清晰，避免与视图中的线条混淆，重合断面的轮廓线用细实线画出。当重合断面的轮廓线与视图的轮廓线重合时，仍按视图的轮廓线画出，不应中断。

国家标准（QT/T 4458.6—2002）规定，由两个或多个相交的剖切平面剖切得到的移出断面，中间应断开，如图 4-42（b）中汽车前拖钩的 A-A 断面。

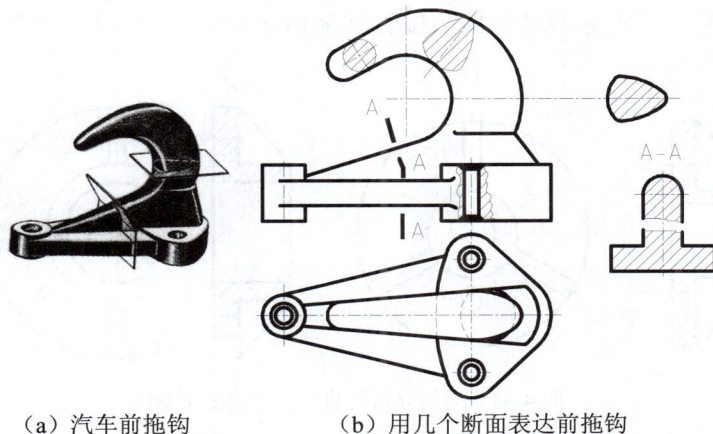

（a）汽车前拖钩　　　　　　（b）用几个断面表达前拖钩

图 4-42　几个断面表达

💡 **知识扩展——局部放大图、其他规定画法和简化画法**

机件上某些细小结构在视图中表达得不够清楚或不便于标注尺寸时，可将这些部分用大于原图形所采用的比例画出，这种图称为局部放大图，如图 4-43 所示。

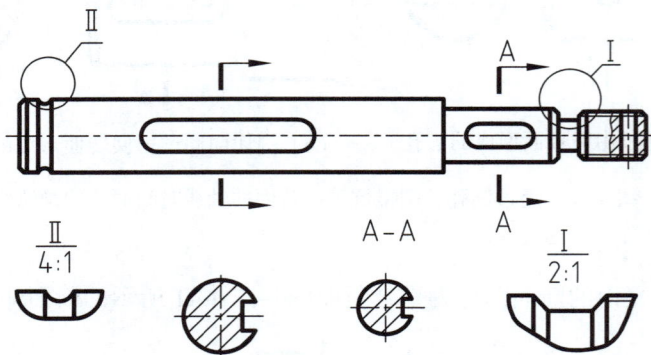

图 4-43　局部放大图

1. 局部放大图的标注方法

在视图上画一细实线圆，标明放大部位，在放大图的上方注明所用的比例，即图形大小与实物大小之比（与原图上的比例无关），如果放大图不止一个时，还要用罗马数字编号以示区别，如图 4-43 所示的Ⅰ和Ⅱ。

注意：局部放大图可画成视图、剖视图、断面图，它与被放大部位的表达方法无关。局部放大图应尽量配置在被放大部位的附近。

2. 其他规定画法和简化画法

1 机件上的肋板、轮辐及薄壁等结构在纵向剖切的情况下都不需要画剖面符号，但需要用粗实线将它们与其相邻结构分开。肋板纵向剖切的规定画法如图 4-44 所示。

2 回转体上均匀分布的肋板、轮辐、孔等结构不处于剖切平面上时，可将这些结构假想旋转到剖切平面上画出，如图 4-45 所示。

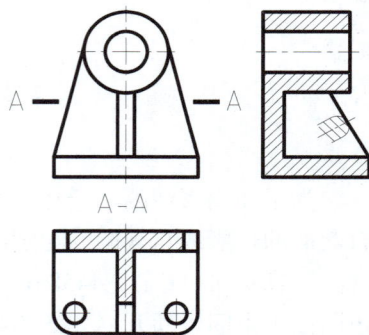

图 4-44　肋板纵向剖切规定画法

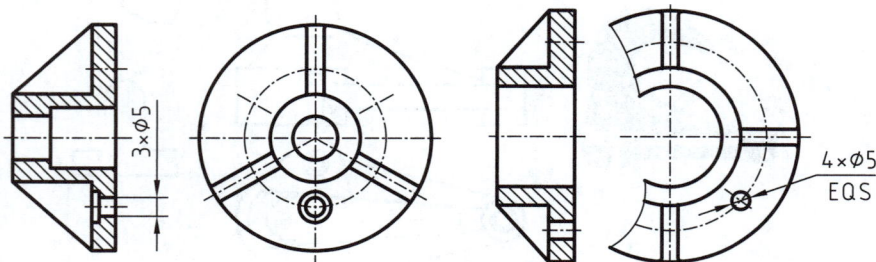

图 4-45　均匀分布的肋和孔等的简化画法

3 当机件上具有若干相同结构（齿、槽、孔等），并按一定规律分布时，只需画出几个完整结构，其余用细实线相连或标明中心位置，并注明总数，如图 4-46 所示。

4 某些结构的示意画法。

当回转体零件上的平面不能充分表达平面时，可以用平面符号（相交的两条细实线）表示，如图 4-47 所示。

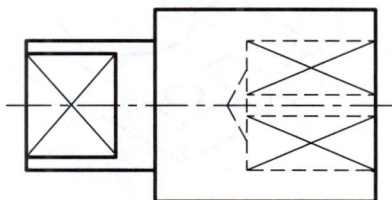

图 4-46　规律分布的孔的简化画法

图 4-47　平面符号

【任务拓展】

根据如图 4-48 所示的轴测图，采用平行平面的剖视图绘制表达机件图样。

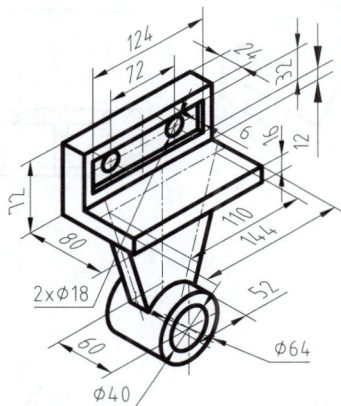

（a）拓展练习 1

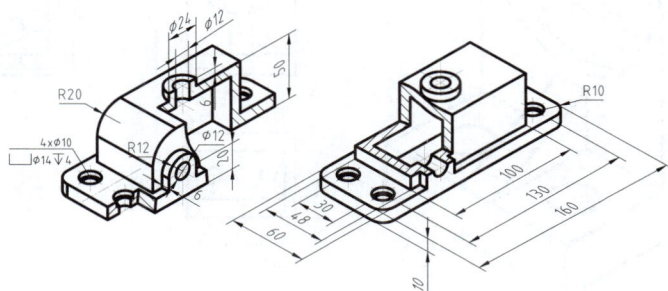

（b）拓展练习 2

图 4-48　采用平行平面的剖视图绘制表达机件图样拓展练习

提高练习

1. 综合表达练习。根据轴侧图形抄画机件表达，如图 4-49 所示。

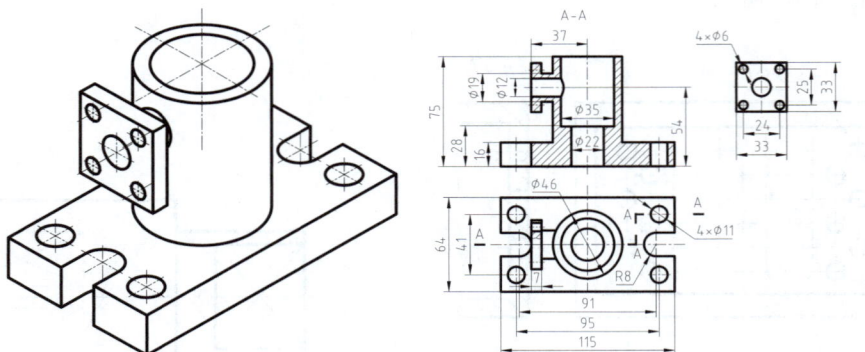

（a）练习 1

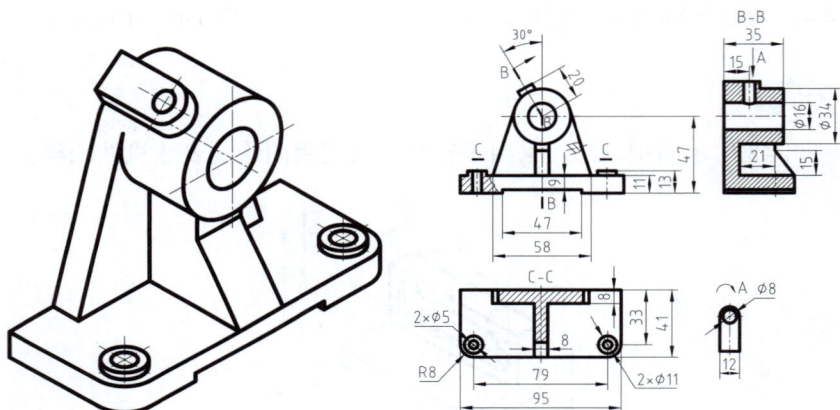

（b）练习 2

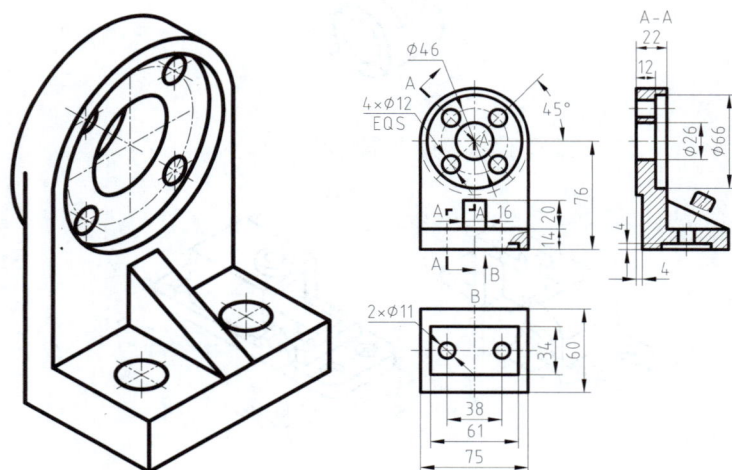

（c）练习 3

图 4-49　综合表达练习

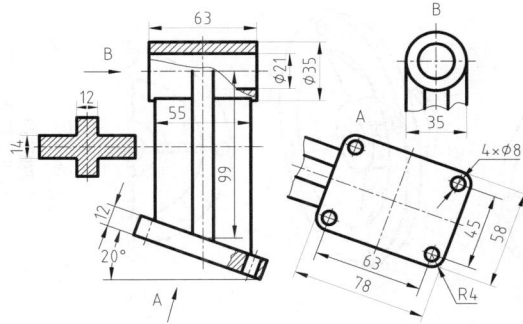

（d）练习 4

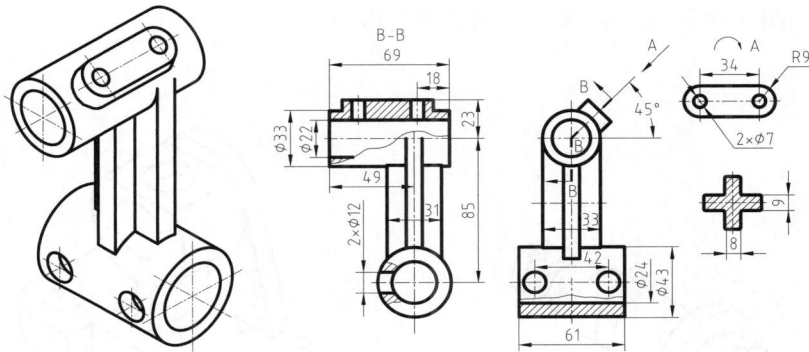

（e）练习 5

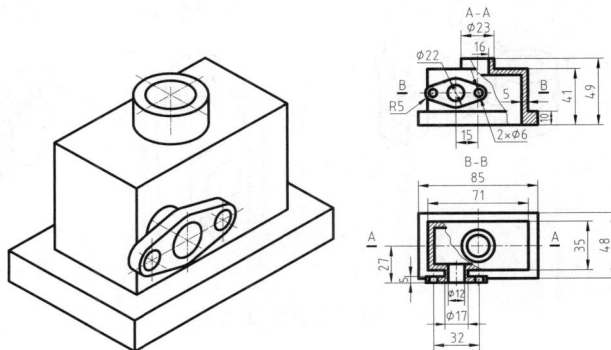

（f）练习 6

（g）练习 7

图 4-49 （续）

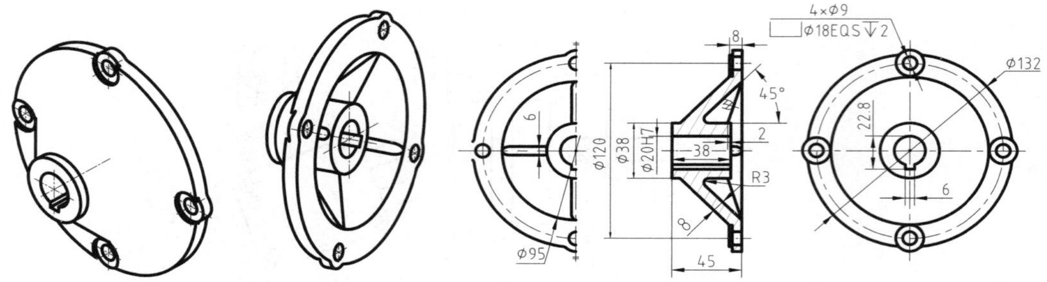

（h）练习 8

图 4-49 （续）

2. 根据如图 4-50 所示轴测图，绘制机件表达图样。

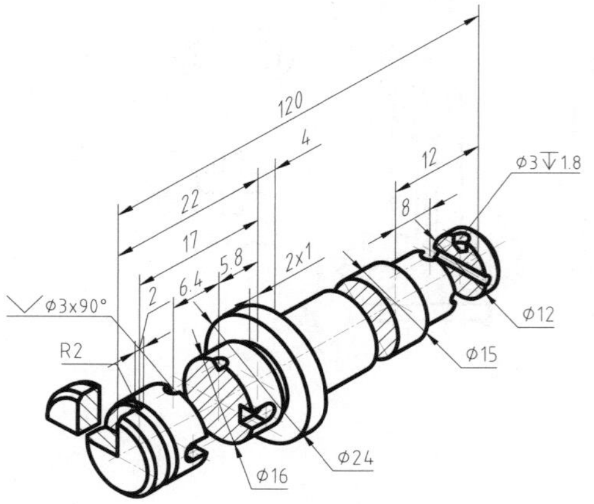

（a）练习 1

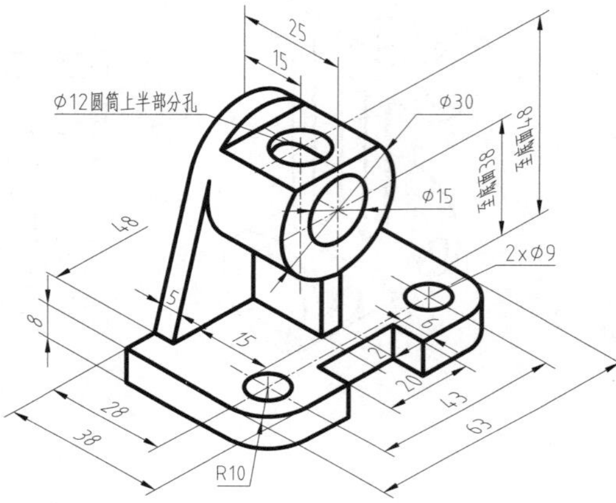

（b）练习 2

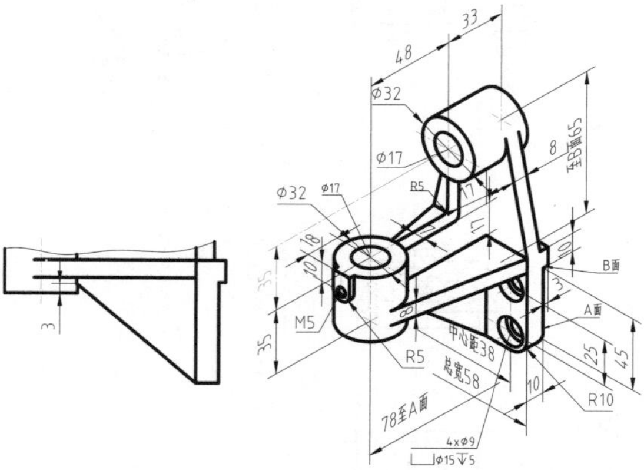

（c）练习 3

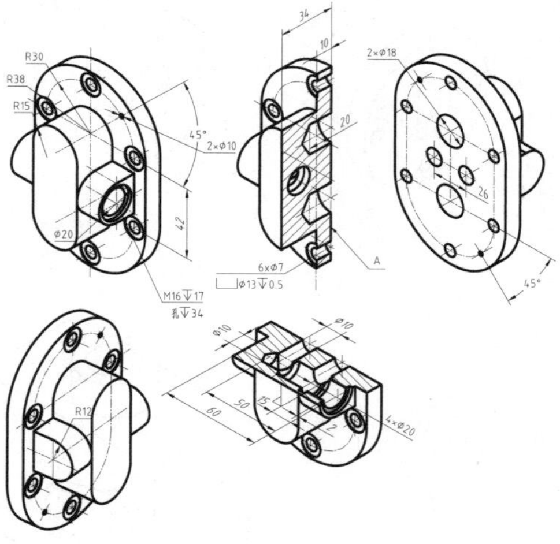

（d）练习 4

图 4-50 绘制机件表达

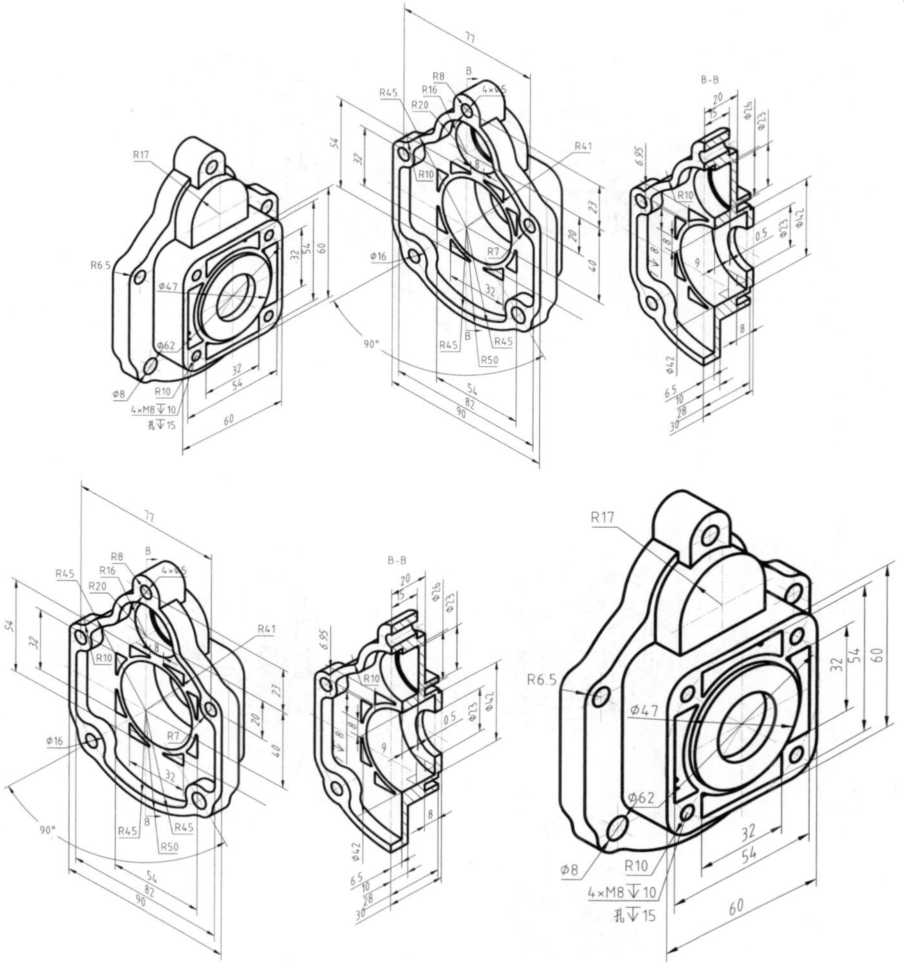

（e）练习 5

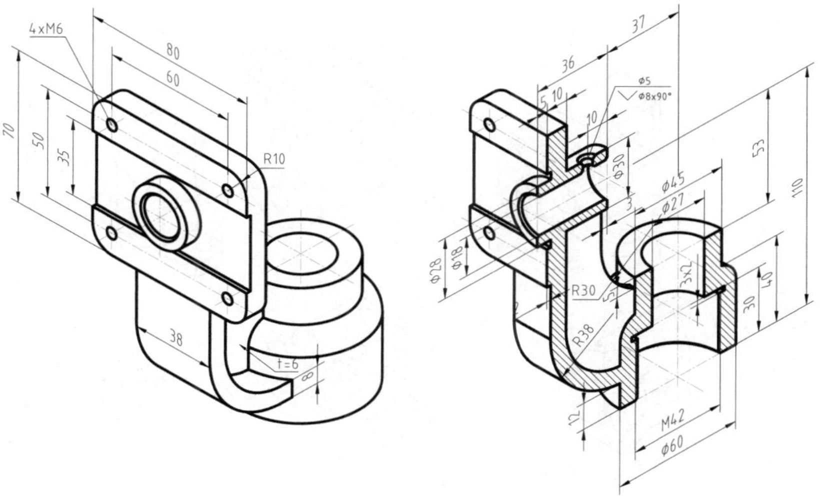

（f）练习 6

图 4-50 （续）

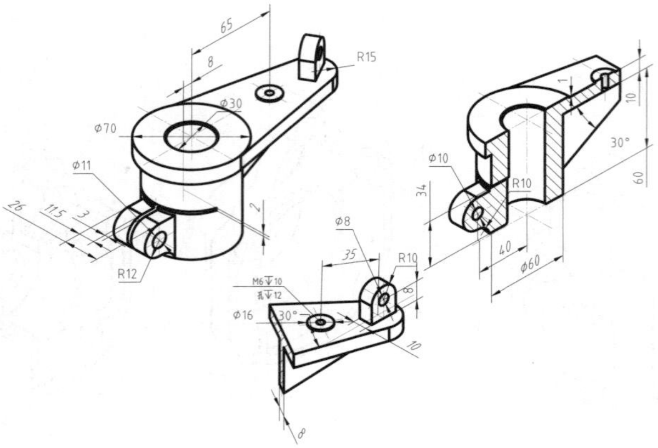

（g）练习 7

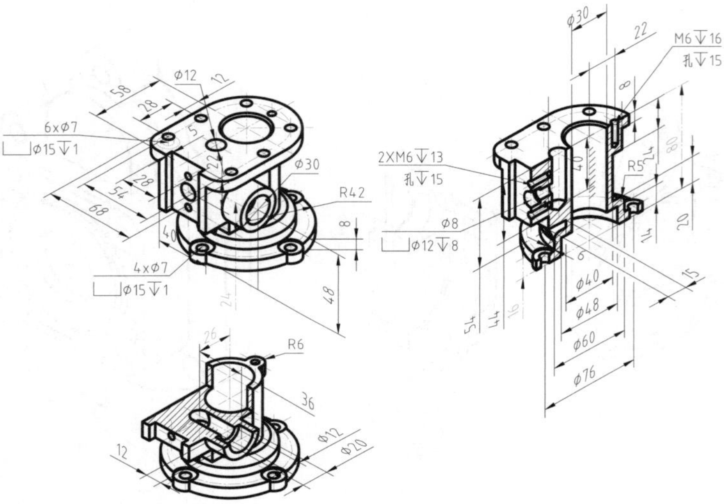

（h）练习 8

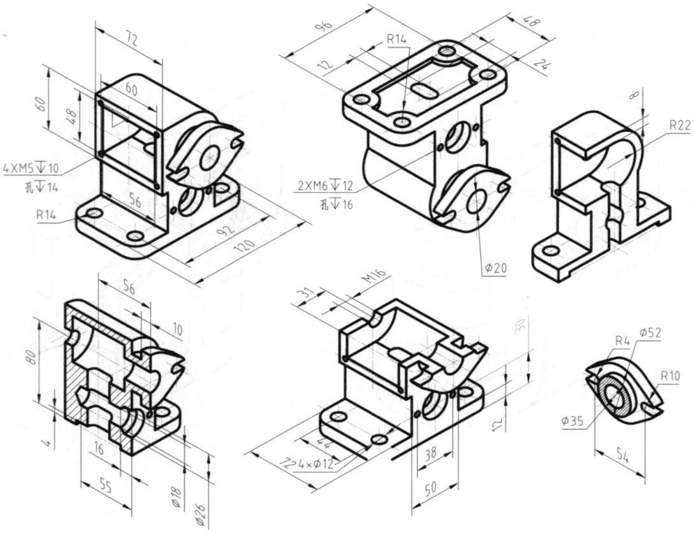

（i）练习 9

图 4-50 （续）

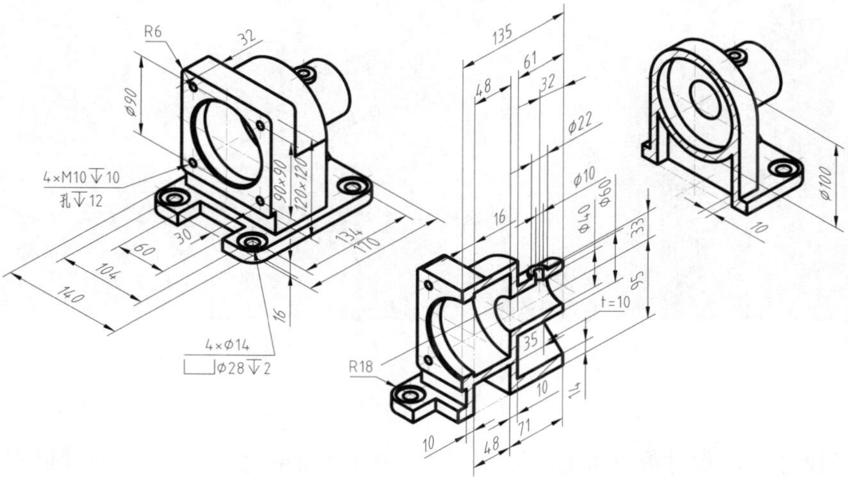

（j）练习 10

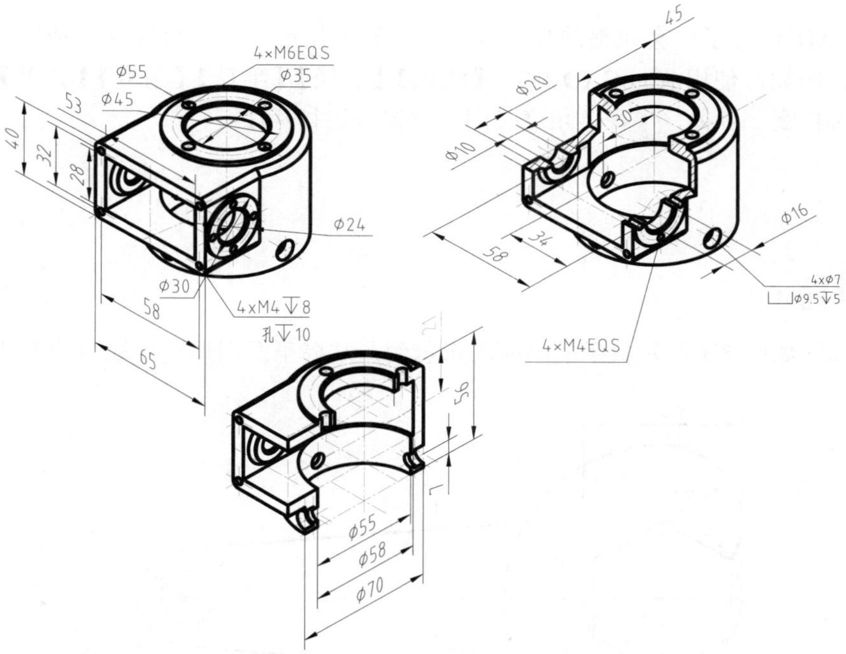

（k）练习 11

图 4-50 （续）

在图形设计中，尺寸标注是绘图设计工作中的一项重要内容，因为绘制图形的根本目的是反映对象的形状，而图形中各个对象的真实大小和相互位置只有经过尺寸标注后才能确定。

AutoCAD 包含了一套完整的尺寸标注命令和实用程序，可以轻松完成图纸中要求的尺寸标注。例如，使用 AutoCAD 中的【线性】【直径】【半径】【角度】【公差】等标注命令，可以对长度、直径、半径、角度及圆心位置等进行标注。

课题 5-1

视频讲解

【任务描述】

通过标注如图 5-1 所示扳手的平面图形示例，掌握平面图形尺寸标注的方法。

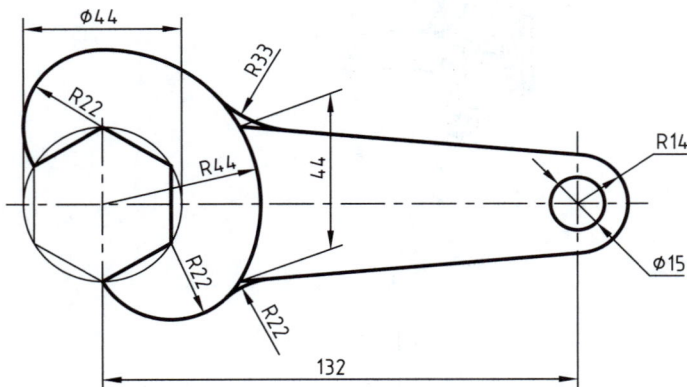

图 5-1　平面图形示例

■ 先导知识——尺寸标注

1. 尺寸标注类型

AutoCAD 提供了几种基本的标注类型：线性标注、径向（半径、直径和折弯）标注、角度标注、坐标标注、弧长标注等，如图 5-2 所示。

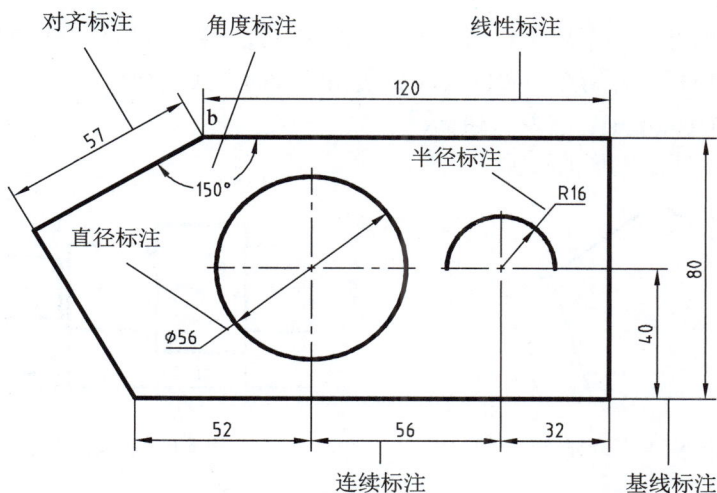

图 5-2　主要的尺寸标注类型

2. 部分尺寸标注命令

1）线性标注

线性尺寸标注，简称线性标注，是指标注对象在水平或竖直方向的尺寸。

其命令为 dimlinear；工具按钮为 ⊟。

标注如图 5-3 所示图形的尺寸。

1 执行【线性】标注，分别捕捉单击上侧水平线段的两个端点，竖直向上移动光标至放置尺寸的位置，单击鼠标，标注 40。

2 执行【线性】标注，分别捕捉单击矩形右侧垂直线的两个端点，水平向右移动至放置尺寸的位置，单击鼠标，标注 30。通过编辑文字样式修改为 φ30，或右击，选择特性，在出现的如图 5-4 所示的特性对话框【文字】组中的【文字替代】处输入"%%C30"，按Enter 键完成修改。

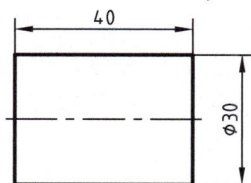

图 5-3　线性标注

图 5-4　特性对话框 - 文字

2）对齐标注

对齐尺寸标注，简称对齐标注，是指标注对象在倾斜方向的尺寸。

其命令为 dimaligned；工具按钮为 ◇。

标注如图 5-5 所示的图形尺寸。

选择【机械样式】标注，执行【对齐】标注，分别捕捉单击图 5-5 所示的线段的两个端点 a 和 b，单击放置尺寸的位置，标注 20。

3）连续标注

连续标注是指从某一个尺寸界线开始，按顺序标注一系列尺寸。相邻的尺寸，采用前一条尺寸界线和新标注点所在位置的尺寸界线相结合的方式进行标注。

其命令为 dimcontinue；工具按钮为 ▥。

标注如图 5-6 所示图形的尺寸。

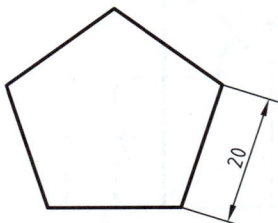

图 5-5　对齐标注　　　　　　　　　　图 5-6　连续标注

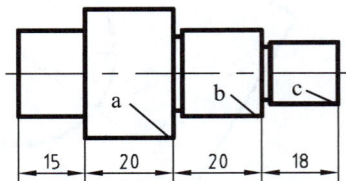

选择【机械样式】标注，执行【线性】标注，标注尺寸 15；执行【连续】标注，连续单击图 5-6 所示的 a、b、c 点，标注尺寸 20、20、18。

4）基线标注

基线标注是指以某一尺寸界线为基准位置，按某一方向标注一系列尺寸，所有尺寸共用第一条基准尺寸界线。

其命令为 dimbaseline；工具按钮为 ▤。

方法和步骤与连续标注类似，首先标注或选择一个尺寸作为基准标注。

标注如图 5-7 所示图形的尺寸。

选择【机械样式】标注，执行【线性】标注，标注尺寸 15；执行【基线】标注，连续单击图 5-7 所示的 a、b、c 点，标注尺寸 25、37、57。

5）直径标注

选择【机械样式】标注，执行【直径】标注命令，单击需要标注的圆或圆弧，单击需要标注的位置。若单击圆或圆弧后向外侧移动光标，则可以标注出水平书写的直径标注样式，如图 5-2 所示。

其命令为 dimdiameter；工具按钮为 ◌。

6）半径标注

标注圆和圆弧半径，选择【机械样式】标注，执行【半径】标注命令，单击需要标注的圆或圆弧，单击需要标注的位置。若单击圆或圆弧后向外侧移动光标，则可以标注出水平书写的半径标注样式，如图 5-2 所示。

其命令为 dimradius；工具按钮为 ◿。

7）角度标注

角度标注用来测量两条直线或三个点之间的角度。

其命令为 dimangular；工具按钮为 △。

8）折弯半径标注（缩放半径标注）

当圆弧或圆的中心位于布局之外并且无法在其实际位置显示时，将创建折弯半径标注。此时，可以在更方便的位置指定标注的原点，这一过程被称为中心位置替代。

其命令为 dimjogged；工具按钮为 ◿。

折弯标注的操作如下：首先单击被标注的圆弧或圆，其次单击指定图示中心位置，再单击放置尺寸线位置，最后单击折弯放置位置，如图 5-8 所示。

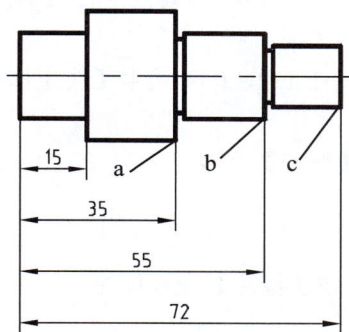

图 5-7　基线标注　　　　　　　　　　图 5-8　折弯标注

9）快速标注

在进行尺寸标注时，经常遇到同类型的系列尺寸标注，可以使用【快速标注】命令快速创建或编辑一系列标注。

其命令为 qdim；工具按钮为 。

10）标注

使用单个命令创建多个标注和标注类型。支持的标注类型包括竖直、水平和对齐的线性标注，坐标标注，角度标注，半径和折弯半径标注，直径标注和弧长标注等。

其命令为 dim：工具按钮为 。

【任务目标】

（1）掌握尺寸标注的类型。

（2）掌握尺寸的标注方法。

【标注分析】

1）确定基准

长度基准为左侧竖直中心线，宽度基准为水平中心线，如图 5-9 所示。

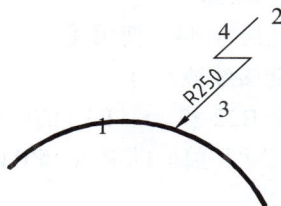

图 5-9　确定基准

2）标注尺寸

1 标注已知线段尺寸。

① 标注左侧定形尺寸 ϕ44 和 R44；由于半径很多，R44 和其他半径最后采用【快速标注】命令。

② 标注右侧定形尺寸 ϕ15 和 R14，以及定位尺寸 132，R14 采用【快速标注】命令。

2 标注中间线段尺寸。

标注线性尺寸 44，使用【菜单栏】|【标注】|【倾斜】命令。

3 标注连接线段尺寸

标注三个 R22 和一个 R33 的线性尺寸。

对上述尺寸和前面的 R44 和 R14，一起使用【快速标注】命令标注。

【任务实施】

1. 新建文件

利用 A4 样板创建新文件，另存为"扳手"。

2. 绘制图形

按照如图 5-1 所示图形尺寸，绘制扳手平面图形。

3. 尺寸标注

1）标注已知线段尺寸

1 选择【默认】|【注释】|【标注样式】|【机械样式】，选择标注图层。

2 执行【线性标注】命令，分别单击细实线圆与水平中心线的 2 个交点，移动鼠标单击确定标注尺寸 44 的位置。选择【菜单栏】|【修改】|【对象】|【文字】|【编辑】命令（或双击标注的尺寸），执行编辑文字的命令，弹出如图 5-10 所示对话框。单击【符号】，选择【直径】。

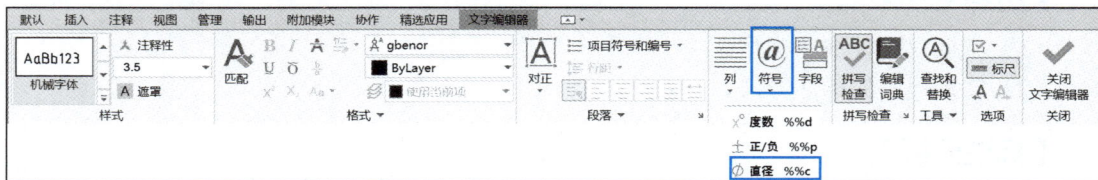

图 5-10   文字编辑器

3 执行【直径标注】命令，选择 ϕ15 圆，单击尺寸放置位置，完成 ϕ15 的标注，如图 5-11 所示。

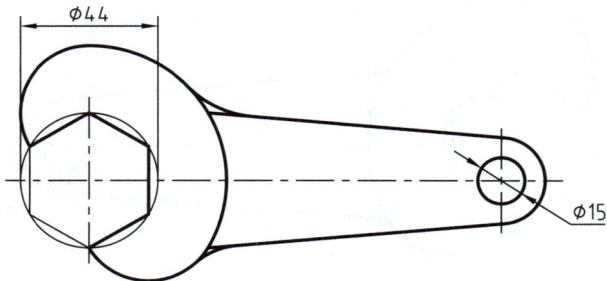

图 5-11   标注已知圆直径

4 执行【线性标注】命令，选择 2 个圆心，单击尺寸放置位置，完成尺寸 132 的标注，如图 5-12 所示。

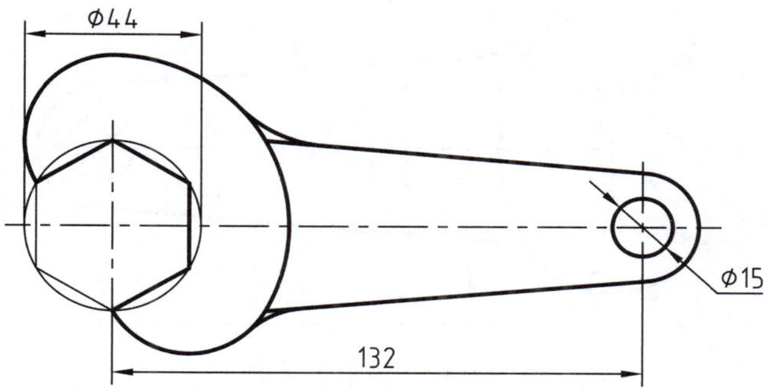

图 5-12　标注定位尺寸

2）标注中间线段尺寸

1 执行【线性标注】命令。

分别单击两段斜线和 R44 圆弧的两个交点，单击放置位置，标注尺寸 44。

2 执行【倾斜标注】命令。

① 执行【菜单栏】|【标注】|【倾斜】命令。

② 选择标注线性尺寸 44，按 Enter 键。

③ 输入 20 按 Enter 键，完成倾斜标注，如图 5-13 所示。

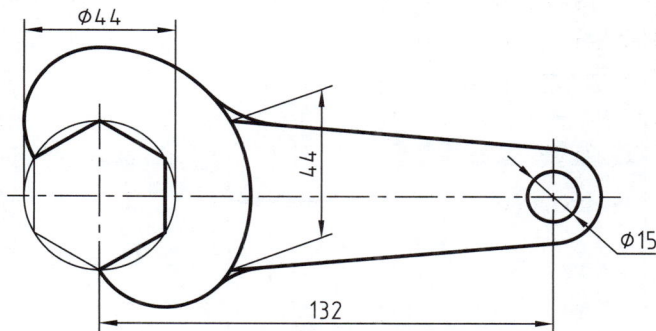

图 5-13　标注倾斜尺寸 44

3）标注其余线段尺寸

1 执行【功能区】|【注释】|【标注】|【快速标注】命令。

2 选择全部圆弧后按 Enter 键。

3 输入 R 按 Enter 键。

4 在图中指定尺寸线的位置，得到圆弧的半径标注，如图 5-14 所示。

4）整理线段尺寸

单击每个标注半径，单击尺寸数字的蓝色夹点，悬停变红后，拖动到合适位置（或右击，选择需要调整的选项），调整各半径尺寸的位置，完成标注。标注后的图形如图 5-1 所示。

4. 保存文件

执行【快速访问工具栏】|【保存】。

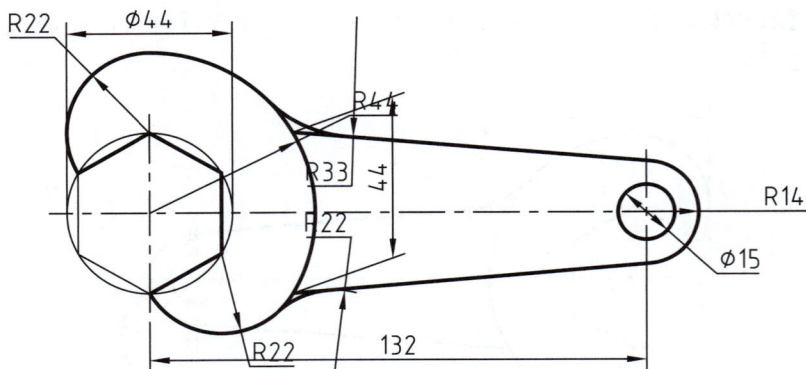

图 5-14　快速标注半径

📖 相关知识——编辑尺寸标注

关于编辑尺寸标注，介绍如下。

1 尺寸标注之后，可以使用尺寸编辑命令来改变尺寸线的位置、尺寸数字的大小等，其中包括样式的修改和单个尺寸对象的修改。

2 通过修改尺寸样式，可以修改全部用该样式标注的尺寸。

3 单个尺寸对象的修改，主要通过编辑特性选项参数和文字编辑器来实现。

4 每个尺寸中的尺寸线、尺寸界线、箭头、文本、颜色、比例等特性，一般可在特性选项板中修改尺寸标注内容以及各种特性。

5 可快速更改标注样式，如图 5-15 所示。

图 5-15　编辑尺寸的样式

6 编辑单个尺寸对象，选择尺寸对象后，单击右键，在弹出的快捷菜单中，选择需要更改的菜单，进行编辑。

7 将光标悬停放置在箭头处夹点，则此夹点变红，弹出快捷菜单，如图 5-16（a）所示。将光标悬停放置在文字处夹点，则此夹点变红，弹出快捷菜单，如图 5-16（b）所示。

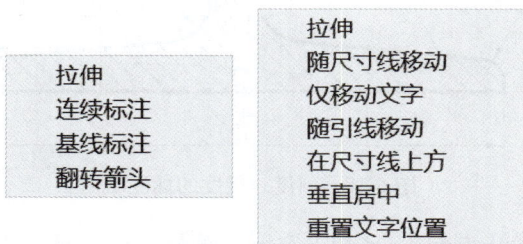

（a）箭头处夹点快捷菜单　（b）文字处夹点快捷菜单

图 5-16　编辑标注

【任务拓展】

绘制并标注如图 5-17 所示平面图形。

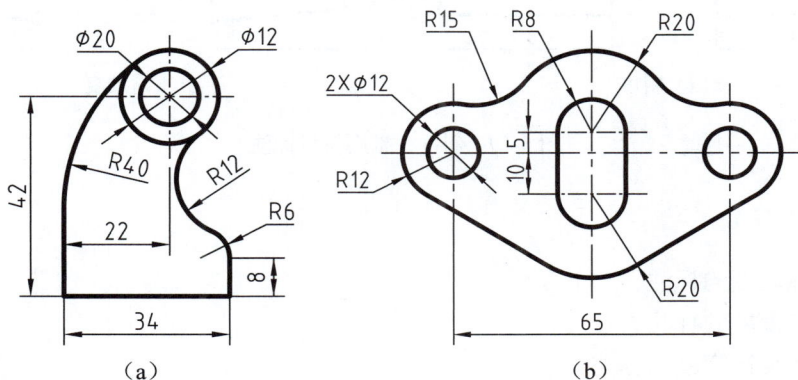

图 5-17　平面图形标注练习

课题 5-2

【任务描述】

通过标注如图 5-18 所示的图形示例，掌握斜度、锥度的标注方法。

■ 先导知识——斜度、锥度标注

斜度标注：在【文字编辑器】对话框中，选择字体"gdt"，输入小写字母 a，可调用斜度符号。

锥度标注：在【文字编辑器】对话框中，选择字体"gdt"，输入小写字母 y，可调用锥度符号。

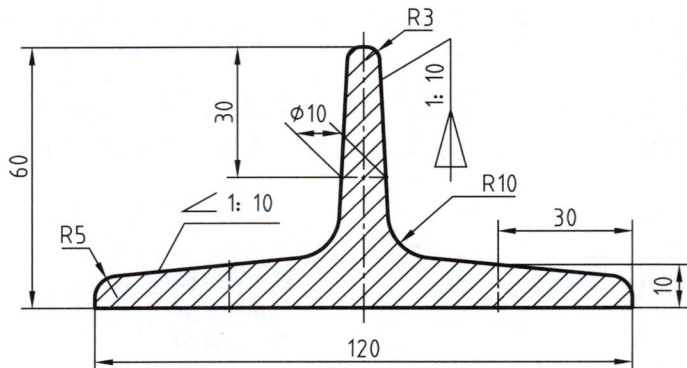

图 5-18　斜度、锥度的标注示例

　　斜度、锥度符号默认方向为∠和，符号方向需要和零件的斜度、锥度方向一致。当需要标注不同方向斜度、锥度符号时，如图 5-19（a）、（b）所示，可以通过编辑【特性】|【文字】|【旋转】角度得到。

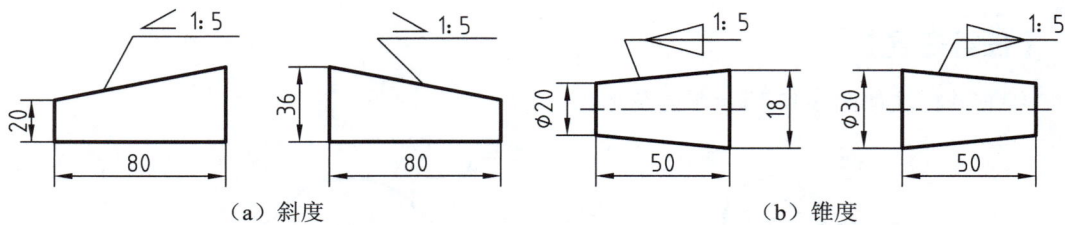

图 5-19　斜度、锥度符号标注

【任务目标】

（1）掌握斜度的标注。
（2）掌握锥度的标注。
（3）掌握莫氏锥度的标注。

【标注分析】

　　斜度是指一直线或平面相对另一直线或平面的倾斜程度。通过图 5-20（a）所示标注，掌握斜度标注的含义和标注方法。通过图 5-20（b）所示标注，掌握锥度标注的含义和标注方法。

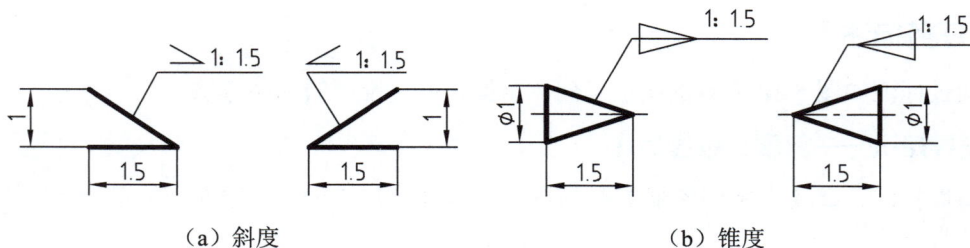

图 5-20　斜度标注和锥度标注的含义及其标注方法

【任务实施】

1. 新建文件
利用 A4 样板创建新文件，另存为"斜度、锥度标注"。

2. 绘制图形
根据如图 5-18 所示图形尺寸，绘制图形。

3. 图形尺寸标注

1）标注部分尺寸

1️⃣ 选择【机械样式】标注，选择标注图层。

2️⃣ 选择【默认】｜【注释】｜【标注】按钮，分别单击需要标注的尺寸，整理后如图 5-21 所示。

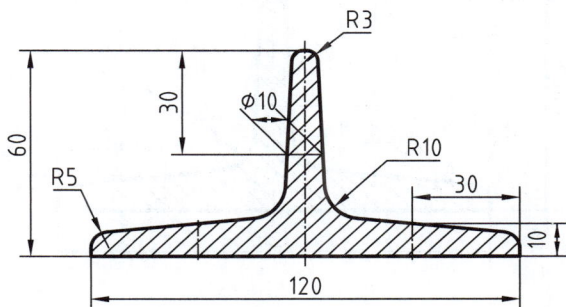

图 5-21　图形标注整理

2）标注斜度

1️⃣ 执行【快速引线】命令。

① 命令行窗口：输入 qleader，按 Enter 键。

② 单击【设置（S）】选项，弹出【引线设置】对话框。

③【注释】选项卡选择"多行文字"选项，如图 5-22（a）所示。

④【引线和箭头】选项卡"点数"最大值输入"3"，在标签"箭头"选择"无"，如图 5-22（b）所示。

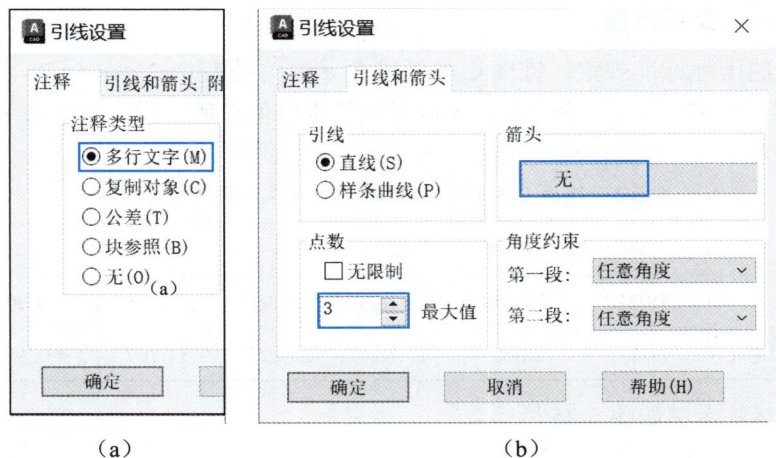

（a）　　　　　　　（b）

图 5-22　【引线设置】对话框

2 单击【确定】按钮，依次捕捉 A、B、C 点，绘制引线，在弹出的【文字编辑器】对话框中输入：a（小写字母）1：10。变换 a 字体，在如图 5-23 所示的【格式】面板中选择"gdt"字体，则"a"转换为"∠"，单击【关闭】按钮，完成斜度标注，如图 5-24 所示。

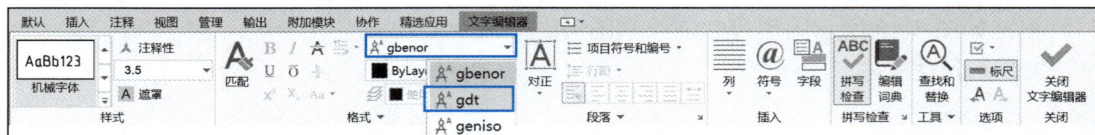

图 5-23　转换字体

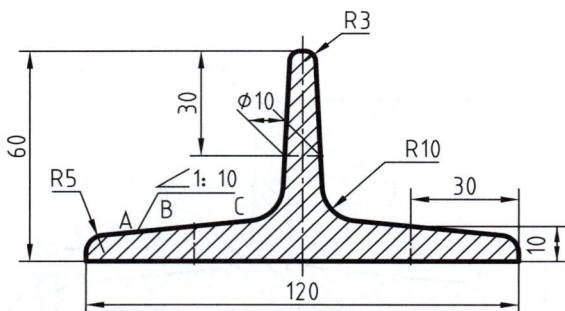

图 5-24　斜度标注

3）标注锥度

1 标注锥度引线部分方法同"2）标注斜度"中的"（1）执行【快速引线】命令。"

2 锥度符号▷为"gdt"字体下的"小写字母 y"，可采用多行文字标注出锥度符号，旋转后移动至需要位置。

3 文字部分也采用多行文字编辑后旋转至需要位置。锥度标注后的结果如图 5-18 所示。

4. 保存文件

执行【快速访问工具栏】|【保存】。

📖 相关知识——莫氏锥度

莫氏锥度的国际标准规定，锥度 C 与圆锥角 α 的关系为 C=2×tan（α/2）。莫氏锥度共有 0、1、2、3、4、5、6 共七个号数，不同号数的锥度值有所不同，锥度 C 和外锥大径基本尺寸 D 见表 5-1。

表 5-1　锥度 C 和外锥大径基本尺寸 D 与号数的关系

号数 NO	0	1	2	3	4	5	6
锥度 C	1:19.212	1:20.047	1:20.020	1:19.922	1:19.254	1:19.002	1:19.180
外锥大径基本尺寸 D	9.045	12.065	17.78	23.825	31.267	44.399	63.348

莫氏锥度标注示例如图 5-25 所示。

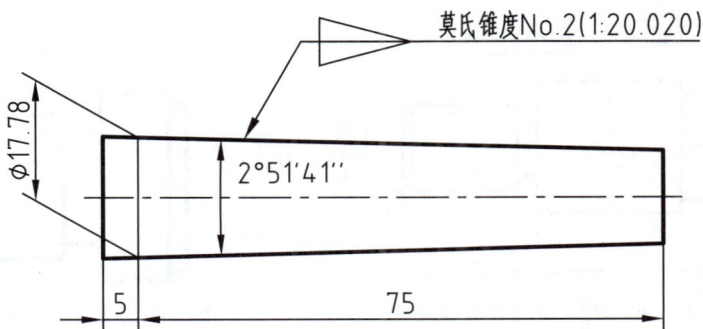

图 5-25　莫氏锥度标注示例

【任务拓展】

视频讲解

绘制并标注如图 5-26 所示的图形。

（a）拓展练习 1　　　　　　　　　　（b）拓展练习 2

图 5-26　斜度、锥度标注拓展练习

课题 5-3

视频讲解

【任务描述】

通过标注图 5-27 所示零件示例，掌握退刀槽和越程槽的标注方法。

📖 先导知识——退刀槽、越程槽

为便于选择切槽刀，槽宽（退刀槽宽度）b 应直接注出。槽底直径 D 和槽深（切入深度）a 也可直接注出，即按"槽宽 b× 槽底直径 D"或"槽宽 b× 槽深 a"的形式标注。如图 5-28 所示。

【任务目标】

（1）掌握退刀槽的标注。

（2）掌握越程槽的标注。

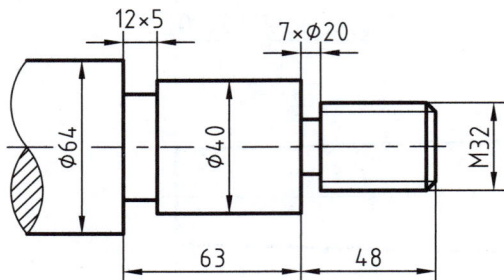

图 5-27　退刀槽、越程槽标注示例

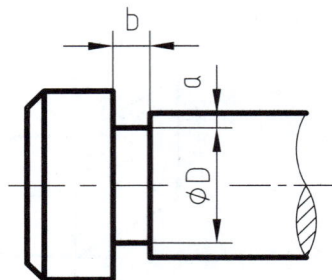

图 5-28　退刀槽、越程槽尺寸标注

【标注分析】

　　轴套类零件的尺寸分为径向尺寸和轴向尺寸。径向尺寸表示轴上各段回转体的直径，它是以轴的中心线为基准的。轴向尺寸表示轴上各段回转体的长度，其基准一般为轴上主要零件的端面或轴肩面。退刀槽和越程槽的轴向尺寸基准为轴的中心线。

【任务实施】

1. 新建文件

利用 A4 样板创建新文件，另存为"退刀槽、越程槽的标注"。

2. 绘制图形

按照图 5-29 所示绘制图形。

3. 标注零件图

1）执行线性标注

选择【机械样式】标注，选择标注图层，执行【线性标注】命令，通过【文字编辑器】整理后如图 5-30 所示。

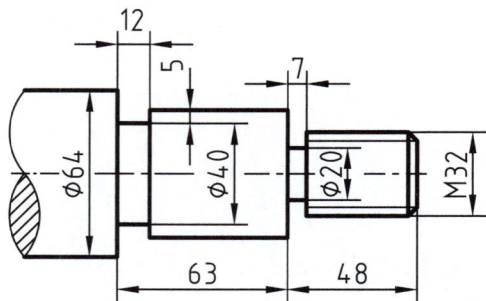

图 5-29　绘制图形

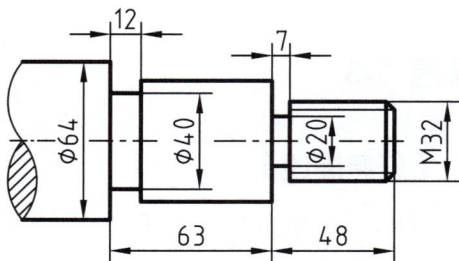

图 5-30　线性标注整理

2）标注越程槽

双击尺寸 12，通过【文字编辑器】编辑为 12×5（或 12×ϕ40）。

3）标注退刀槽

标注方法同"2）标注越程槽"。

越程槽和退刀槽的标注示例如图 5-31 所示。

4. 保存文件

执行【快速访问工具栏】|【保存】。

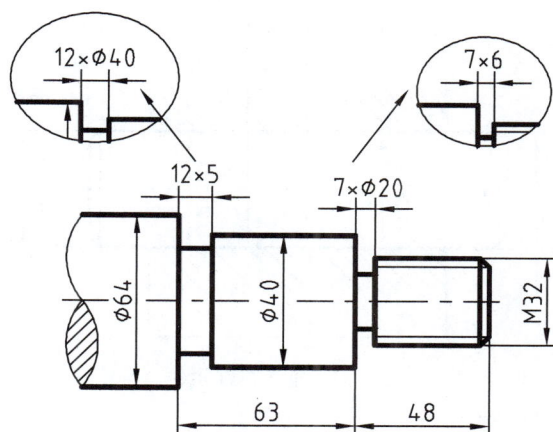

图 5-31　越程槽和退刀槽的标注示例

【任务拓展】

绘制并标注如图 5-32 所示图形。

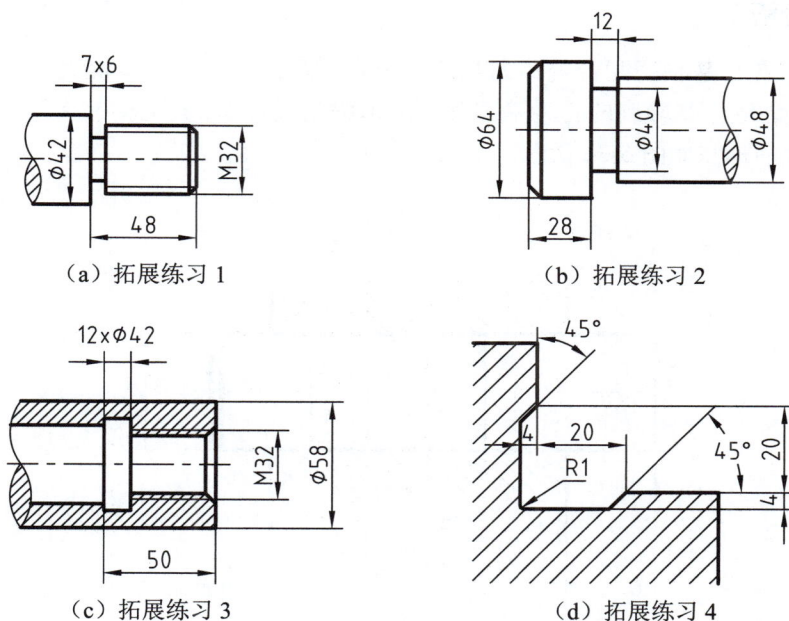

（a）拓展练习 1

（b）拓展练习 2

（c）拓展练习 3

（d）拓展练习 4

图 5-32　退刀槽和越程槽的标注拓展练习

课题 5-4

【任务描述】

通过标注如图 5-33 所示的装配图示例，掌握配合的标注方法。

视频讲解

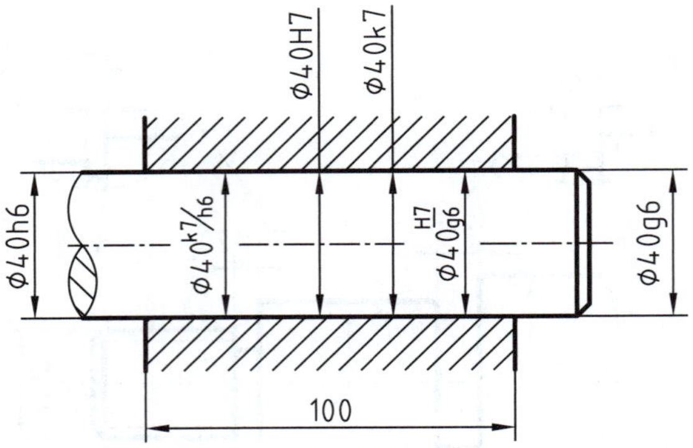

图 5-33　配合标注示例

【任务目标】

（1）掌握基孔制配合标注。

（2）掌握基轴制配合标注。

（3）掌握偏差标注。

【标注分析】

基孔制配合和基轴制配合统称为基准制配合。基孔制的孔为基准孔，基本偏差代号 H，其下偏差为零。基轴制的孔为基准轴，基本偏差代号 h，其上偏差为零。基孔制配合和基轴制配合的标注如图 5-34 所示。

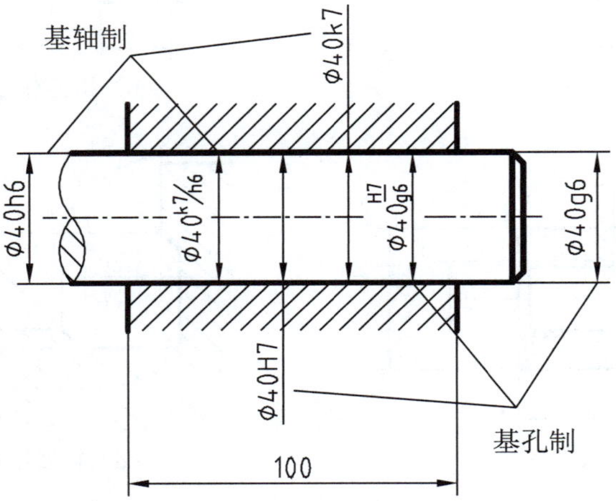

图 5-34　基孔制配合和基轴制配合的标注

【任务实施】

1. 新建文件

利用 A4 样板创建新文件，另存为"配合标注"。

2. 绘制图形

按照图 5-33 所示尺寸绘制图形。

3. 标注零件图

1）基孔制配合标注

■1 选择【机械样式】标注，选择标注图层，执行【线性】标注，通过【文字编辑器】编辑整理后如图 5-35 所示。

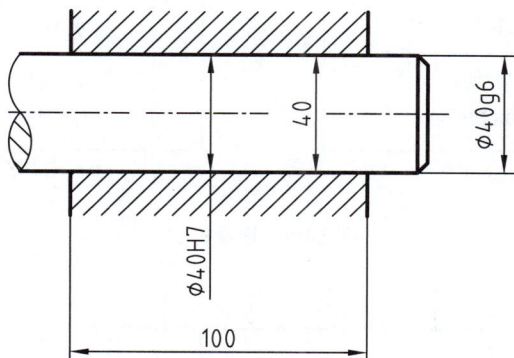

图 5-35　线性标注整理

■2 双击尺寸 40，弹出【文字编辑器】对话框，在 40 前插入 ϕ。

■3 在 ϕ40 后面输入：H7 /g6，然后选定 H7 /g6，单击【格式】|【堆叠】按钮，如图 5-36 所示，实现堆叠标注，结果如图 5-37 所示。

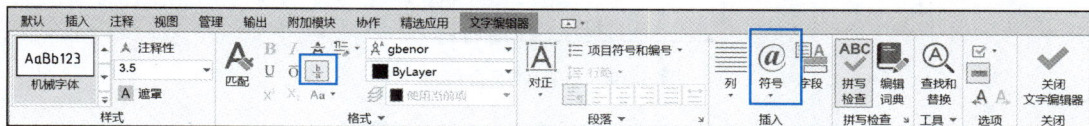

图 5-36　文字编辑器 - 堆叠

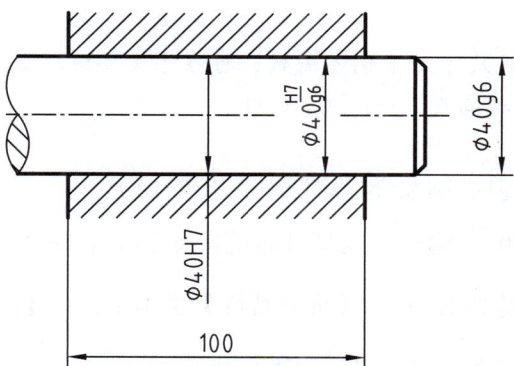

图 5-37　堆叠标注结果

■4 单击堆叠的 $\frac{H7}{g6}$，弹出标记单击，弹出如图 5-38（a）所示选项，勾选【对角线】则堆叠的 $\frac{H7}{g6}$ 为 H7/g6 的形式，如图 5-38（b）所示。

■5 单击【关闭】或单击绘图区域空白处，退出【文字编辑器】，基孔制配合标注的结果如图 5-39 所示。

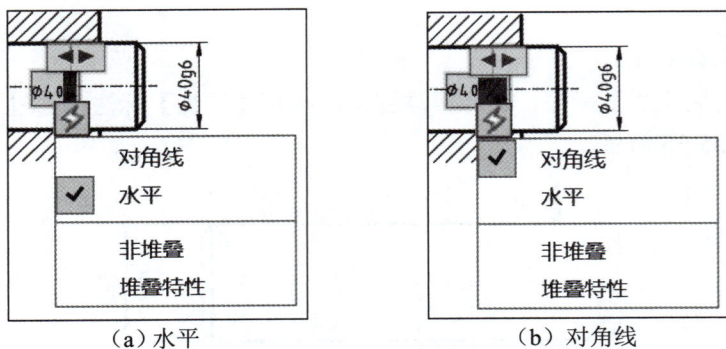

（a）水平　　　　　　　　　（b）对角线

图 5-38　堆叠样式

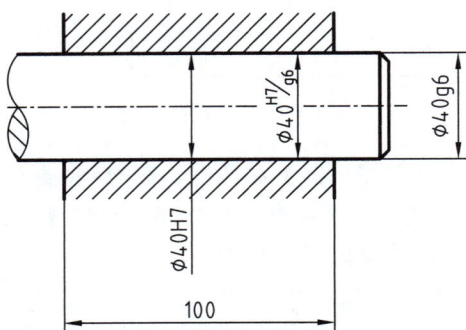

图 5-39　基孔制配合标注

📋 提示：零件图中 ϕ40H7 还可以用偏差标注 $\phi40^{+0.025}_{0}$。

（1）双击进入【文字编辑器】，输入：+0.025^+ 0；选定输入内容，单击【堆叠】按钮，实现偏差标注。

（2）如果需要标注的尺寸上下偏差一致，可在【文字编辑器】|【插入】|【符号】中调用 ±（%%P）然后输入偏差，如：50±0.31。

2）基轴制配合标注

1 标注方法同"1）基孔制配合标注"中的步骤（1）。

2 步骤（1）中 $\phi40\frac{H7}{g6}$ 的标注也可以通过在 ϕ40 后面输入：H7^g6 实现，然后勾选单击堆叠，单击【堆叠特性】，弹出【堆叠特性】文本框，在【外观】组，样式选择【$\frac{1}{2}$分数（水平）】，位置选择【a$\frac{1}{2}$b 中】，如图 5-40 所示。

3 标注 ϕ40 k7/h6 时，需要在【堆叠特性】文本框的【外观】组中的【样式】处选择【1/2 分数（斜）】，位置选择【$\frac{1}{a2b}$下】，如图 5-41 所示。

4. 保存文件

执行【快速访问工具栏】|【保存】。

【任务拓展】

绘制并标注零件图，如图 5-42 所示。

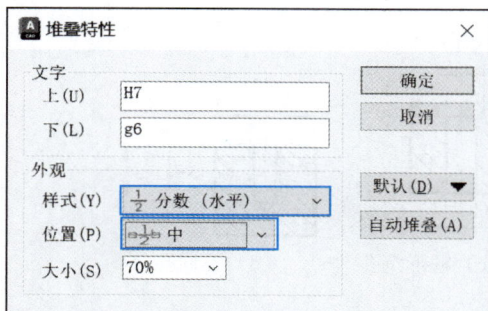

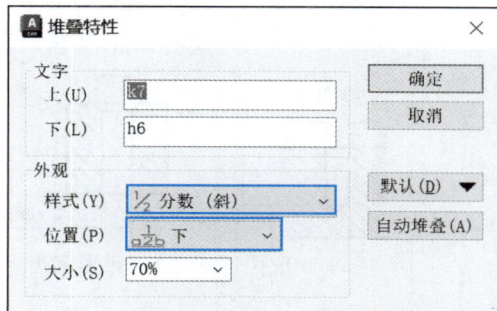

图 5-40　标注 $\phi 40 \dfrac{H7}{g6}$ 的操作界面　　　　图 5-41　标注 $\phi 40\ k7/h6$ 的操作界面

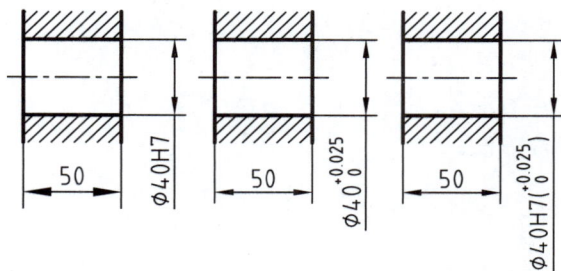

（a）基孔制标注练习

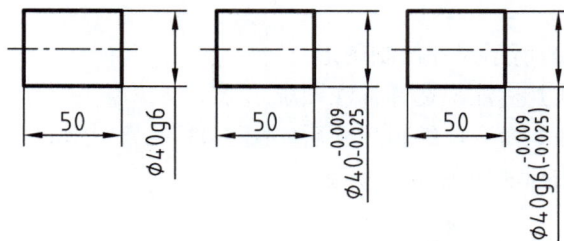

（b）基轴制标注练习

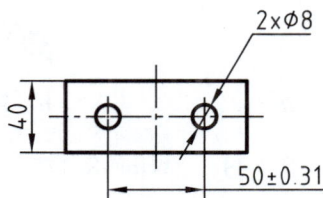

（c）偏差相同标注练习

图 5-42　尺寸配合标注练习

课题 5-5

视频讲解

【任务描述】

通过如图 5-43 所示的一系列孔标注示例，掌握零件上孔的标注方法。

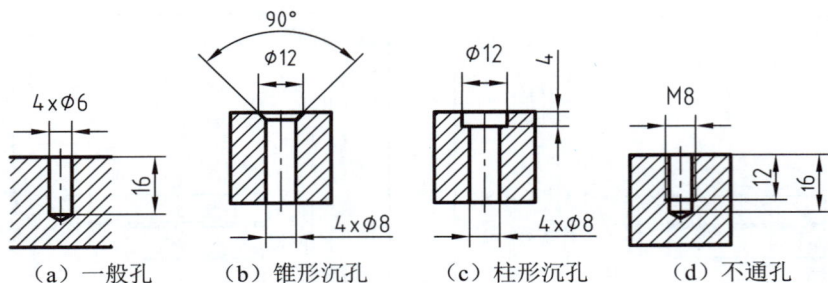

图 5-43　孔标注示例

【任务目标】

（1）掌握光孔的标注方法。
（2）掌握沉孔的标注方法。
（3）掌握螺孔的标注方法。

【任务实施】

1. 新建文件

利用 A4 样板创建新文件，另存为"孔标注"。

2. 绘制标注一般孔

1 按照图 5-43（a）所示尺寸绘制图形。

2 选择【机械样式】标注，选择标注图层。

3 执行【线性标注】命令，编辑尺寸后如图 5-43（a）所示。

4 一般孔简化注法标注如图 5-44 所示。

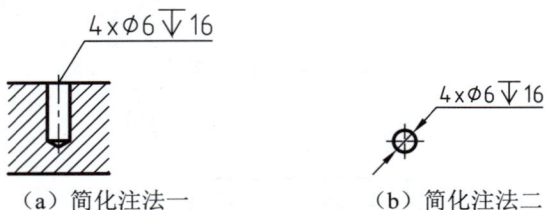

（a）简化注法一　　　　　　　（b）简化注法二

图 5-44　一般孔简化注法

📋 提示：关于一般孔标注需注意以下几点。

（1）文字编辑时选择字体"gdt"，输入小写 x，可调用深度符号▽；

（2）简化注法标注图 5-44（a）的步骤如下。

① 执行【快速引线】命令：在命令行窗口输入 qleader，按 Enter 键。

② 单击命令行【设置（S）】选项，弹出【引线设置】对话框。

③ 在【注释】选项卡中选择【多行文字】选项，如图 5-45（a）所示。

④ 在【引线和箭头】选项卡中，【引线】选择【直线（S）】选项，【点数】改为 3，【箭头】选择【无】，如图 5-45（b）所示。

⑤ 在【附着】选项卡中勾选【最后一行加下画线】选项，如图 5-45（c）所示，单击

【确定】完成设置。

　　注：软件中"下划线"为误用，正确写法为"下画线"。对于书中软件截屏图，保留了软件中"下划线"的写法，其余文字均为"下画线"。

　　⑥ 光标捕捉轴线和上水平面的交点单击，向右上移动至合适位置单击，弹出【文字编辑器】对话框，输入 $4×\phi6x16$，选中"x"变换为"gdt"字体，完成"$4×\phi6\underline{\vee}16$"的输入。

　　⑦ 单击关闭，完成标注，如图 5-44（a）所示。

　　（3）简化注法标注图 5-44（b）：标注方法同图 5-44（a），箭头选择【实心闭合】即可。

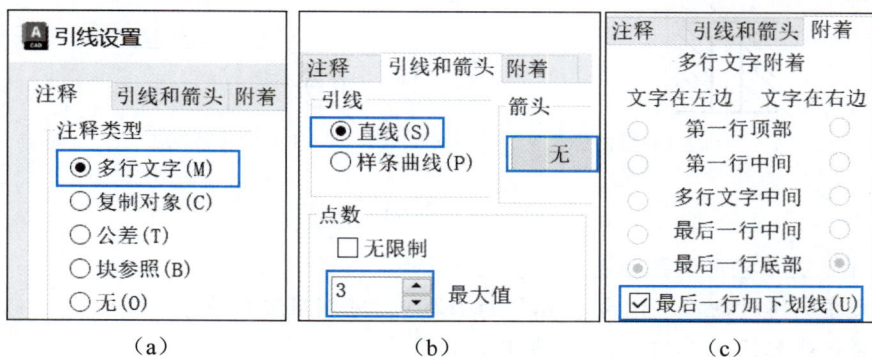

（a）　　　　　　　　　　（b）　　　　　　　　　　（c）

图 5-45　【引线设置】对话框

3. 绘制标注锥形沉孔

1 按照图 5-43（b）所示尺寸绘制图形。

2 选择【机械样式】标注，选择标注图层。

3 执行【线性标注】命令，编辑尺寸后如图 5-43（b）所示。

4 锥形沉孔简化注法标注如图 5-46 所示。

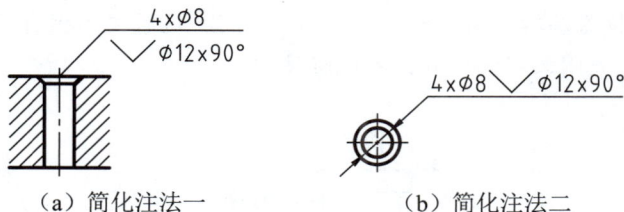

（a）简化注法一　　　　　　　　（b）简化注法二

图 5-46　锥形沉孔简化注法

提示：关于锥形沉孔标注应注意以下几点。

　　（1）文字编辑时输入字体为"gdt"的小写 w，可调用埋头孔符号$\vee$。

　　（2）简化注法标注图 5-46（a）的步骤如下。

　　① 执行【多行文字】命令，移动光标至标注位置创建矩形【文字编辑器】对话框，输入 $4×\phi8$，按 Enter 键转到下一行，继续输入$\vee$ $\phi12×90°$，单击关闭对话框。

　　② 执行【直线】命令，捕捉轴线和上水平面的交点单击，向右上移动至①多行文字左侧中间位置单击，水平向右至多行文字最右端单击，完成标注，如图 5-46（a）所示。

　　（3）简化注法标注图 5-46（b）：执行【直径标注】命令后，编辑尺寸数字部分。

4. 绘制标注柱形沉孔

1 按照图 5-43（c）所示尺寸绘制图形。

2 选择【机械样式】标注，选择标注图层。

3 执行【线性标注】命令，编辑尺寸后如图 5-43（c）所示。

4 柱形沉孔简化注法标注如图 5-47 所示。

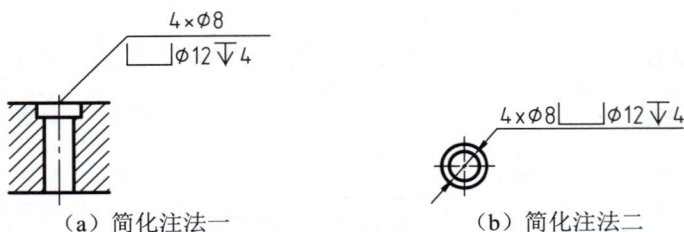

（a）简化注法一　　　（b）简化注法二

图 5-47　柱形沉孔简化注法

📋 提示：关于柱形沉孔标注应注意以下几点

（1）文字编辑时输入字体为"gdt"的小写 v，可调用沉孔符号⌴。

（2）简化法标注图 5-47（a）的步骤如下。

① 执行【线性标注】命令，单击柱形沉孔上圆柱孔和上端面的两个端点，单击放置尺寸如图 5-48（a）所示。

② 单击尺寸出现蓝色夹点，鼠标右键选择"特性"，弹出【特性属性】文本框，【箭头 1】和【箭头 2】选择【无】，【尺寸界限 1】和【尺寸界限 2】选择【关】，完成设置关闭特性文本框。

③ 鼠标移动至尺寸 12 处蓝色夹点，悬停出现如图 5-28（b）所示快捷菜单，选择【随引线移动】选项，移动鼠标至放置尺寸线位置单击，如图 5-28（c）所示。

④ 采用文字编辑器编辑，输入 $4×\phi8\backslash X$（大写），这时文本框自动转到下一行，接着输入 ⌴$\phi12\overline{\underline{\vee}}4$，关闭文字编辑器，完成标注。

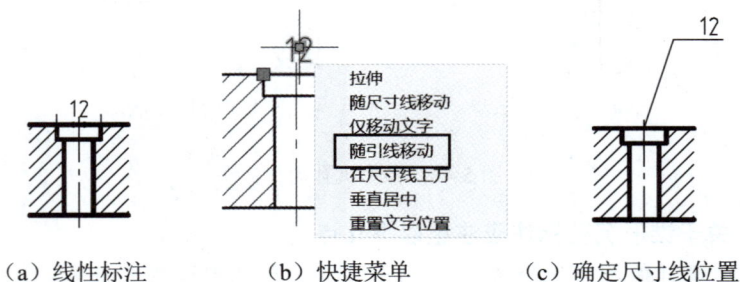

（a）线性标注　　　（b）快捷菜单　　　（c）确定尺寸线位置

图 5-48　标注柱形沉孔

5. 绘制标注不通螺纹孔

1 按照图 5-43（d）所示尺寸绘制图形。

2 选择【机械样式】标注，选择标注图层。

3 执行【线性标注】命令，编辑尺寸后如图 5-43（d）所示。

4 其简化注法标注，如图 5-49 所示，标注方法同锥形沉孔标注和柱形沉孔标注。

6. 保存文件

执行【快速访问工具栏】|【保存】。

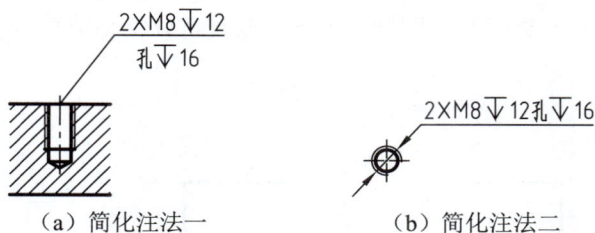

（a）简化注法一　　　　　　　（b）简化注法二

图 5-49　不通螺纹孔简化注法

【任务拓展】

绘制并标注如下所示图形，如图 5-50 所示。

（a）锥孔标注练习

（b）锪平标注练习

（c）通螺纹孔标注练习

图 5-50　孔标注练习

课题 5-6

视频讲解

【任务描述】

通过图 5-51 所示的表面结构标注示例，掌握表面结构的标注方法。

■ 先导知识——创建图块

图块是一组对象的集合，其本身为一个对象，用户可以将常用的图形定义为图块，然后在需要时将图块插入当前图形的指定位置上，并且可以根据需要调整这些图块的大小比例及旋转角度。

图 5-51　表面结构标注示例

符号集可作为单独的图形文件存储并编组到文件夹中。在设计时常常会遇到一些重复出现的图形元素（如机械专业的表面结构、螺纹紧固件、键等）。如果把这些经常出现的图做成图块，并存放到一个图形库中，那么在绘制图形时，就可以直接从图形库中调用这些图块进行插入，从而避免大量的重复工作，提高绘图速度与质量。

属性是将数据附着到块上的标签或标记，其中可以包含的数据有零件编号、价格、注释和单位的名称等。在创建属性定义后，定义块时可以将这些属性定义当作对象来选择。在插入块时，系统会使用指定的属性文字作为提示。对于每个新插入的块，用户都可以为其属性指定不同的值。

如果要同时使用几个属性，应先定义这些属性，然后将它们分配给同一个块。例如，可以将基准符号、标题栏等定义为包含多个属性的块。

1. 定义属性

1 选择 0 图层绘制表面结构符号，如图 5-52 所示。

2 选择【插入】|【块定义】|【定义属性】命令，弹出【属性定义】对话框。

3 在【属性】组，【标记】文本框输入 Ra。

4【提示】文本框输入"输入表面结构参数 Ra 的值"。

5【默认】文本框输入 Ra3.2。

6 在【文字设置】组，【对正】列表中选择【左上】。

7【文字样式】列表选择【机械字体】。

8【文字高度】文本框输入 3.5。

设置后的【属性定义】对话框如图 5-53 所示。

9 单击【确定】按钮后，捕捉表面结构符号最上端直线的左端点，确定块属性位置，如图 5-54 所示。

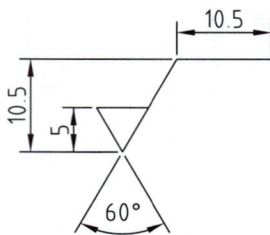

图 5-52　表面结构符号

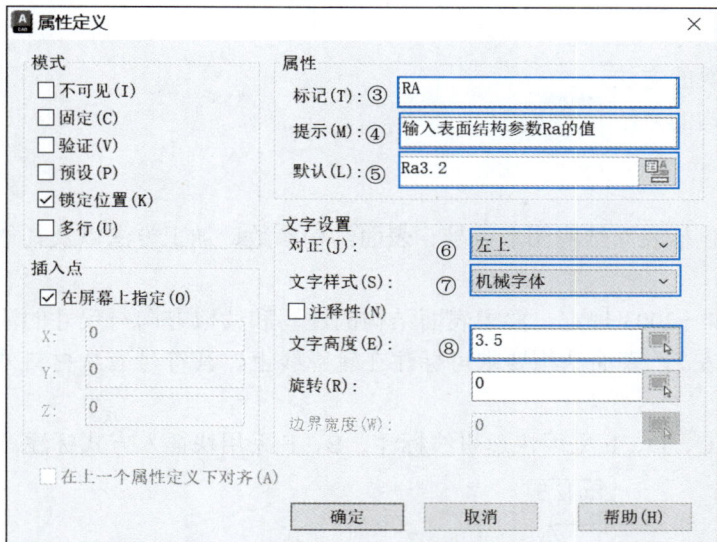

图 5-53　【属性定义】对话框

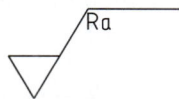

图 5-54　插入定义属性

2. 创建块

1️⃣ 单击【默认】|【创建块】按钮，弹出【块定义】对话框。

2️⃣【名称】文本框输入：表面结构。

3️⃣ 单击【拾取点】按钮，捕捉表面结构符号底部的顶点。

4️⃣ 单击【选择对象】按钮，选择绘制的表面结构符号和定义属性。

5️⃣ 单击【确定】按钮完成。

6️⃣ 弹出【编辑属性】对话框，单击【确定】按钮，完成创建。

【块定义】对话框如图 5-55 所示。

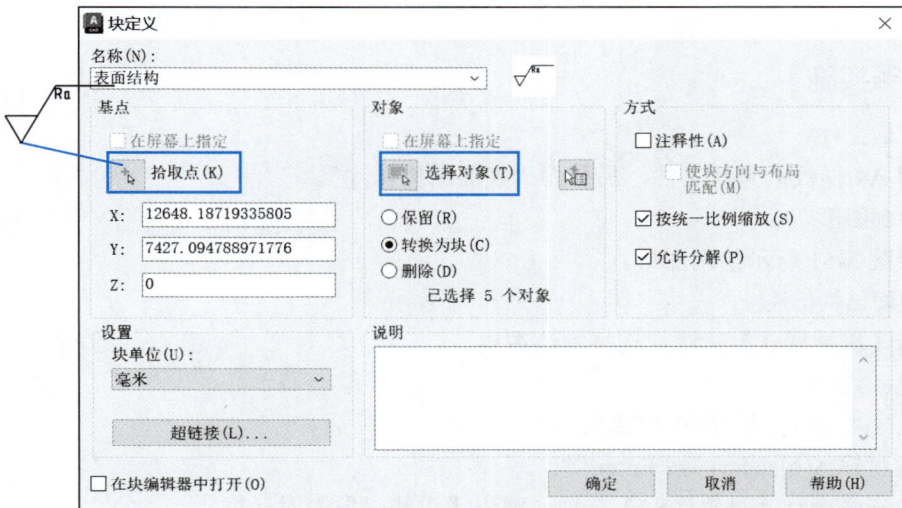

图 5-55　【块定义】对话框

📑 提示：将表面结构符号块存放于样板文件中，在新建立的图形中可以直接使用。

【任务目标】

（1）掌握创建带属性块的方法。

（2）掌握标注表面结构的方法。

【标注分析】

表面结构的标注内容包括表面结构图形符号、表面结构参数、加工方法以及其他相关信息。

国家标准 GB/T 4458.4—2003 规定，要求表面结构的注写和读取方向与尺寸的注写和读取方向一致（朝上或朝左），表面结构要求可标注在轮廓线上，其符号应从材料外指向并接触被标注的表面。

如图 5-56 所示的 A、C、D、E 采用快速引线标注，B、F 采用块插入方式标注。

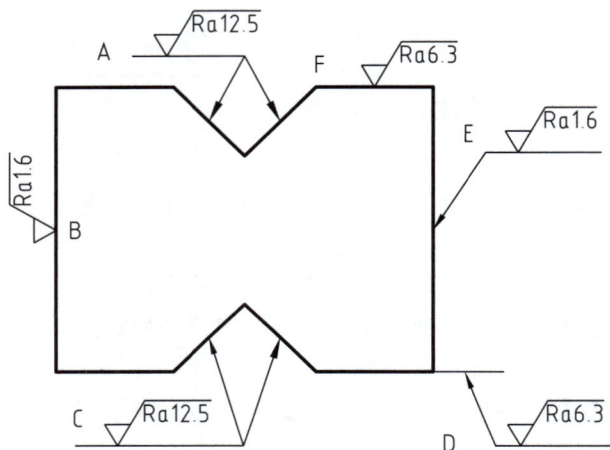

图 5-56　表面结构标注分析

【任务实施】

1. 新建文件

利用 A4 样板创建新文件，另存为"表面结构标注"。

2. 绘制图形

按照图 5-51 所示绘制图形。

3. 表面结构标注

选择【机械样式】标注，选择标注图层。

1）快速引线标注

以 A 点标注为例的操作步骤如下。

① 键盘输入 qleader，按 Enter 键。

② 单击命令行【设置（S）】选项，弹出【引线设置】对话框。

③【注释】选项卡，选择【块参照】选项，如图 5-57（a）所示。

④【引线和箭头】选项卡，【点数】最大值输入 3，【箭头】选择【实心闭合】选项，如图 5-57（b）所示。

5 单击【确定】按钮，依次单击捕捉 1、2、3 点，绘制引线，如图 5-57（c）所示。

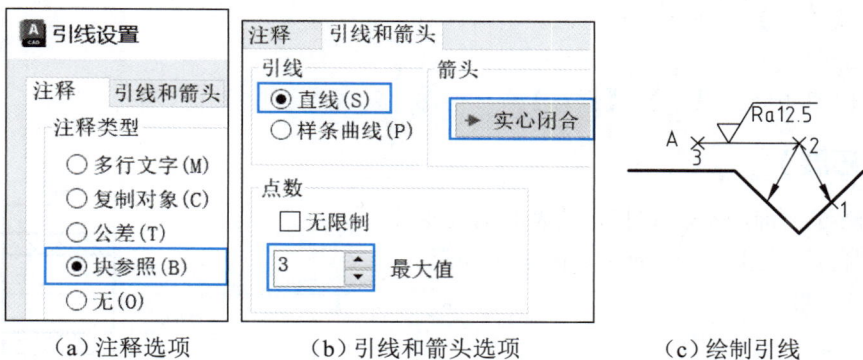

（a）注释选项　　　　（b）引线和箭头选项　　　　（c）绘制引线

图 5-57　引线设置

2）插入块的引线外轮廓

1 系统提示：输入块名或【？】，输入"表面结构"后按 Enter 键，系统显示为

【当前系统设置：单位：毫米 转换：1.0000】

2【系统提示：指定插入点或【基点（B）比例（S）旋转（R）】】：光标移至引线水平线合适位置后单击。

3【系统提示：指定比例因子 <1>】：按 Enter 键。

4【系统提示：指定旋转角度 <0>】：按 Enter 键。

5 弹出"表面结构"块，单击放置，弹出【编辑属性】对话框，输入 Ra12.5，点击确定，如图 5-57（c）所示。

6 按 Enter 键，重复 qleader 命令，按 Enter 键，分别单击左侧箭头端点和 2，按 Enter 键，再按 Esc 键完成左侧引线绘制。

3）插入块

以 F 点标注为例水平插入的操作步骤如下。

1 选择标注图层，单击【默认】|【插入块】按钮。

2 显示"块"库，单击"表面结构"块，系统显示为

当前系统设置：指定旋转角度 <0>:0

3【系统提示：指定插入点或【基点（B）比例（S）旋转（R）分解（E）重复（RE）】】：显示【表面结构】块，在屏幕上指定插入点，如图 5-56 中的 F 点所示。

4 在弹出的【编辑属性】对话框中输入 Ra6.3。

5 单击【确定】按钮，完成标注。

以 B 点标注为例旋转插入的操作步骤如下。

1 执行【插入块】命令。

2 显示"块"库，单击"表面结构"块，系统显示为

【当前系统设置：指定旋转角度 <0>:0】

3【系统提示：指定插入点或【基点（B）比例（S）旋转（R）分解（E）重复（RE）】】：输入"R"按 Enter 键，输入 90 按 Enter 键，指定插入点，如图 5-56 中的 B 点所示。

4 在弹出的【编辑属性】对话框中输入 Ra1.6。

5 单击【确定】按钮，完成标注。

4. 保存文件

执行【快速访问工具栏】|【保存】。

【任务拓展】

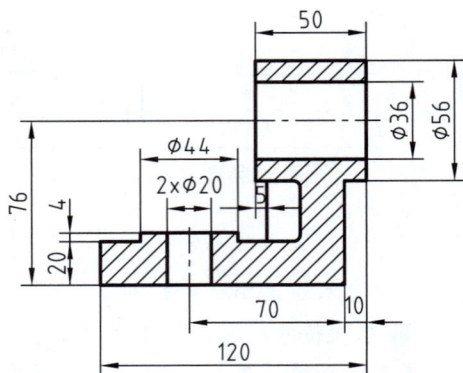

1. 按图 5-58 绘制图形，将指定的表面结构要求分别用代号标注在图上，标注示例如图 5-59 所示。

1）绘制图形

2）技术要求

1 底面 Ra 最大允许值为 12.5。

2 ϕ20 孔圆柱面 Ra 最大允许值为 12.5。

3 ϕ36 孔圆柱面 Ra 最大允许值为 3.2。

4 ϕ20 孔顶面 Ra 最大允许值为 12.5。

5 ϕ36 孔左、右端面 Ra 最大允许值为 6.3。

6 其余表面均为不去除材料。

图 5-58　绘制图形

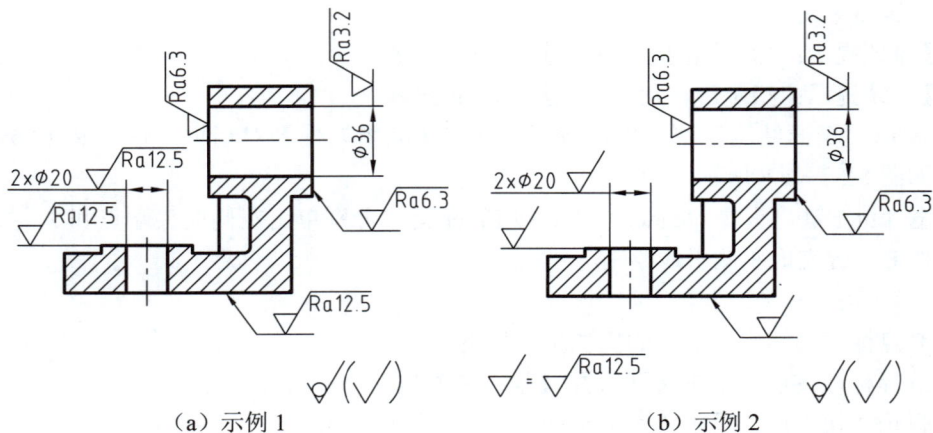

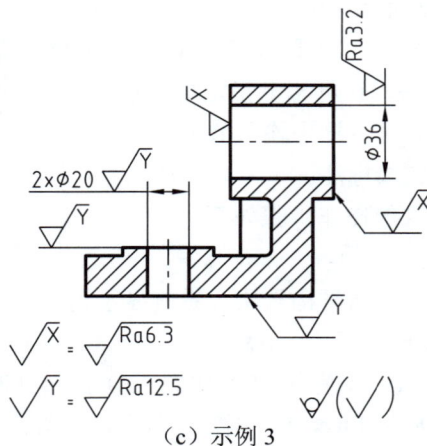

（a）示例 1

（b）示例 2

（c）示例 3

图 5-59　表面结构标注示例

2. 绘制国家标准标题栏并创建标题栏图块，如图 5-60 所示。

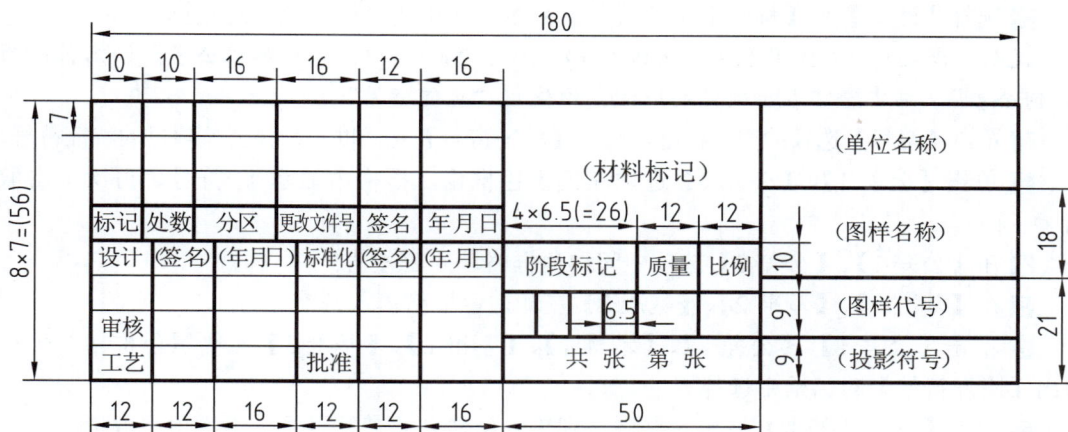

图 5-60　国家标准规定的标题栏尺寸

课题 5-7

视频讲解

【任务描述】

通过标注如图 5-61 所示的零件几何公差和基准，掌握几何公差和基准的标注。

■ 先导知识——几何公差

几何公差包括形状、方向、位置和跳动公差，是指零件的实际几何特征对理想几何特征的允许变动量。

几何公差要求在矩形方框中给出，该方框由两格或多格组成。框格中的内容从左到右顺序标注如图 5-62 所示。

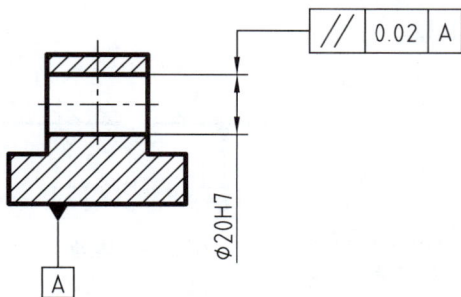

图 5-61　几何公差和基准标注示例

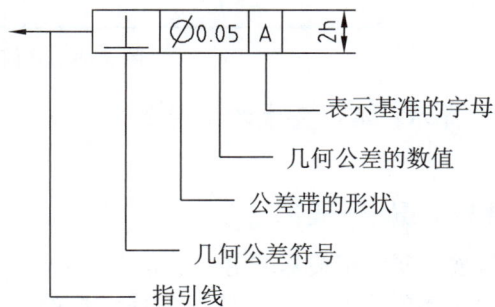

图 5-62　公差框格

标注的几何公差框格通常为水平放置。如果需要将标注几何公差符号竖直放置，可在设置几何公差单击【确定】按钮后，执行【旋转】命令，选择框格插入点为基点，将框格旋转 90°后，引线从倾斜自动变为水平线或竖直线，若引线和几何公差连接点位置不对，可以选择几何公差框格，单击其中间夹点使其变红，然后移动夹点进行调整。

几何公差框格的具体说明，如图 5-63 所示。

1 选择【注释】|【标注】|【公差】命令，弹出【形位公差】对话框。

说明：新国标（GB/T 1182—2008/ISO 1101：2004）中，将"形位公差"的名称改为"几何公差"。书中除需表示软件的地方，均使用"几何公差"。

2 单击【符号】选项的黑色框格，弹出【特征符号】对话框，选择公差项目的特征符号。

3 单击【公差 1】、【公差 2】选项左侧黑色框格，框格内显示 ϕ 符号，再次单击取消 ϕ 符号。

4 在【公差 1】、【公差 2】选项中间白色框格填入公差值。

5 在【基准 1】、【基准 2】、【基准 3】左侧白色框格填入基准符号。

6 单击【公差 1】、【公差 2】、【基准 1】、【基准 2】、【基准 3】右侧黑色框格，可在弹出【附加符号】对话框中选择。

7 单击【延伸公差带】后黑色框格，则输入延伸公差带符号 ℗，再次单击取消。

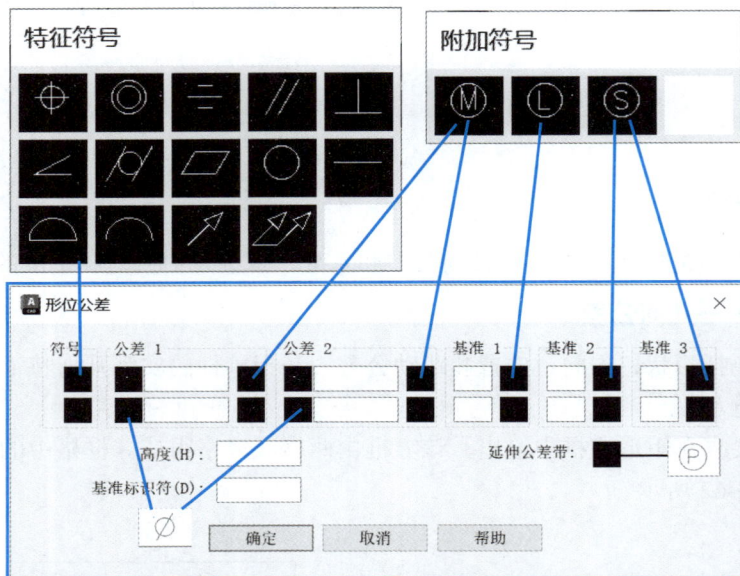

图 5-63　几何公差的框格

📋 **提示：** 某个要素给出两个几何公差，可在此框格同时注出。

图 5-64　基准

📖 先导知识——基准

与被测要素相关基准用一个大写字母表示。字母标注在基准方格内，用细实线与一个涂黑的或空白的三角形相连以表示基准；表示基准的字母还应标注在公差框格内，如图 5-64 所示。

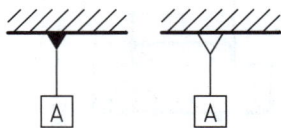

【任务目标】

（1）掌握几何公差的标注方法。

（2）掌握基准的标注方法。

【标注分析】

几何公差标注时应注意：① 当公差涉及轮廓线或表面时，如图 5-65（a）所示，应将箭头置于要素的轮廓线或轮廓线的延长线上，同时与尺寸线明显分开；② 当公差涉及轴线、中心平面或由带尺寸的要素确定的点时，带箭头的指引线应与尺寸线的延长线重合，如图 5-41 所示。

标注时基准三角形的放置应注意：① 当基准要素是轮廓线或表面时，标注应在要素的外轮廓或它的延长线上，且应与尺寸线明显错开；② 当基准要素是轴线、中心平面或中心点时，基准三角形应放置在尺寸线的延长线上，如图 5-65（b）所示；③ 由两个要素组成的公共基准应用中间加连字符的两个大写字母表示，如图 5-65（c）所示。

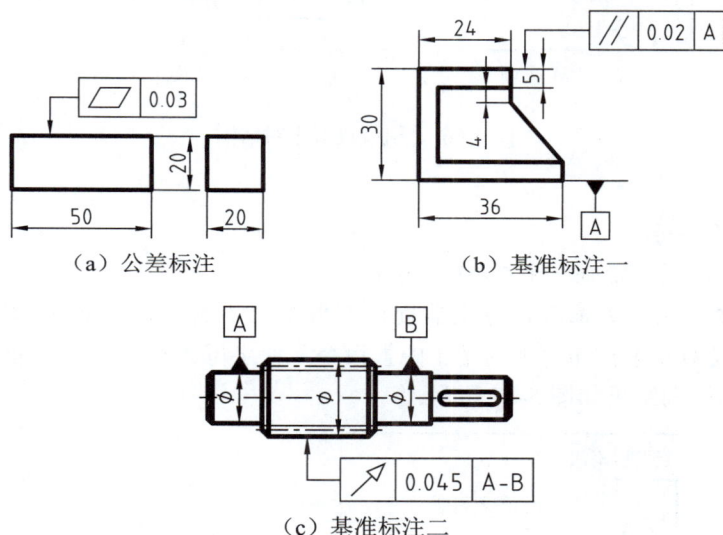

（a）公差标注　　　　　　（b）基准标注一

（c）基准标注二

图 5-65　几何公差和基准标注实例

【任务实施】

1. 新建文件
利用 A4 样板创建新文件，另存为"几何公差和基准标注示例"。

2. 绘制图形
按照图 5-61 所示绘制图形。

3. 注写几何公差

1）执行【快速引线】命令

1 选择标注图层，键盘输入 qleader，按 Enter 键。

2 单击命令行【设置（S）】选项，弹出【引线设置】对话框。

3 【注释】选项卡选择【公差】选项，如图 5-66（a）所示。

4 【引线和箭头】选项卡【点数】最大值输入 3，如图 5-66（b）所示。

5 在【箭头】选择【实心闭合】，如图 5-66（b）所示。

2）确定引线位置

1 单击【确定】按钮，捕捉 ϕ20H7 尺寸线一侧箭头端点，如图 5-61 所示，单击。

2 竖直向上移动一定距离单击。

3 在弹出的【形位公差】对话框中，符号选择∥，【公差 1】文本框内输入 0.02，【基准 1】文本框内输入 A，单击确定完成标注。

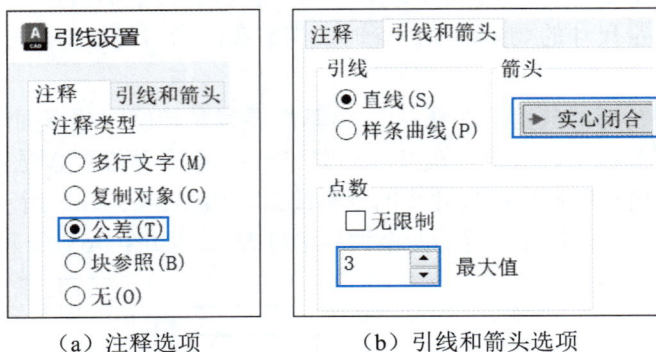

（a）注释选项　　　　　　　（b）引线和箭头选项

图 5-66　【引线设置】对话框

4. 标注基准

1）绘制基准符号

1 选择标注图层，绘制一个 7×7 正方形。

2 执行【多行文字】命令，分别捕捉正方形左上角点和右下角点，选择【文字编辑器】|【段落】|【对正】按钮 A 下的【正中】命令，使字母 A 位于正方形正中。

基准符号的绘制结果如图 5-67 所示。

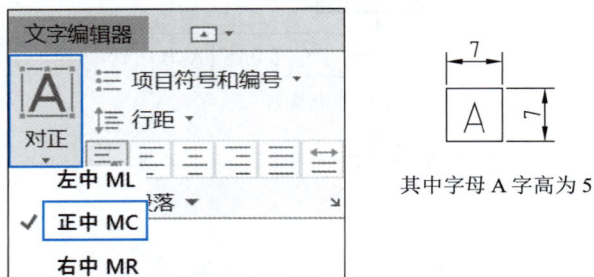

其中字母 A 字高为 5

图 5-67　绘制基准符号

2）设置引线

1 键盘输入 qleader，按 Enter 键。

2 单击命令行【设置（S）】选项，弹出【引线设置】对话框。

3 在【注释】选项卡中选择【无】选项，如图 5-68（a）所示。

4 在【引线和箭头】选项卡中，【点数】最大值输入 2，如图 5-68（b）所示。

5 【箭头】选择【实心基准三角形】，如图 5-68（b）所示。

3）确定基准符号位置

1 单击【确定】按钮，捕捉最下端面，如图 5-61 所示，单击。

2 竖直向下移动光标至出现基准三角形，单击。

3 执行【移动】命令，选择基准符号，按 Enter 键，单击基准符号正方形上侧线段中点，捕捉基准线段下端点单击，完成标注。

5. 保存文件

执行【快速访问工具栏】|【保存】。

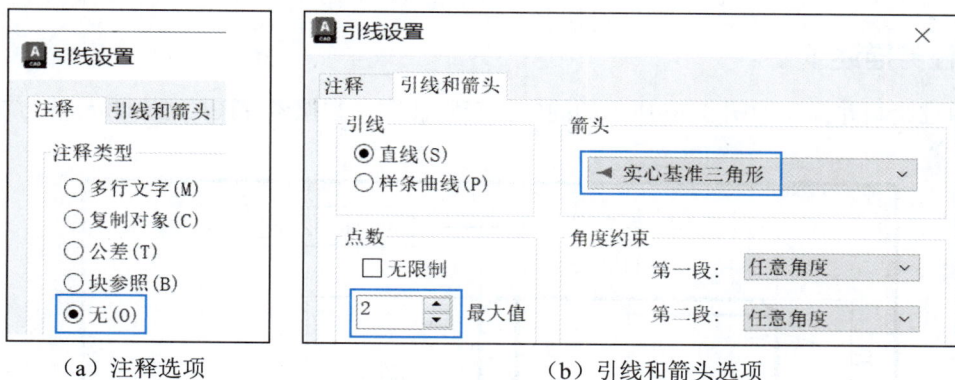

（a）注释选项　　　　　　　（b）引线和箭头选项

图 5-68　【引线设置】对话框

【任务拓展】

几何公差标注综合练习，如图 5-69 所示，图中未注尺寸可通过比例自行确定。

1 $\phi 160_{-0.068}^{-0.043}$ 圆柱表面对 $\phi 85_{-0.025}^{-0.010}$，圆孔轴线的圆跳动公差为 0.03 mm。

2 $\phi 150_{-0.068}^{-0.043}$ 圆柱表面对 $\phi 85_{-0.025}^{-0.010}$，圆孔轴线的圆跳动公差为 0.02 mm。

3 厚度为 20 的安装板左端面对 $\phi 150_{-0.068}^{-0.043}$ 圆柱面轴线的垂直度公差为 0.03mm。

4 安装板右端面对 $\phi 160_{-0.068}^{-0.043}$ 圆柱面轴线的垂直度公差为 0.03 mm。

5 $\phi 125_{0}^{+0.025}$ 圆孔的轴线对 $\phi 85_{-0.025}^{-0.010}$ 圆孔轴线的同轴度公差为 $\phi 0.05$ mm。

6 $5 \times \phi 21$ 孔对由与基准 C 同轴、直径尺寸为 210mm 并均匀分布的理想位置的位置度公差为 $\phi 0.125$ mm。

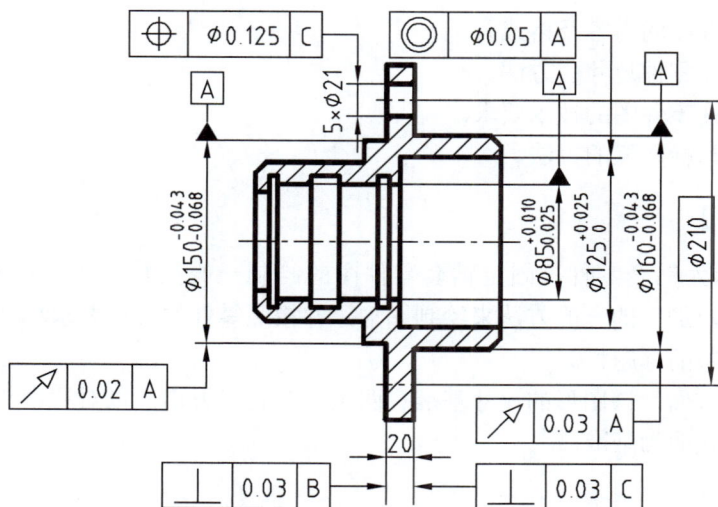

图 5-69　几何公差标注练习

课题 5-8

【任务描述】

通过绘制并标注如图 5-70 所示的固定钻套零件图，掌握零件图的绘制和标注方法。

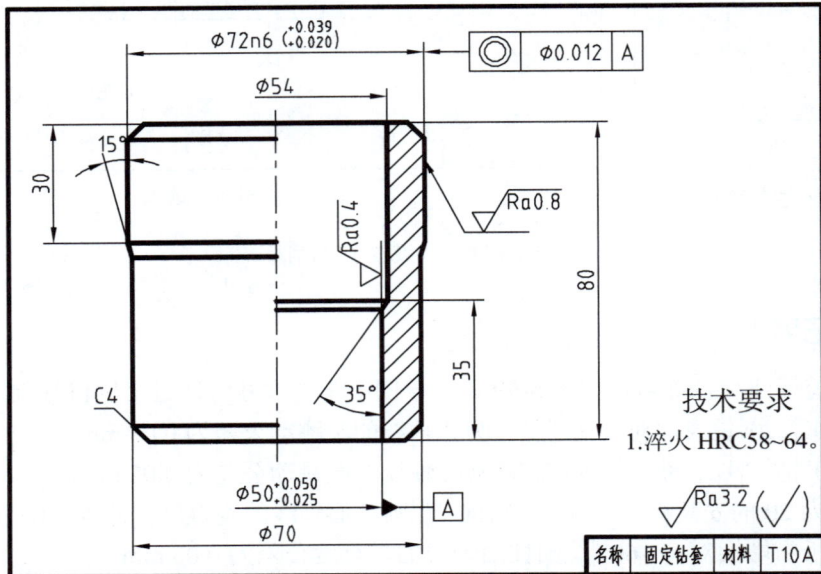

图 5-70　固定钻套零件图

【任务目标】

（1）掌握零件图的内容及格式。
（2）掌握标注零件尺寸的方法。
（3）掌握标注零件图的技术要求。
（4）掌握注写标题栏的方法。

【标注分析】

图 5-70 所示为钻套零件，固定钻套零件图的绘制一般按其工作位置放置。绘制时，需根据零件设计及加工的一般方法来绘制图形，并按照零件的具体要求标注尺寸和技术要求，同时注写完整的标题栏。

在确定基准方面，该图形的尺寸基准有两个：在长度方向，以对称中心面为基准；在高度方向上，以底面为基准。

【任务实施】

1. 新建文件

利用 A4 样板创建新文件，另存为"固定钻套零件图"。

2. 绘制零件图

1）绘制轮廓线

1 执行【矩形】命令，在合适位置绘制 72×30 的矩形。

2 执行【直线】命令，采用【对象捕捉追踪】模式绘制其余轮廓线。

3 执行【注释】|【中心线】| 中心线命令，通过夹点调整竖直中心线长度，如图 5-71 所示。

4 执行【直线】命令绘制半剖内孔，并修剪，如图 5-72 所示。

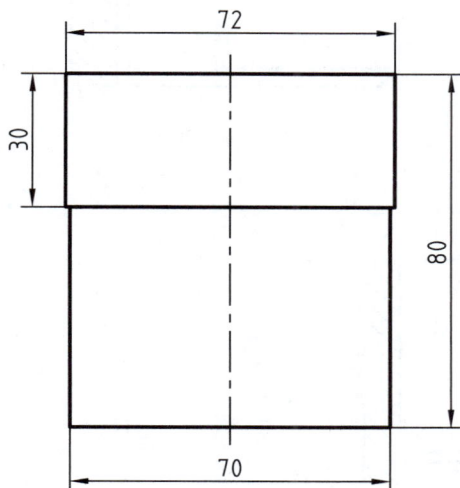

图 5-71　绘制中心线　　　　　图 5-72　绘制半剖内孔

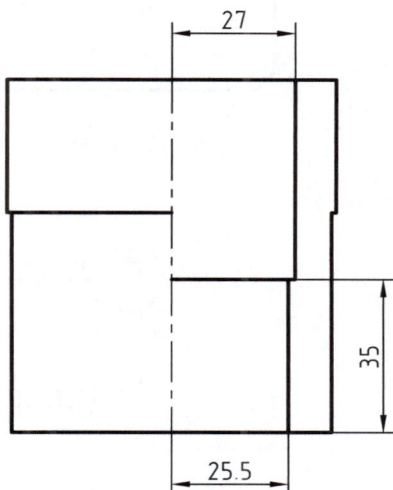

2）绘制倒角

1 绘制 C4 倒角。

执行【倒角】命令，执行命令行【距离（D）】选项，输入 4 按 Enter 键，再次输入 4 按 Enter 键；执行命令行【多个（M）】选项，依次分别单击 4 个倒角的两条边线，按 Enter 键结束。

2 绘制 15° 倒角。

执行【倒角】命令，执行命令行【角度（A）】选项，输入 1 按 Enter 键，再次输入 75 按 Enter 键；执行命令行【多个（M）】选项，然后分别单击每一倒角的两条边线（注意：先单击水平线，再单击其下方竖直线），按 Enter 键结束。

3 绘制 35° 倒角。

执行【倒角】命令，执行命令行【角度（A）】选项，输入 1.5 按 Enter 键，再次输入 55 按 Enter 键；单击倒角的两条边线（注意：先单击水平线的右侧，再单击其下面竖直线），按 Enter 键结束；结果如图 5-73 所示。

3）绘制倒角处线段并填充剖面线

绘制后的结果如图 5-74 所示。

3. 标注尺寸

说明：此零件尺寸不复杂，这里按照相似的标注样式进行标注。

1）标注线性尺寸

选择【机械样式】，选择标注图层，标注线性尺寸，如图 5-75 所示。

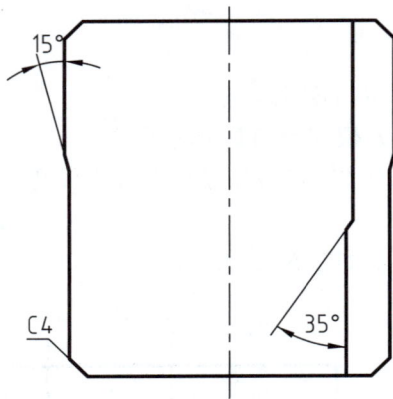

图 5-73　绘制倒角

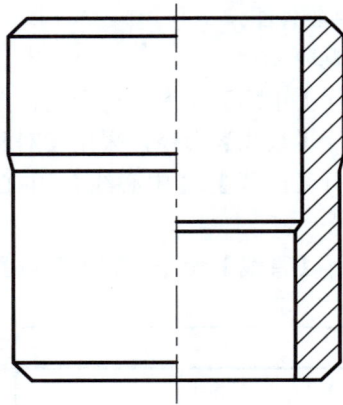

图 5-74　填充剖面线

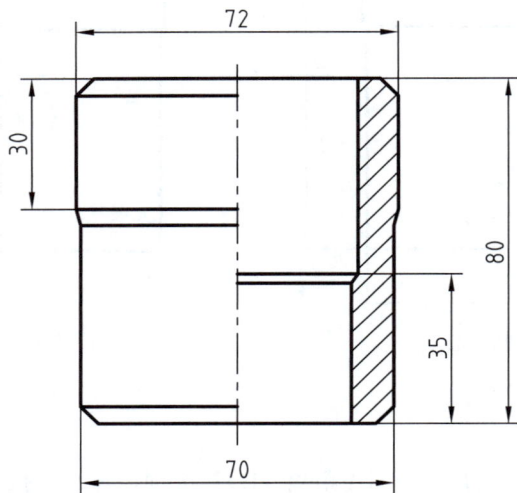

图 5-75　标注线性尺寸

2）标注非圆直径尺寸

1 双击尺寸 70，通过【文字编辑器】插入直径 ϕ，完成 ϕ70 标注。

2 编辑 ϕ72n6 $\binom{+0.039}{+0.020}$。

双击 72 尺寸，弹出【文字编辑器】对话框；72 前插入 ϕ，在 ϕ72 后面输入 n6（+0.039^+0.020）；选定输入的括号内的数字和符号，单击【堆叠】按钮，实现标注偏差；如图 5-76 所示，单击【关闭】按钮完成。

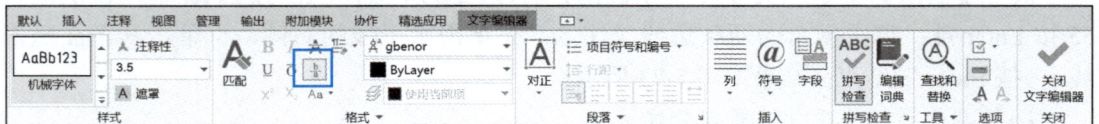

图 5-76　标注尺寸偏差

3）标注机件对称部分直径尺寸

1 执行线性标注，单击钻套上部内孔直线端点，水平向左移动，输入 54 按 Enter 键，竖直向上移动单击放置位置，同样的方法标注线性尺寸 50，如图 5-77 所示。

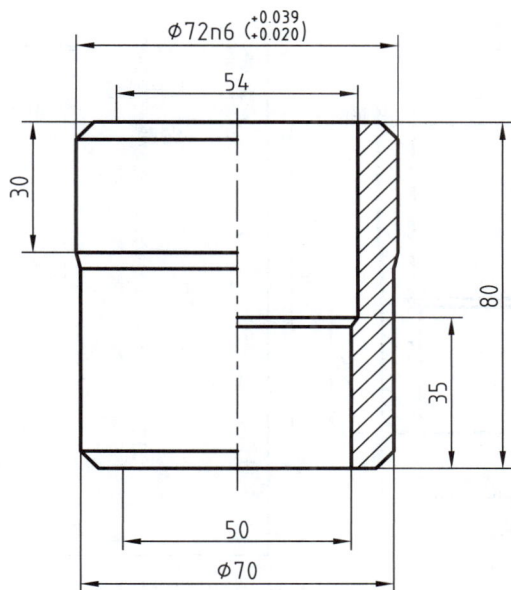

图 5-77　标注半剖内孔尺寸

2 单击线性尺寸 54，单击鼠标右键，选择特性，利用特性选项板编辑 $\phi 54$，在【文字替代】中输入 %%C<>，如图 5-78 所示。

3 利用特性选项板同样编辑 $\phi 50$，标注尺寸偏差 $\phi 50^{+0.050}_{+0.025}$，如图 5-79 所示。

4）标注角度尺寸和倒角

1 选择【机械样式】，标注角度尺寸。

2 执行【快速引线】命令。

① 键盘输入 qleader，按 Enter 键。

② 单击命令行【设置（S）】选项，弹出【引线设置】对话框。

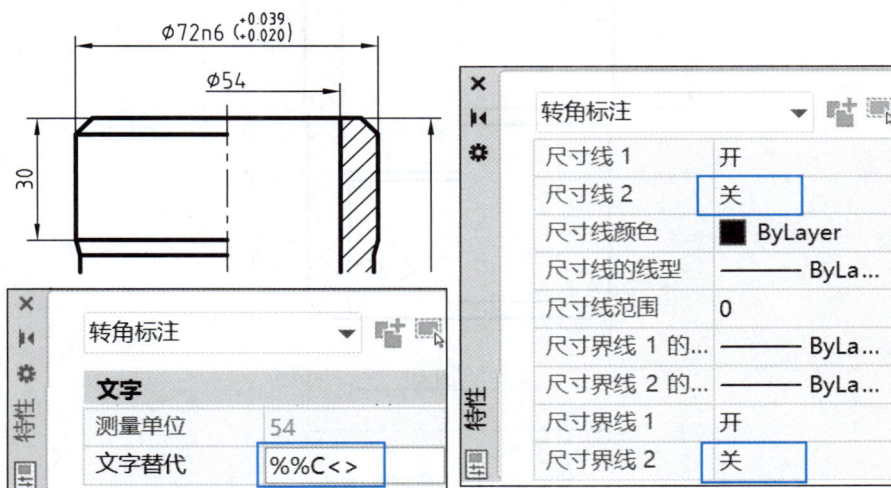

图 5-78　编辑 $\phi 54$ 尺寸

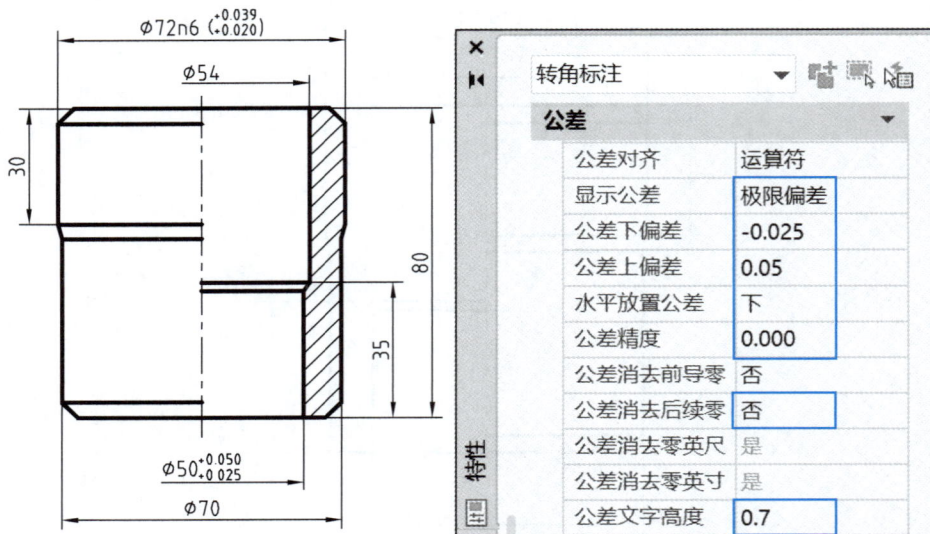

图 5-79　标注 $\phi 50^{+0.050}_{+0.025}$ 尺寸

③【注释】选项卡选择【多行文字】选项。

④【引线和箭头】选项卡【点数】最大值输入 3，在【箭头】选择【无】。

⑤【附着】选项卡选择【最后一行加下画线】。

⑥ 单击【确定】按钮，单击左下角斜线端点 a，沿斜线延长线方向移动合适距离 b 单击，再水平向左移动合适距离 c 单击，弹出多行文字文本框，输入 C4，单击关闭按钮，如图 5-80 所示。

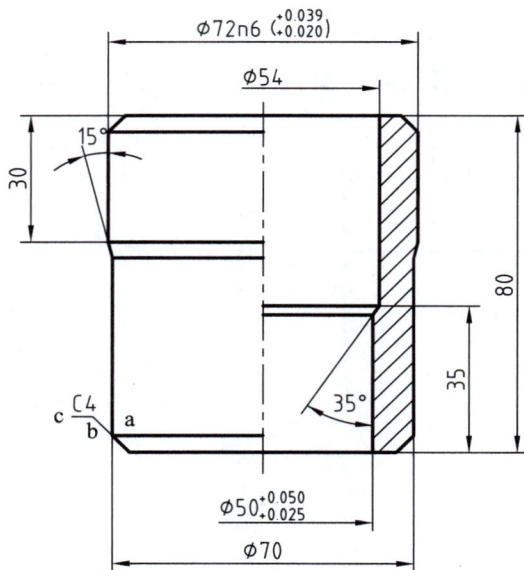

图 5-80　标注角度和倒角

5）注写几何公差

1 执行【快速引线】命令。

① 键盘输入 qleader，按 Enter 键。

② 单击命令行【设置（S）】选项，弹出【引线设置】对话框。

③【注释】选项卡选择【公差】选项。

④【引线和箭头】选项卡【点数】最大值输入 2。

⑤【箭头】选项卡选择【实心闭合】。

2 确定引线位置。

① 单击【确定】按钮，捕捉尺寸 $\phi 72n6$（$^{+0.039}_{+0.020}$）右箭头端点并单击。

② 水平向右移动鼠标至出现箭头时单击。

3 设置几何公差。

① 单击后，弹出【形位公差】对话框。

② 单击【符号】下面的黑色框格，在弹出【特征符号】对话框选择【同轴度】特征符号。

③ 单击【公差 1】下面左边的黑色框格，则框格内显示 ϕ 符号。

④ 在【公差 1】下面的白色框格处输入公差数值 0.012。

⑤ 在【基准 1】下面的白色框格输入字母 A。

⑥ 设置好的同轴度公差的标注如图 5-81 所示，单击【确定】完成同轴度公差的标注。

4 标注基准符号。

① 用标注图层绘制一个 7×7 的正方形。

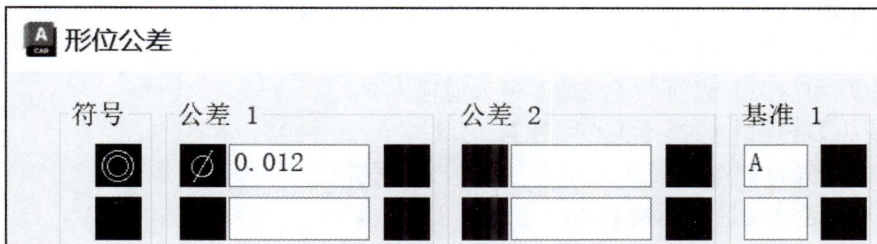

图 5-81　同轴度公差的标注

② 执行【多行文字】命令，使字母 A 字高为 5，且位于正方形正中。

5 执行【快速引线】命令。

① 键盘输入 qleader，按 Enter 键。

② 单击命令行【设置（S）】选项，弹出【引线设置】对话框。

③【注释】选项卡选择【无】选项。

④【引线和箭头】选项卡【点数】最大值输入 2。

⑤【箭头】选项卡选择【实心基准三角形】。

6 确定基准符号。

① 单击【确定】按钮，捕捉尺寸 $\phi 50^{+0.050}_{+0.025}$ 箭头右端点并单击。

② 鼠标水平向右移动至出现实心基准三角形，单击。

③ 执行【移动】命令，选择基准符号，按 Enter 键，单击基准符号正方形左侧线段中点，捕捉②绘制图形的右端点单击，如图 5-82 所示。

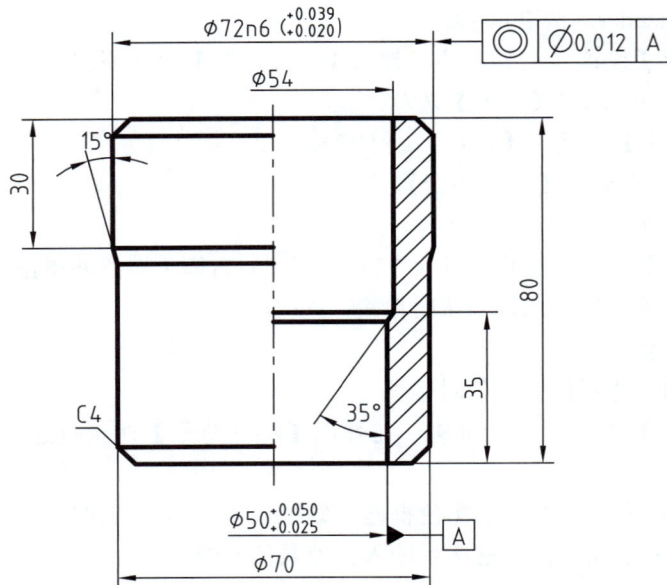

图 5-82　绘制基准符号

6）标注表面结构参数

1 绘制引线。

① 键盘输入 qleader，按 Enter 键。

② 单击命令行【设置（S）】选项，弹出【引线设置】对话框。

③【注释】选项卡选择【无】选项。

④【引线和箭头】选项卡【点数】最大值输入 3。

⑤【箭头】选项卡选择【实心闭合】。

⑥ 单击【确定】按钮，依次捕捉三个点，绘制引线。

2 插入外轮廓【表面结构】块。

① 单击【默认】|【插入块】按钮，弹出【插入】对话框。

② 在【名称】列表中选择【表面结构】，单击【确定】按钮。

③ 在屏幕上指定插入点。

④ 在弹出的【编辑属性】对话框中输入 Ra0.8。

⑤ 单击【确定】按钮，完成外轮廓【表面结构】块的插入。

3 插入内孔"表面结构"块。

① 单击【默认】|【插入块】按钮，在弹出对话框中单击【表面结构】块。

② 命令行窗口：单击【旋转（R）】，输入 90 按 Enter 键，指定插入点，在弹出的【编辑属性】对话框中输入 Ra0.4，单击【确定】按钮，如图 5-83 所示。

③ 在标题栏上方绘制相同表面结构的参数符号 √Ra3.2（√）。

7）注写技术要求文字

执行【多行文字】命令，弹出【文字格式】对话框，注写技术要求。

8）注写标题栏

插入国家标准标题栏图块，进行分解操作，并在标题栏中填写比例、名称等各要求，标题栏的绘制如图 5-84 所示。

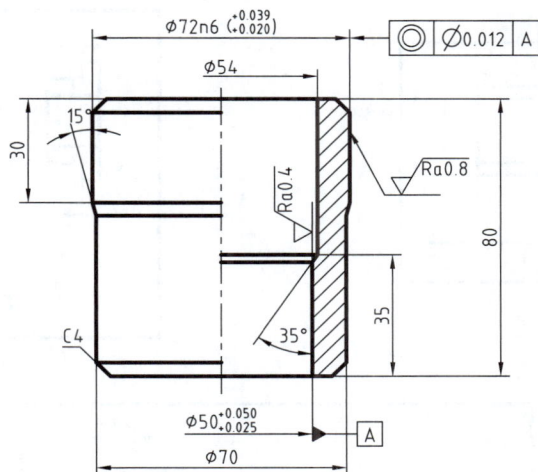

图 5-83　插入表面结构符号

4. 保存文件

执行【快速访问工具栏】|【保存】。

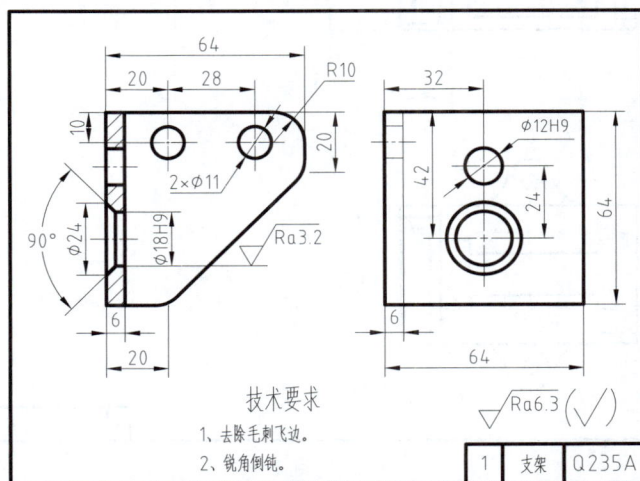

图 5-84　绘制标题栏

提高练习

1. 根据给定的图形，绘制如图 5-85 所示的计数器标准零件图。

视频讲解

（a）练习 1

图 5-85　计数器标准零件图绘制练习

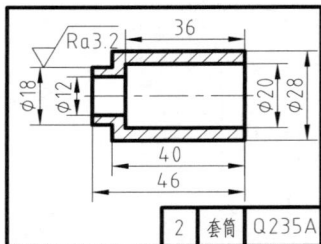

（b）练习 2

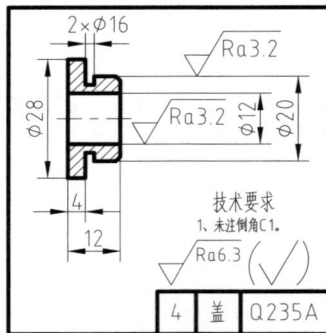

（c）练习 3

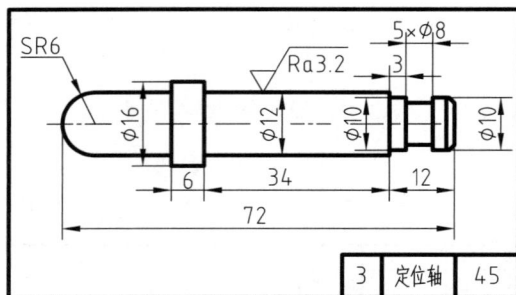

（d）练习 4

图 5-85 （续）

2. 绘制如图 5-86 所示的平口钳标注零件图。

视频讲解

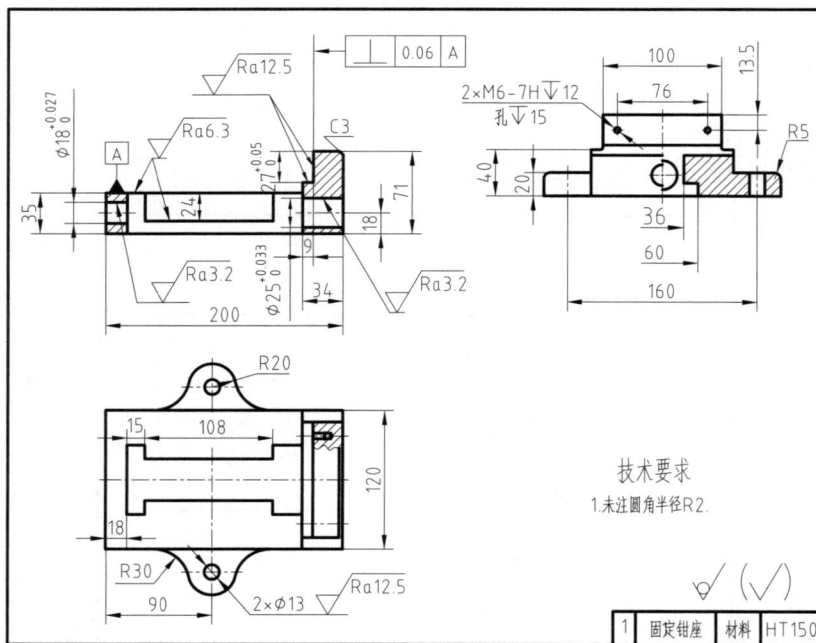

（a）练习 1

图 5-86 平口钳标注零件图绘制练习

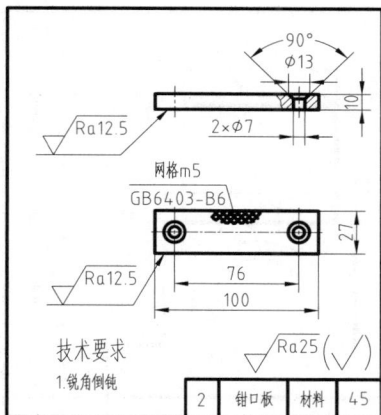

（b）练习 2

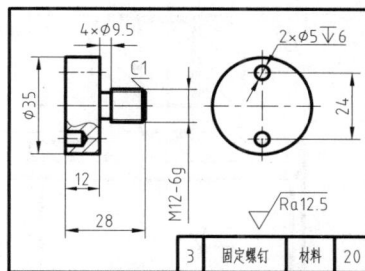

（c）练习 3

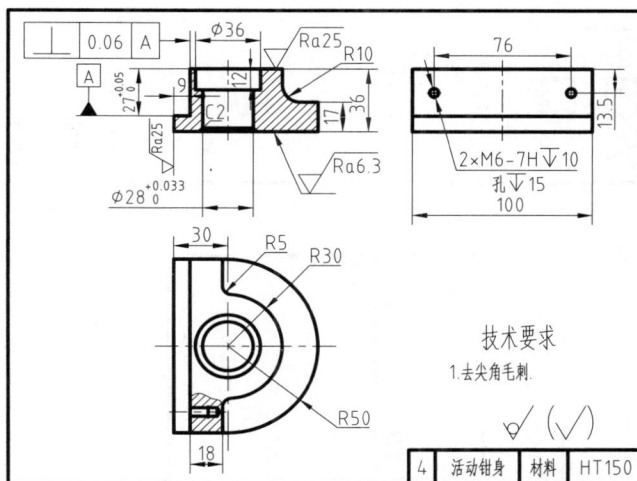

（d）练习 4

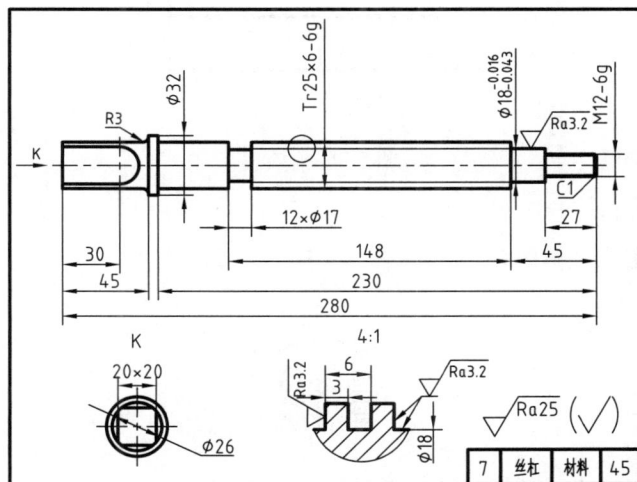

（e）练习 5

图 5-86　（续）

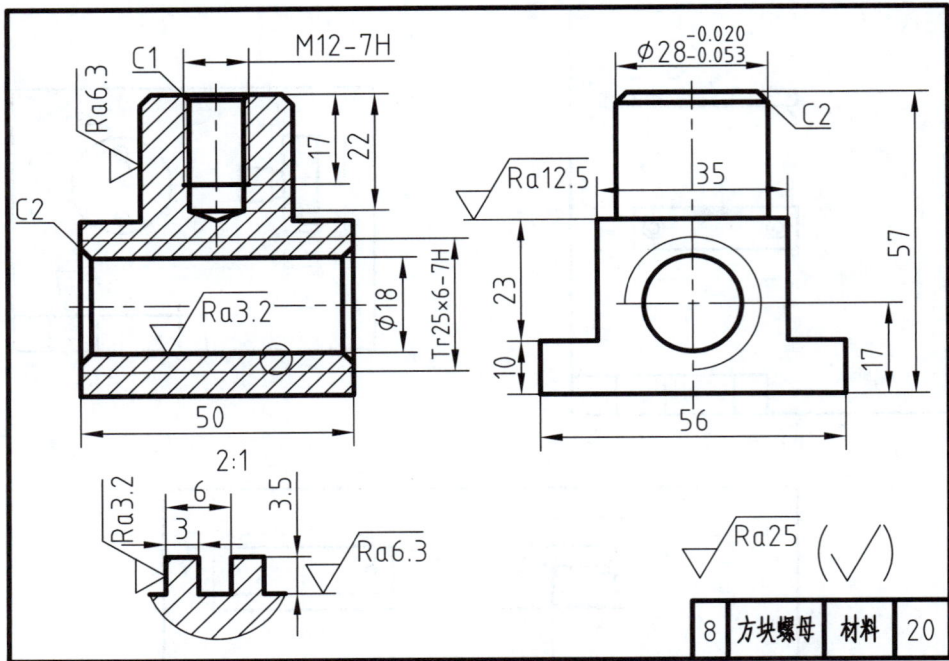

（f）练习 6

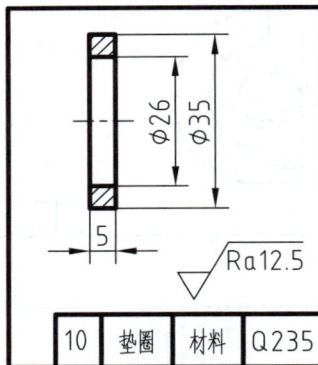

（g）练习 7

图 5-86 （续）

3. 绘制标准零件图。

请扫描下方二维码获取练习题。

练习题

课题 6-1

【任务描述】

建立如图 6-1（a）所示的"序号"多重引线样式和如图 6-1（b）所示的"明细栏"表格样式，如图 6-1 所示，并生成样板文件。

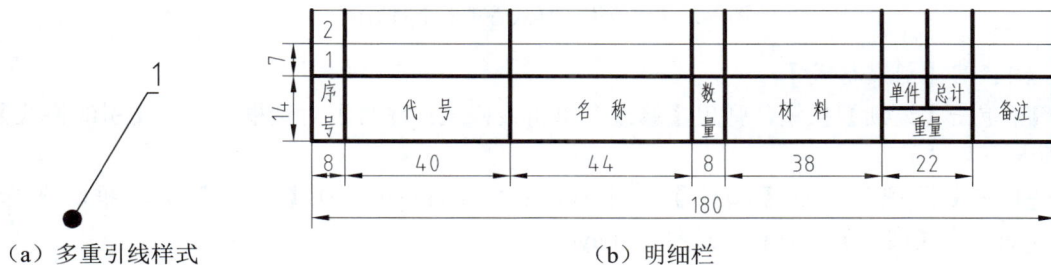

	2								

（a）多重引线样式　　　　　　　　　　（b）明细栏

图 6-1　序号和明细栏

【任务目标】

（1）掌握多重引线的使用方法。

（2）掌握表格命令的使用方法。

【绘图分析】

先建立多重引线样式和明细栏表格样式，然后插入表格绘制明细栏。

【任务实施】

1. 新建文件

利用模块一建立的样板文件新建图形，另存为"装配图样板文件"。

2. 创建"序号"多重引线样式

1）执行【多重引线样式】命令

1 选择【菜单栏】【格式】｜【多重引线样式】命令（或【默认】｜【注释】｜【多重引

线样式】），弹出【多重引线样式管理器】对话框。

②单击【新建】按钮，弹出【创建新多重引线样式】对话框。

③在【新样式名】文本框输入"序号"。

【多重引线样式管理器】对话框的设置如图 6-2 所示。

图 6-2 【多重引线样式管理器】对话框

2）设置【引线格式】

①单击【继续】按钮，弹出【修改多重引线样式：序号】对话框，打开【引线格式】选项卡。

②在【常规】组的【颜色】文本框，选择 ByLayer；在【线型】文本框，选择 ByLayer；在【线宽】文本框，选择 ByLayer。

③在【箭头】组，从【符号】列表选择"点"选项；

④在【大小】文本框输入 1。

【引线格式】选项卡的设置如图 6-3 所示。

3）设置【引线结构】

①在【约束】组，选中【最大引线点数】复选框，在文本框输入 2。

②选中【设置基线距离】复选框，在文本框输入 1。

【引线结构】选项卡的设置如图 6-4 所示。

4）设置【内容】

①从【多重引线类型】列表选择【多行文字】选项。

②在【文字选项】组，从【文字样式】列表选择"机械样式"选项。

③在【文字颜色】列表中选择"ByLayer"选项。

④在【文字】高度输入 5。

⑤在【引线连接】组，选中【水平连接】复选框。

⑥在【引线连接】组，从【连接位置—左】列表选择【第一行加下画线】选项。

⑦从【连接位置 - 右】列表选择【第一行加下画线】选项。

⑧选中【将引线延伸至文字】复选框。

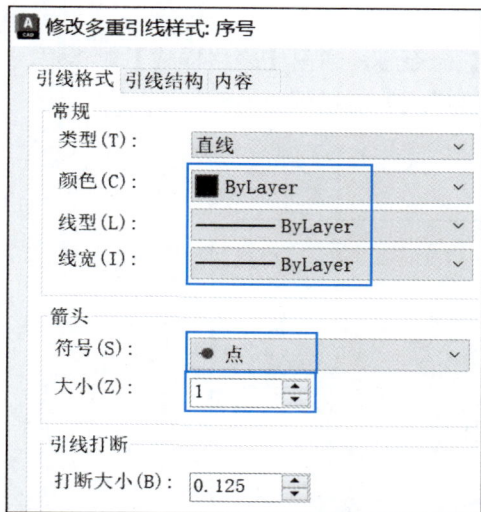

图 6-3 【修改多重引线样式：序号】对话框——
【引线格式】选项卡

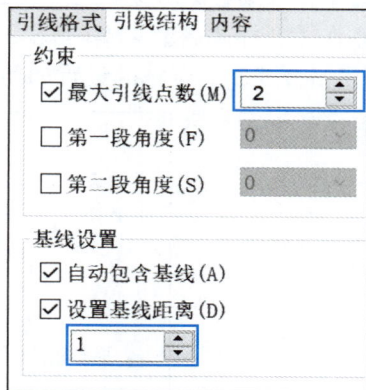

图 6-4 【修改多重引线样式：序号】
对话框——【引线结构】选项卡

【内容】选项卡的设置如图 6-5 所示，单击【确定】按钮，完成"序号"多重引线样式的创建。

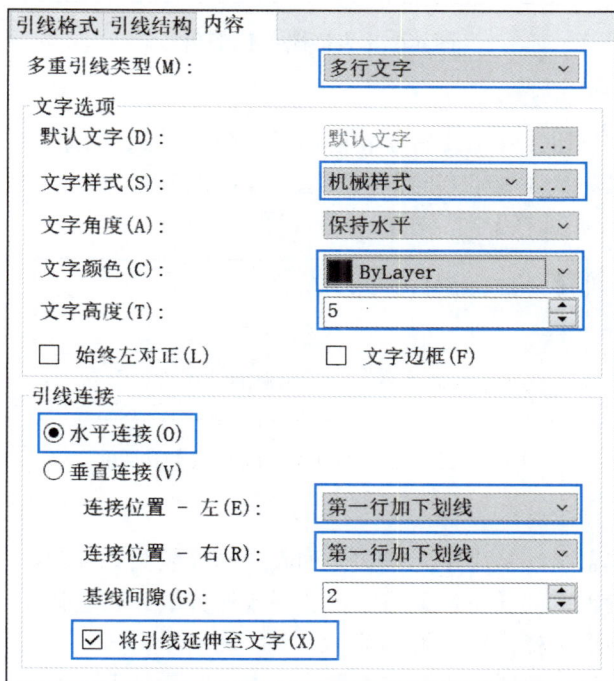

图 6-5 【修改多重引线样式：序号】对话框——【内容】选项卡

3. 创建明细栏表格样式

此表格的初始设置只包括文字的样式以及线宽等，其他选项要在插入表格后进行调整。

1）建立"明细栏"表格样式名称

1 选择【默认】|【注释】|【表格样式】命令▦，弹出【表格样式】对话框。

2 单击【新建】按钮，弹出【创建新的表格样式】对话框。

3 在【新样式名】文本框输入"明细栏"。

【表格样式】对话框的设置如图 6-6 所示。

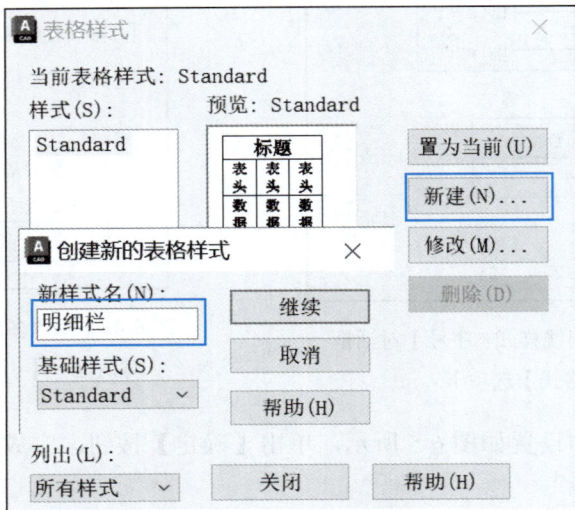

图 6-6　【表格样式】对话框

2）设置"明细栏"基本选项

1 单击【继续】按钮，弹出【新建表格样式：明细栏】对话框。

2 在【常规】组，从【表格方向】列表选择【向上】选项。

【新建表格样式：明细栏】对话框的设置如图 6-7 所示。

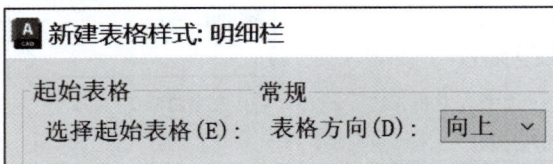

图 6-7　【新建表格样式：明细栏】对话框

3）设置表头单元样式

1 在【单元样式】组，从【单元样式】列表选择【表头】选项。

2 在【常规】选项卡的【特性】组中，选择【对齐】列表选择【正中】选项。

3 从【类型】列表选择【标签】选项。

4 在【页边距】组，在【水平】文本框输入 1，在【垂直】文本框输入 1。

【常规】选项卡设置如图 6-8（b）所示。

5 打开【文字】标签，在【特性】组，【文字样式】选择【机械字体】选项。

6 在【文字高度】文本框输入 3.5。

7 在【文字颜色】选择 ByLayer。

【文字】选项卡设置如图 6-8（c）所示。

8 打开【边框】选项卡，在【特性】组，【线宽】选择 0.70mm。

9【线型】选择 ByLayer，【颜色】选择 ByLayer。

10 单击【所有边框】按钮▦。

【边框】选项卡设置如图 6-8（d）所示。

（a）【表头】选项卡

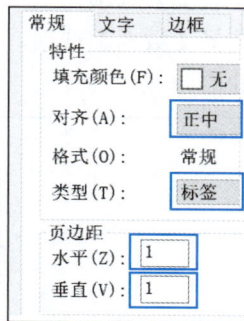

（b）【常规】选项卡

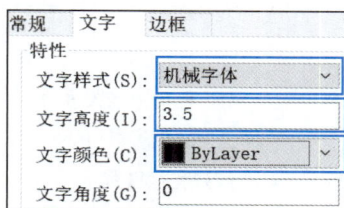

（c）【文字】选项卡

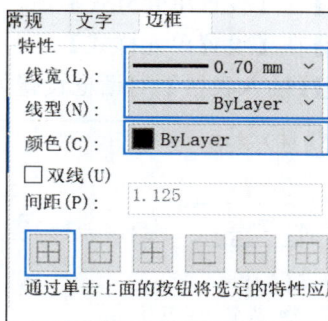

（d）【边框】选项卡

图 6-8　【单元样式】对话框

4）设置【数据】单元样式

1 在【单元样式】组，从【单元样式】列表选择【数据】选项。

2【常规】、【文字】选项卡的设置同表头。

3【边框】选项卡中，【线宽】选择 0.70mm，【线型】选择 ByLayer，【颜色】选择 ByLayer，单击【左边框】按钮▥和【右边框】按钮▥。【数据】选项卡下【边框】选项卡设置如图 6-9 所示。

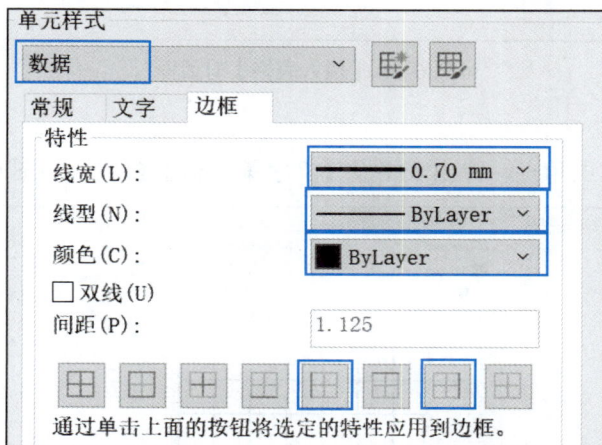

图 6-9　【单元样式】对话框—【数据】选项卡

5）单击【关闭】按钮

4. 创建明细栏表格

1）选择 0 图层，插入表格

1️⃣ 单击【默认】|【注释】|【表格】🖽，弹出【插入表格】对话框。

2️⃣ 从【表格样式】列表选择【明细栏】选项。

3️⃣ 在【列和行设置】组，在【列数】文本框输入 8，在【列宽】文本框输入 8。

4️⃣ 在【数据行数】文本框输入 1，在【行高】文本框输入 1。

5️⃣ 在【设置单元样式】组，从【第一行单元样式】列表选择【表头】选项。

6️⃣ 在【设置单元样式】组，从【第二行单元样式】列表选择【表头】选项。

7️⃣ 在【设置单元样式】组，从【所有其他行单元样式】列表选择【数据】选项。

8️⃣【插入表格】对话框设置如图 6-10 所示，单击【确定】按钮。

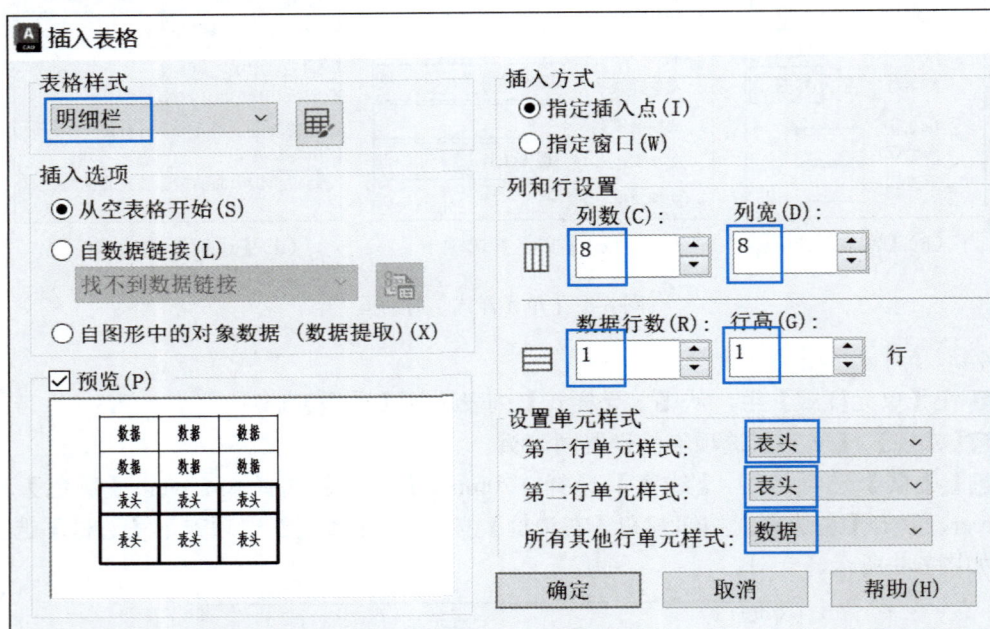

图 6-10　【插入表格】对话框

2）插入表格

1️⃣ 单击标题栏左上角点，弹出表格及【文字编辑器】窗口，如图 6-11 所示。

图 6-11　插入表格

2 单击【关闭】按钮。

3）按列设置单元格格式

1 选择第一列单元格，如图 6-12 所示。

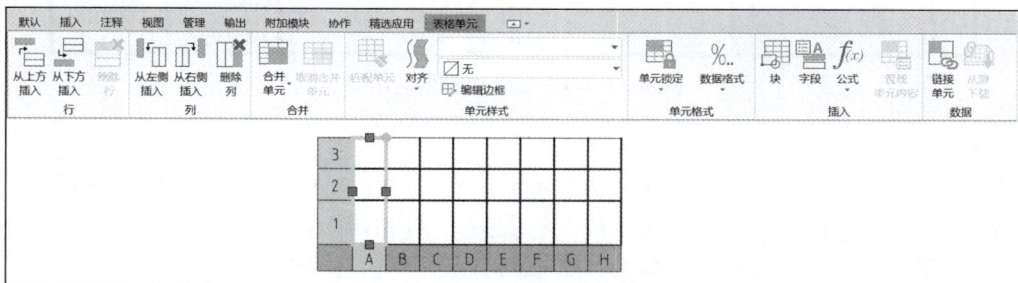

图 6-12　选择第一列单元格

2 选择【修改】|【特性】命令，弹出【特性】管理器。

3 在【单元】组，【单元宽度】文本框输入 8，【单元高度】文本框输入 7，【特性】管理器设置如图 6-13 所示。

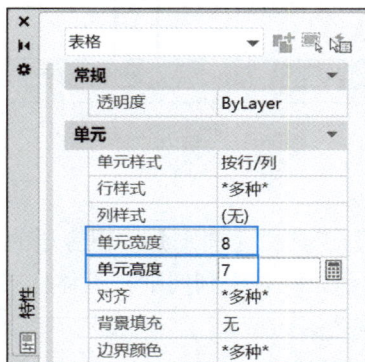

图 6-13　【特性】管理器

4）设置其他单元格格式宽度

同样方法按列设置其他单元格格式宽度分别为 40、44、8、38、10、12 和 20。

5）合并单元格

1 选择单元格，单击【表格】工具栏【合并单元】按钮旁边的倒三角，选择【按列合并】命令，如图 6-14 所示。

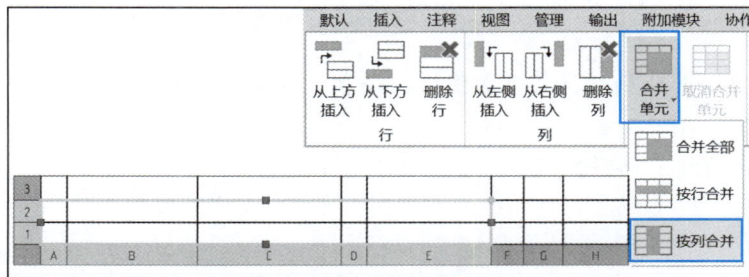

图 6-14　合并单元格

2 按同样方法合并其他单元格，结果如图 6-15 所示。

按行合并　按列合并

图 6-15　合并其他单元格的结果

6）输入文字

1 双击左下角单元格，进入【文字编辑器】界面，输入"序号"，如图 6-16 所示。

2 按 Tab 键，转入下一单元格，依次将表头文字内容输入。

📋 **提示：** 在输入最后一行内容后，若表格行数不足，按 Tab 键将自动添加一行。

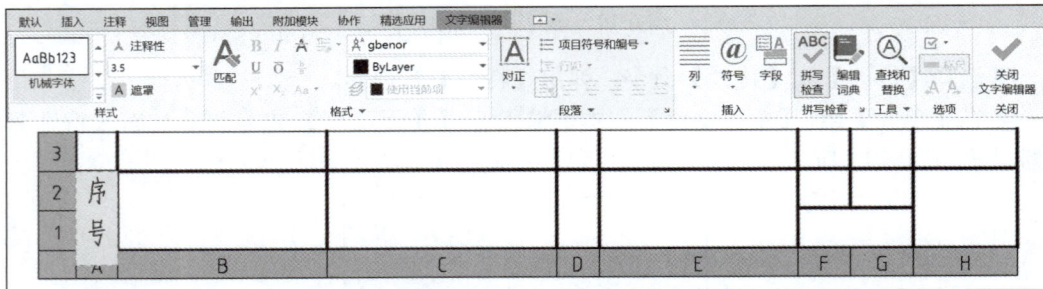

图 6-16　输入"序号"

7）锁定明细栏表头

选择单元格，单击【表格】工具栏【锁定】按钮旁边的倒三角，选择【内容和格式已锁定】命令，结果如图 6-17 所示。此时得到明细栏具体样式。

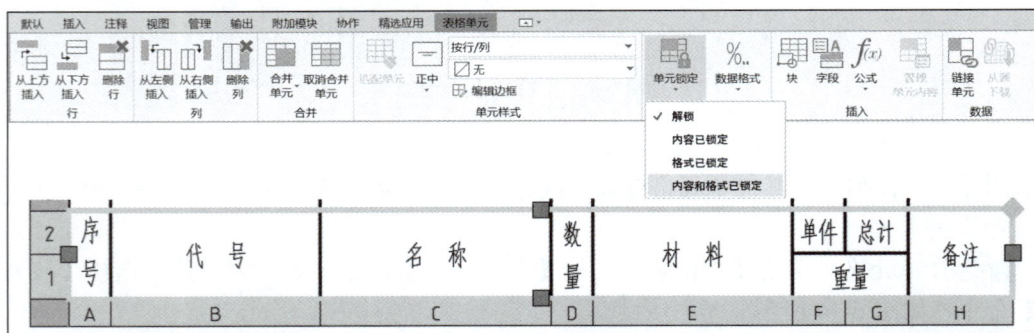

图 6-17　锁定明细栏表头

📋 **提示：** 可将此明细栏样式做成图块，保存于样板文件中。

5. 保存文件

执行【快速访问工具栏】|【保存】，保存为样板文件。

【任务拓展】

建立如图 6-18（a）所示的简化标题栏格式和如图 6-18（b）所示的简化标题栏及明细栏格式，保存于样板文件中。

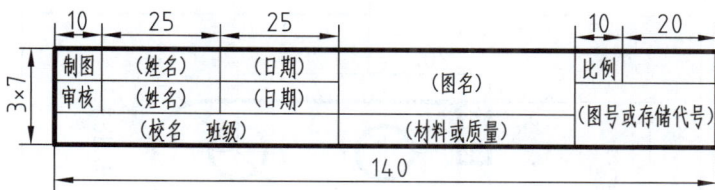

（a）简化标题栏格式

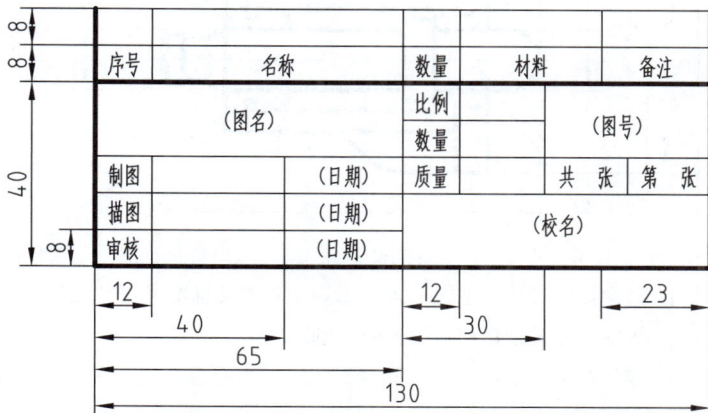

（b）简化标题栏及明细栏格式

图 6-18　绘制标题栏

课题 6-2

视频讲解

【任务描述】

　　根据模块五提高练习 1 中的计数器标准零件图，拼画如图 6-19 所示的简化的计数器装配图。

【任务目标】

（1）掌握绘制装配图的方法。

（2）掌握装配明细表的应用。

■ 先导知识——绘制装配图

　　装配图的视图表达方法和零件图基本相同，在前几个章节介绍的各种视图、剖视图、断面图等表达方法均适用于装配图。为了正确表达机器或部件的工作原理、各零件间的装配连接关系以及主要零件的基本形状，各种剖视图在装配图中应用极为广泛。在部件中，往往有许多零件是围绕一条或几条轴线装配起来的，这些轴线称为装配轴线或装配干线。采用剖视图表达时，剖切平面应通过这些装配轴线。

1. 规定画法

装配图的规定画法如下。

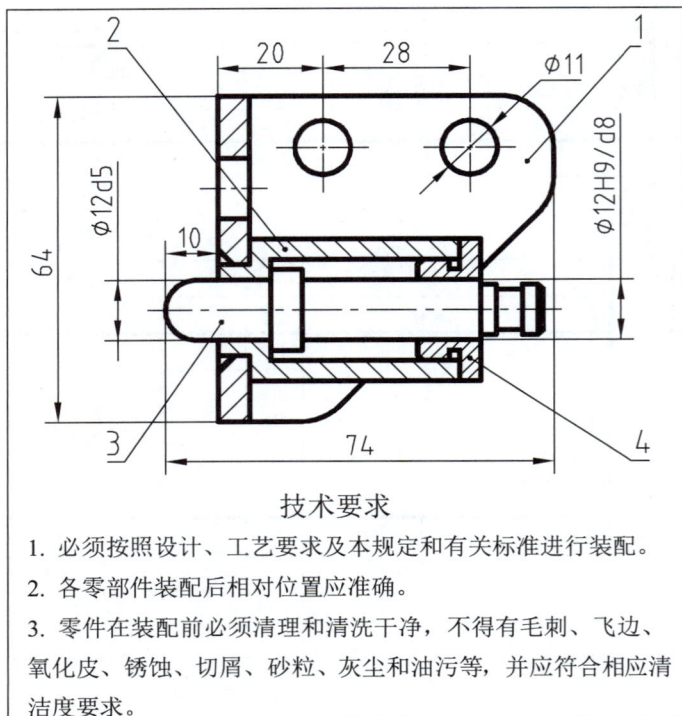

图 6-19　简化计数器装配图

1️⃣ 相邻两零件的接触表面和配合表面（包括间隙配合）只画一条轮廓线，不接触表面和非配合表面应画两条轮廓线。如果距离太近，可不按比例夸大画出。

2️⃣ 相邻两金属零件的剖面线，倾斜方向应尽量相反。当不能使其相反时（如 3 个零件互为相邻），应使剖面线的间隔不相等，或使剖面线相互错开。

3️⃣ 同一装配图中的同一零件的剖面线必须方向一致，间隔相等。

4️⃣ 图形上宽度 2mm 的狭小面积的剖面，允许将剖面涂黑代替剖面符号。对于玻璃等不宜涂黑的材料可不画剖面符号。

2. 简化画法

装配图的简化画法如下。

1️⃣ 在装配图中，可以假想将某些零件（或组件）拆卸后绘制视图，需要说明时也可加注"拆去 ××"等。

2️⃣ 装配图也可假想沿某些零件的结合面剖切，这时零件的结合面不画剖面线，但被剖到的其他零件应画出剖面线。剖视图的标注方法不变。

3️⃣ 装配图中可单独画出某一零件的视图，但必须在所画视图的上方注出该零件的视图名称，在相应的视图附近用箭头指明投射方向，并注出同样的字母。

4️⃣ 装配图中的紧固件和轴、连杆、球、钩子、键、销等实心件，若按纵向剖切，且剖切平面通过其对称平面或中线，这些零件均按不剖绘制。如需要特别表明零件上孔、槽等构造则用局部剖视表示。

5️⃣ 当剖切平面通过的某些零件为标准产品或该部件已由其他图形表示清楚时，可按不剖绘制。

⑥ 在装配图中，螺栓、螺钉联接等若干相同的零件或零件组，允许仅详细画出其中一处，其余只需表示其装配位置（用轴线或中心线表示）。

⑦ 在装配图中，零件上小圆角、倒角、退刀槽、中心孔等工艺结构可不画出。

⑧ 在装配图中，某些运动件的极限位置或中间位置，或不属于本部件，但能表明部件的作用或安装情况的相邻零件，均可用双点画线画出其轮廓的外形图。

⑨ 装配图中弹簧、滚动轴承、螺纹紧固件的规定画法、简化画法请参阅有关的国家标准。

根据装配图的规定和简化画法，在绘制装配图的过程中，要注意图线的修改，一些在零件图中可见的图线在装配图中可能就不可见；对于重叠的图线要删除或合并，以减小文件。

【绘图分析】

按照装配顺序安装各个零件。首先，将套筒的零件图复制到装配图中并将套筒安装至合适位置。随后，将定位轴复制并安装到套筒内。然后，安装盖。最后，将支架图形复制到装配图文件中合适位置，移动之前安装好的套筒、定位轴和盖这 3 个零件，装配到支架的孔中。

【任务实施】

1. 新建文件

利用 A4 样板创建新文件，另存为"计数器装配图"。

2. 将套筒复制到装配图

① 打开套筒的零件图。

② 关闭标注、文本和辅助线等图层。

③ 选择所有视图的图线，执行【复制】命令。

④ 切换到计数器装配图窗口，执行【菜单栏】|【编辑】|【粘贴】命令，在图中适当位置单击，将套筒复制到装配图中。复制到装配图后的套筒如图 6-20 所示。

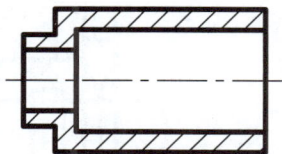

3. 装配定位轴零件到装配图

① 打开定位轴的零件图。

② 关闭标注、文本和辅助线等图层。

图 6-20　套筒

③ 选择视图的图线，执行【菜单栏】|【编辑】|【带基点复制】命令，选择基点图 6-21（a）中 A 点。

④ 切换到计数器装配图窗口，执行【粘贴】命令，捕捉图 6-21（b）中 B 点，单击放置。

⑤ 剪切整理图形，如图 6-21（c）所示。

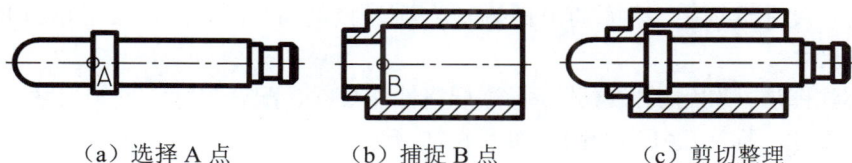

（a）选择 A 点　　　（b）捕捉 B 点　　　（c）剪切整理

图 6-21　添加定位轴

4. 装配盖零件到装配图

1️⃣ 打开盖的零件图。

2️⃣ 选择盖视图图线，执行【复制】命令。

3️⃣ 切换到计数器装配图窗口，执行【粘贴】命令，将图形粘贴到视图的右侧处，如图 6-22（a）所示。

4️⃣ 执行【旋转】和【移动】命令，将盖图形放置在套筒右侧处，整理，如图 6-22（b）所示。

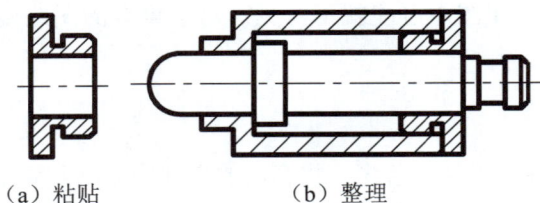

（a）粘贴　　　　　　　（b）整理

图 6-22　添加盖

5. 添加"支架"零件到装配图

1️⃣ 打开支架的零件图。

2️⃣ 选择主视图图线，执行【复制】命令。

3️⃣ 切换到计数器装配图窗口，执行【粘贴】命令，将支架图形粘贴到装配图中。

4️⃣ 将套筒等零件装配到支架上，如图 6-23（a）所示，并修剪整理图形，整理后的图形如图 6-23（b）所示。

（a）整理前　　　　　　　　　　　（b）整理后

图 6-23　添加支架

6. 修改套筒剖面线方向

因为支架、套筒和盖剖面线方向一致，单击剖面线，弹出【图案填充编辑器】对话框，在其【角度】选项中，将数据 0 改为 90，则转换剖面线的方向，如图 6-24 所示。

7. 标注尺寸

选择标注图层，利用机械样式，标注规格性能尺寸、配合尺寸、安装尺寸、总体尺寸和其他主要尺寸，标注尺寸后的图形如图 6-25 所示。

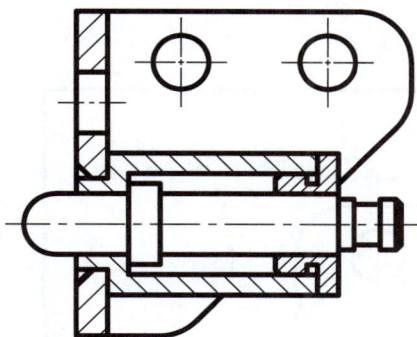

图 6-24　修改剖面线方向　　　　图 6-25　标注尺寸

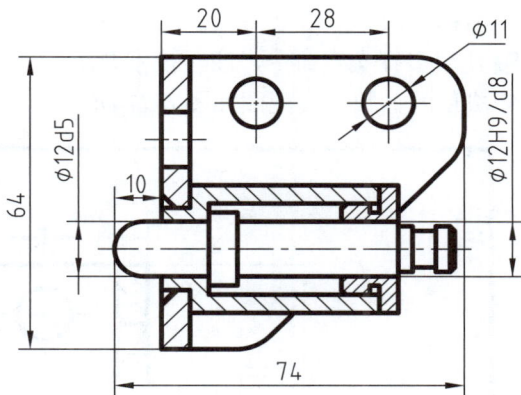

8. 标注序号

1 将"序号"多重引线样式置为当前，执行【注释】|【引线】|【多重引线】命令，命令行选择【引线基线优先（L）】。

2 在装配零件图上合适位置单击，移动鼠标至合适位置单击，在弹出的文本框内输入序号，单击关闭按钮完成序号标注。

3 重复（2）完成所有序号标注。

4 设置引线对齐。

①执行【注释】|【引线】|【多重引线对齐】按钮，选择序号 1、2，按 Enter 键。

②选择序号 1，作为对齐的基准。

③移动鼠标，选择水平方向后单击，使得选择的序号在一条水平线上。

④同样，将序号 2、3 在以序号 2 为基准的垂直方向对齐；序号 3、4 在以序号 3 为基准的水平方向对齐；将序号 1、4 在以序号 1 为基准的垂直方向对齐。标注序号后的图形如图 6-26 所示。

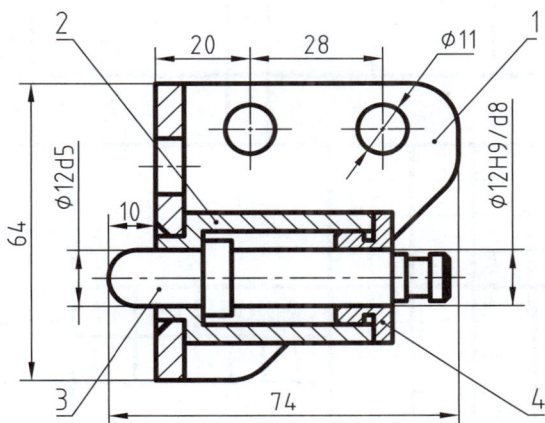

图 6-26　标注序号

9. 注写标题栏及技术要求

1 插入标题栏并分解，编辑注写标题栏。

2 在标题栏上方插入明细栏，然后将其分解，使其成为表格样式，在表格中填写零件序号、名称等。

3 使用多行文字命令，注写技术要求。

完成后的计数器装配图如图 6-27 所示。

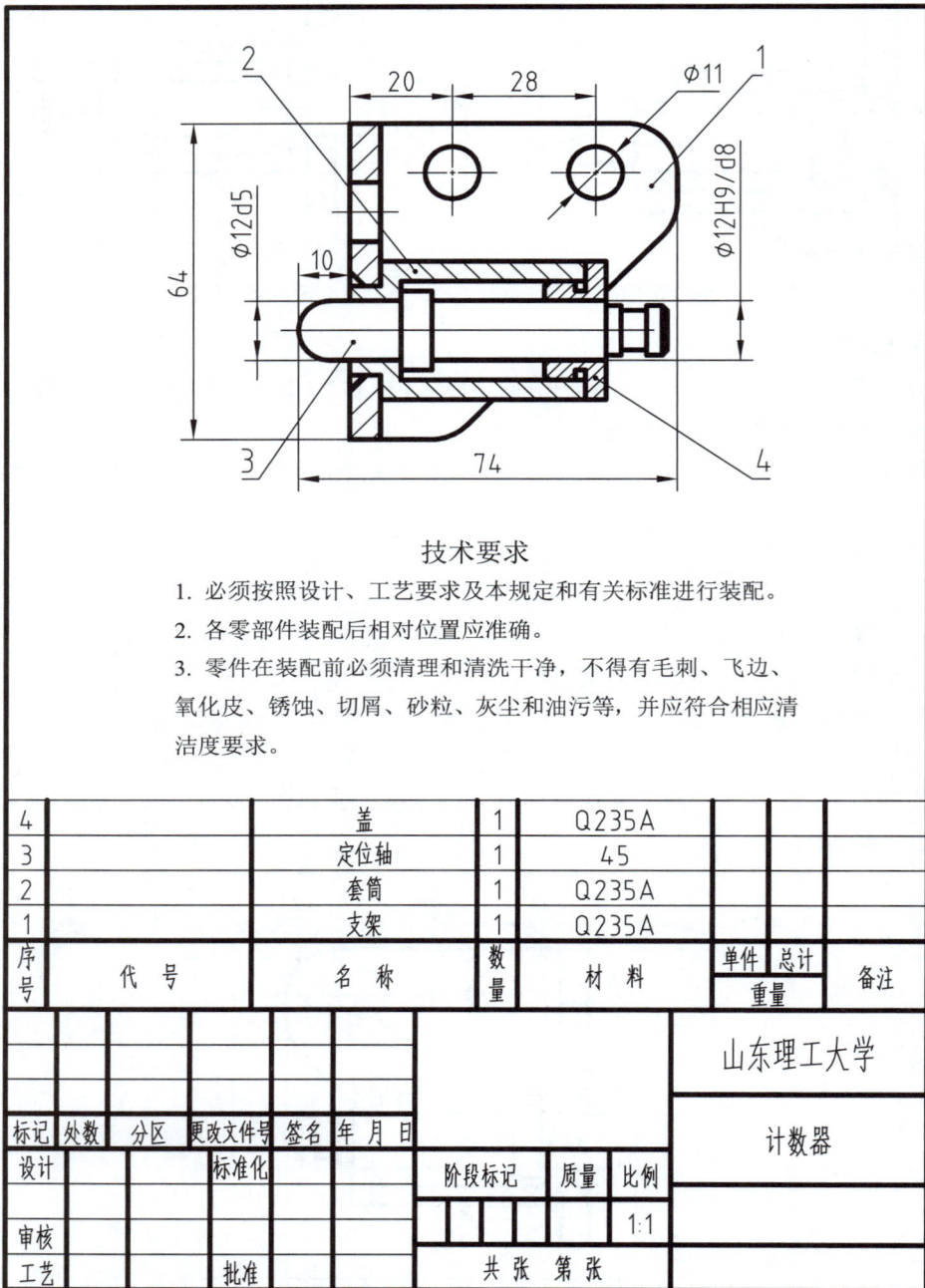

技术要求

1. 必须按照设计、工艺要求及本规定和有关标准进行装配。

2. 各零部件装配后相对位置应准确。

3. 零件在装配前必须清理和清洗干净，不得有毛刺、飞边、氧化皮、锈蚀、切屑、砂粒、灰尘和油污等，并应符合相应清洁度要求。

4		盖	1	Q235A			
3		定位轴	1	45			
2		套筒	1	Q235A			
1		支架	1	Q235A			
序号	代 号	名 称	数量	材 料	单件 总计		备注
					重量		

								山东理工大学
标记	处数	分区	更改文件号	签名	年 月 日			计数器
设计			标准化				阶段标记	质量	比例
审核									1:1
工艺			批准				共 张 第 张	

图 6-27 计数器装配图

10. 保存文件

执行【快速访问工具栏】|【保存】。

【任务拓展】

根据如图 6-28 所示的顶尖装配图和标准零件图完成顶尖装配练习。

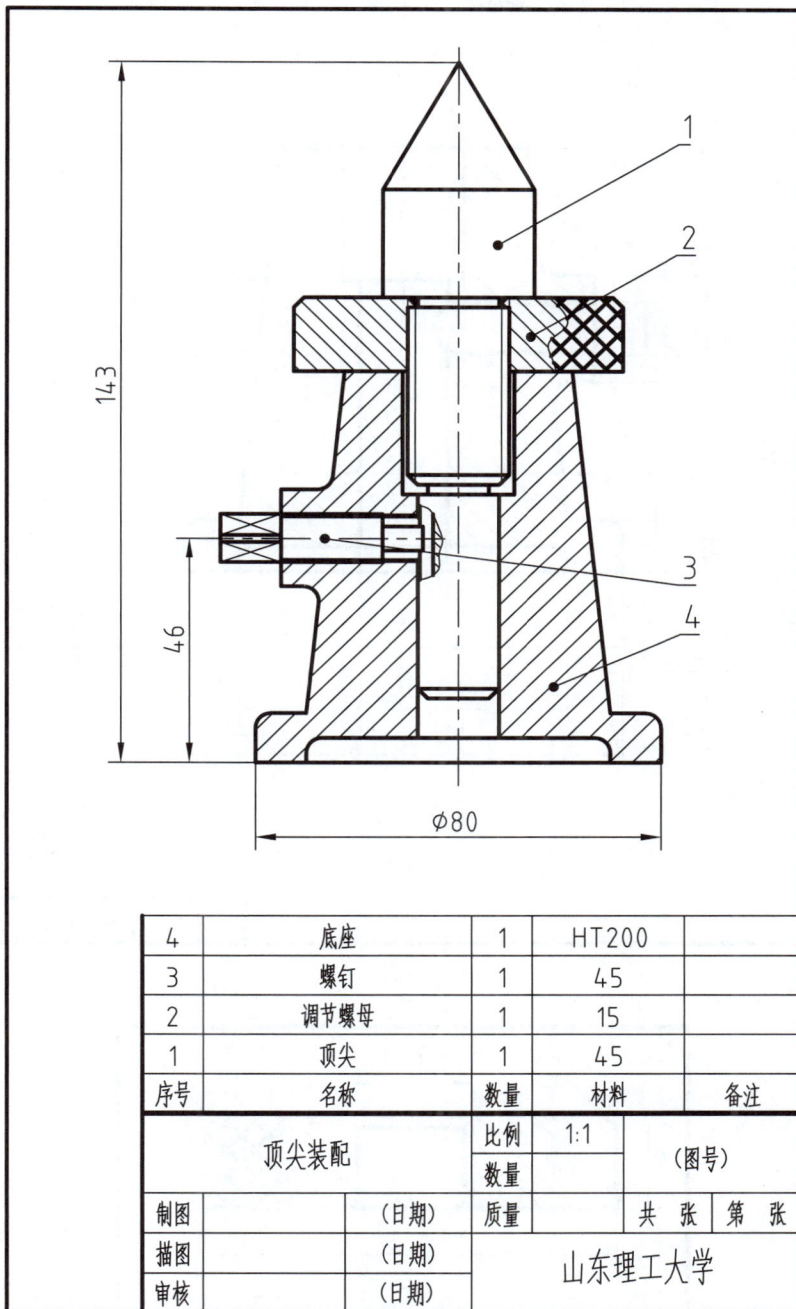

4	底座	1	HT200	
3	螺钉	1	45	
2	调节螺母	1	15	
1	顶尖	1	45	
序号	名称	数量	材料	备注

顶尖装配		比例	1:1	（图号）	
		数量			
制图		（日期）	质量		共　张　第　张
描图		（日期）	山东理工大学		
审核		（日期）			

（a）装配练习 1

图 6-28　顶尖装配练习

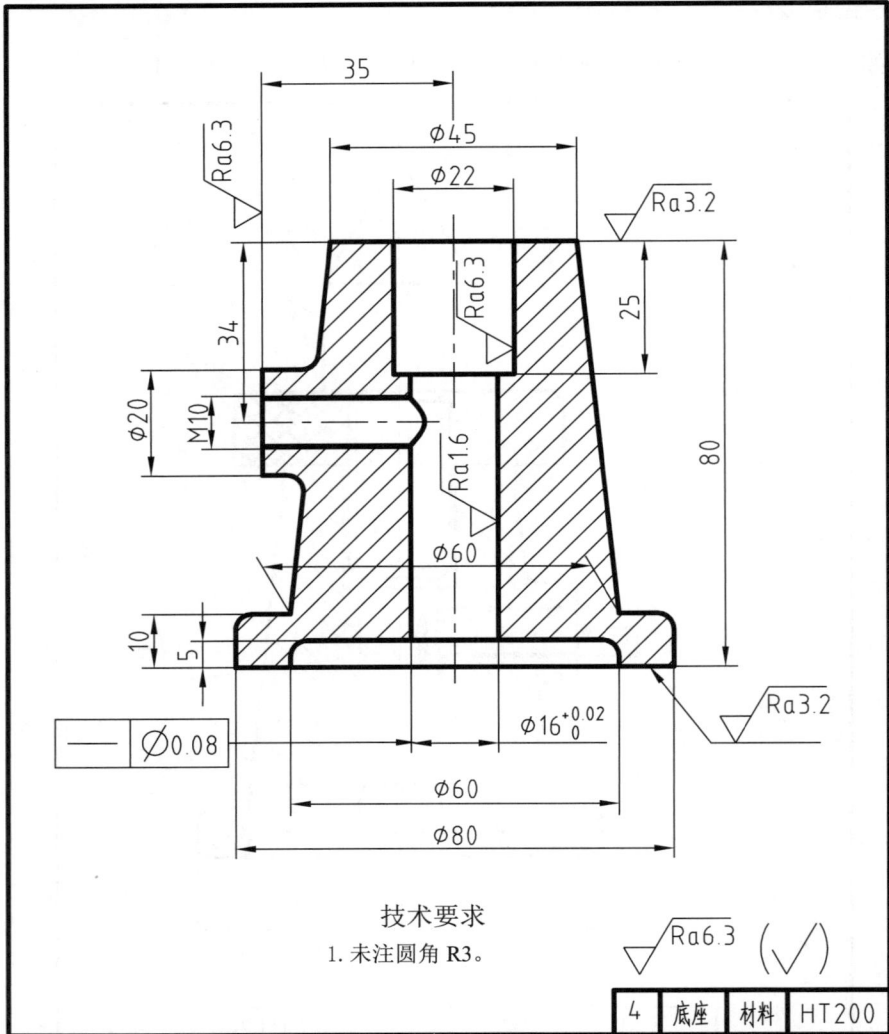

技术要求

1. 未注圆角 R3。

$\sqrt{\dfrac{Ra6.3}{}}$ $(\sqrt{})$

4	底座	材料	HT200

（b）装配练习 2

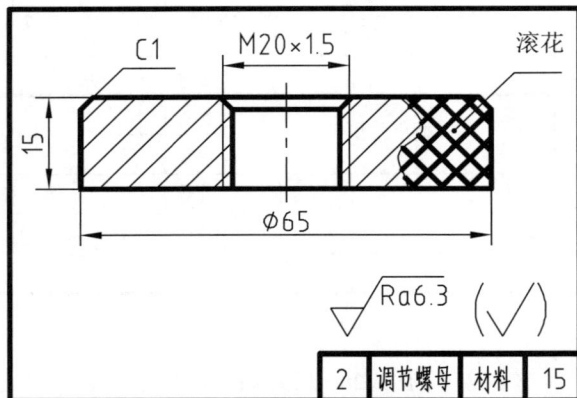

$\sqrt{\dfrac{Ra6.3}{}}$ $(\sqrt{})$

2	调节螺母	材料	15

（c）装配练习 3

图 6-28 （续）

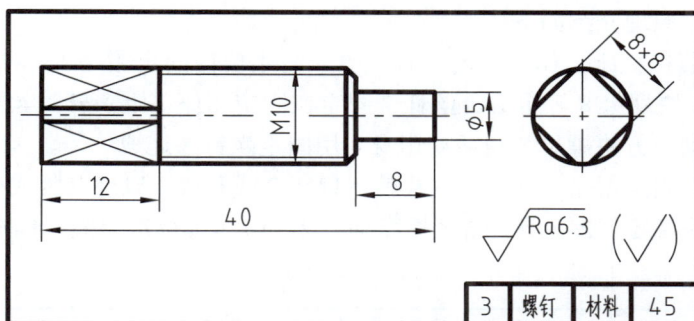

（d）装配练习 4

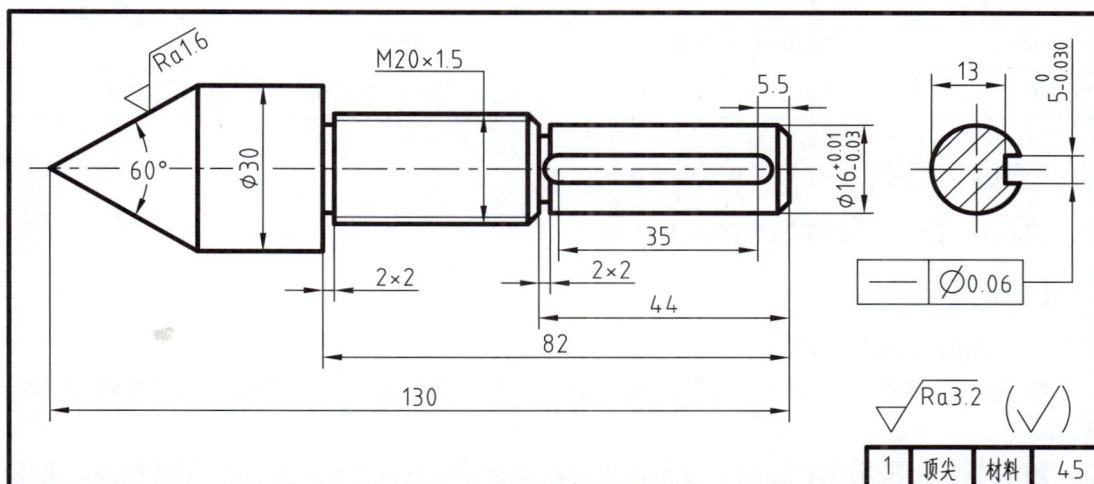

（e）装配练习 5

图 6-28　（续）

课题 6-3

【任务描述】

根据如图 6-29 所示的平口钳示意图，拼画装配图。

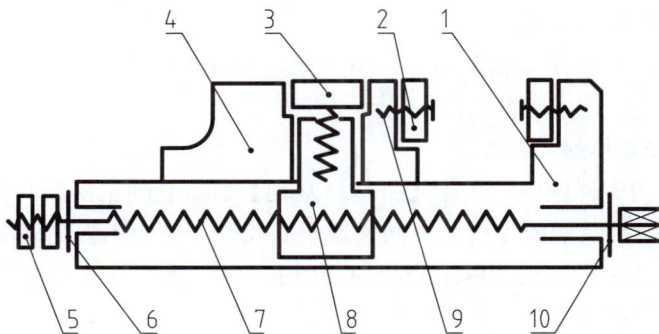

图 6-29　平口钳示意图

平口钳的工作原理介绍如下。

平口钳是安装在机床工作台上的一种夹具，它主要由固定钳座 1、活动钳身 4、钳口板 2、丝杠 7 和方块螺母 8 等组成。丝杠 7 固定在固定钳座 1 上，转动丝杠 7 可带动方块螺母 8 作直线移动。方块螺母 8 与活动钳身 4 用固定螺钉 3 连成一体。因此当丝杠 7 转动时，活动钳身 4 沿固定钳座 1 移动，这样使钳口闭合或开放，以便夹紧或松开工件。

说明：平口钳各零件图见课题 5-8 提高练习 2，10 为非标准垫圈；标准件见表 6-1。

表 6-1　标准件

序号	国家标准号	名　　称	数　　量
5	GB/T 6170—2015	螺母 M12	2
6	GB/T 97.1—2002	垫圈 12	1
9	GB/T 68—2016	螺钉 M6×16	4

【任务目标】

掌握根据示意图拼画装配图的方法。

【绘图分析】

平口钳的表达方案如下。

1 主视图按钳口工作位置放置，采用全剖、局部剖视图反映零件间的相对位置和装配关系。

2 俯视图主要用来表达固定钳座和活动钳身等零件的外部结构形状和相对位置，采用局部剖表达钳口板 2 与固定钳座 1 连接的局部结构。

3 左视图采用半剖视图，来表达固定钳座 1、方块螺母 8、丝杠 7 和活动钳身 4 的装配关系和形状，以及各零件的部分外形。

上述表达方案较好地反映了平口钳的工作原理、零件间的装配关系及零件的主要结构形状。

【任务实施】

1. 新建文件

打开 A3 样板文件新建图形，另存为"拼画平口钳装配图"。

2. 将固定钳座复制到装配图

关闭标注图层，选择【复制】命令，将"固定钳座"所有视图的图线粘贴到装配图，如图 6-30 所示。

3. 装配方块螺母零件到装配图

1 在方块螺母的零件图中，执行【带基点复制】命令复制主视图的图线，基点选择水平轴线任一点，粘贴至装配图主视图中间位置中心线处，完成主视图装配。

2 左视图为半剖，将左视图以中心线为界剪去一半，剩下部分改画为剖视图，将一半剖视粘贴到装配图的左视图上，完成左视图装配。

3 方块螺母的俯视图由于被活动钳口和固定螺钉遮挡，不绘制。

4 注意两零件剖面线方向要相反。

添加方块螺母后的装配图如图 6-31 所示。

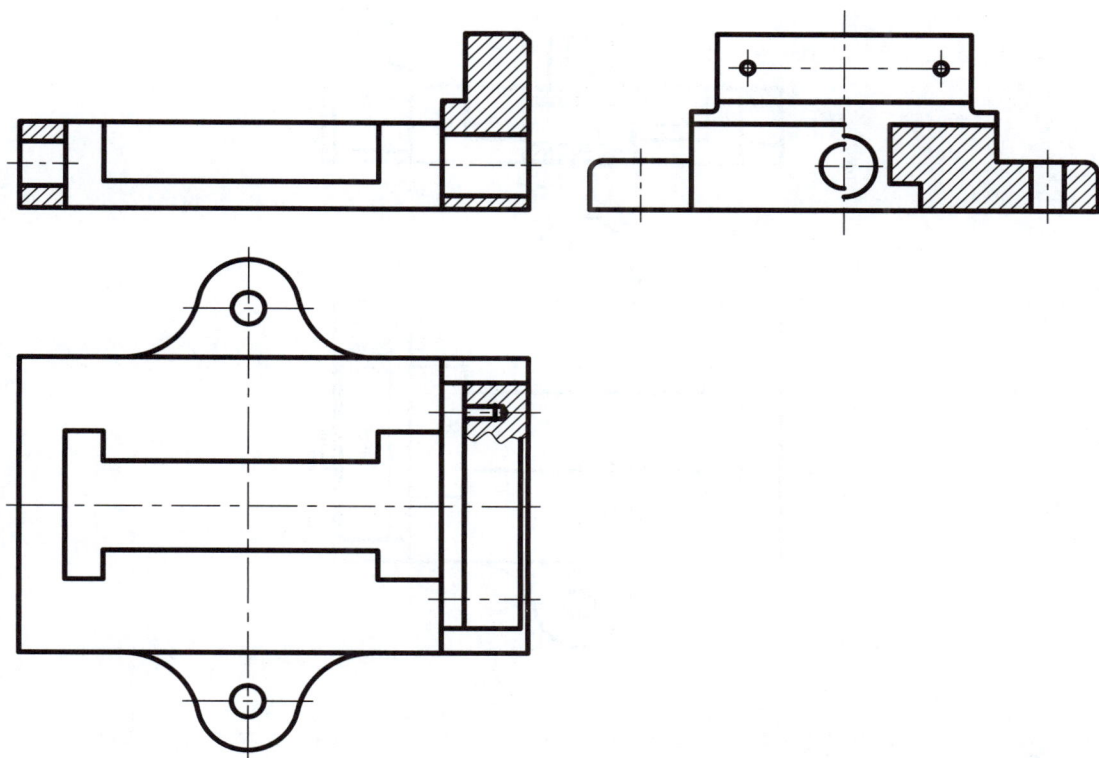

图 6-30　固定钳座

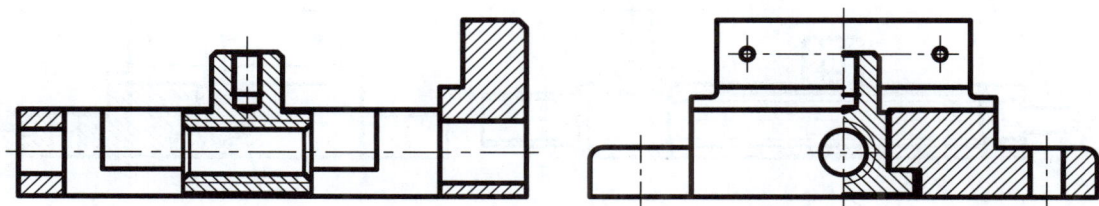

图 6-31　添加方块螺母

4. 装配垫圈零件到装配图

1 在垫圈的零件图中，执行【带基点复制】命令，基点选择垫圈左侧图形的中点，执行【粘贴】命令，将垫圈图形粘贴到装配图固定钳座主视图的右侧孔处。

2 执行【粘贴】命令，将垫圈图形放置在俯视图中心线处，整理，只保留外形，变为视图。

添加垫圈后的装配图如图 6-32 所示。

5. 装配丝杠零件到装配图

1 在丝杠的零件图中，执行【镜像】命令，然后捕捉丝杠 A 点并将其作为基点复制，粘贴至主视图垫片右侧面中点，修剪整理主视图的遮挡图线，将主视图固定钳座轮廓线的不可见部分改为虚线，完成主视图丝杠装配。

②粘贴至俯视图垫片右侧面中点，修剪整理俯视图的遮挡图线，完成俯视图丝杠的装配。

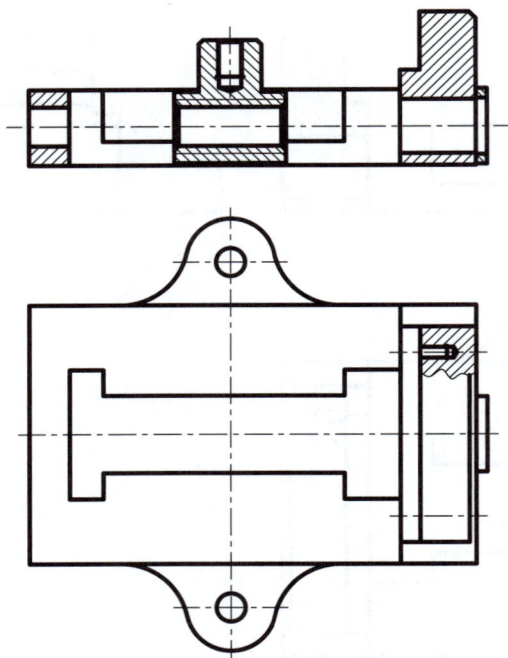

图 6-32　添加垫圈

③左视图丝杠和方块螺母重叠部分按丝杠绘制，注意螺纹旋合部分的画法。添加丝杠后的装配图如图 6-33 所示。

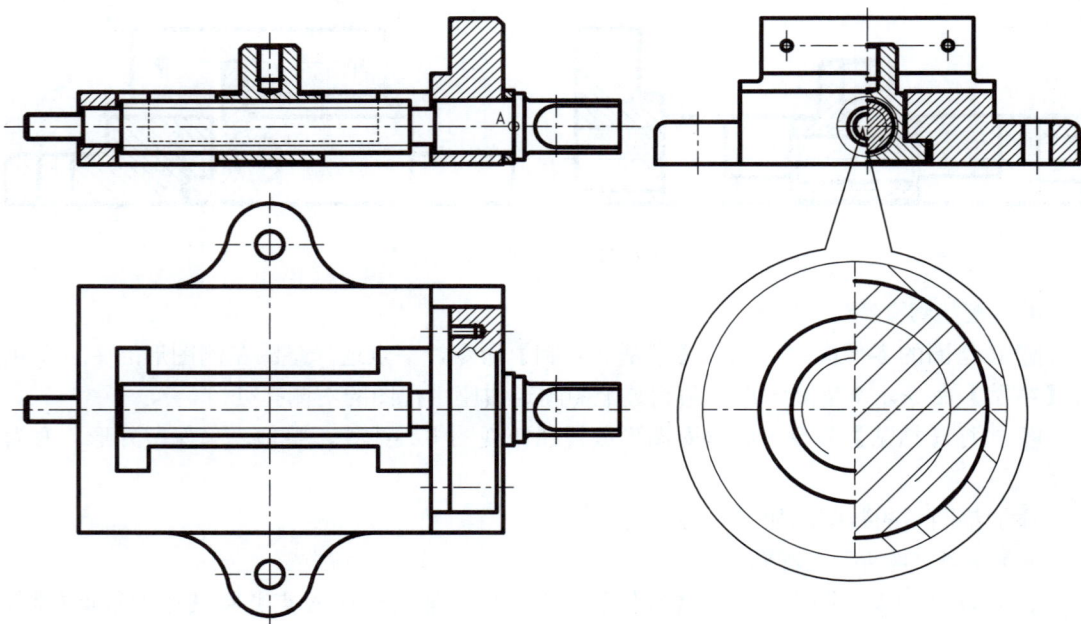

图 6-33　添加丝杠

6. 装配紧固件到装配图

1️⃣ 根据垫圈 12 简化画法，厚度取 0.15×12，外圈直径取 2.2×12。

2️⃣ 根据螺母 M2 简化画法，六棱柱对角距取 2×12，高度取 0.8×12。

3️⃣ 根据规定画法，紧固件按照不剖绘制。

添加紧固件并修剪整理后的装配图如图 6-34 所示。

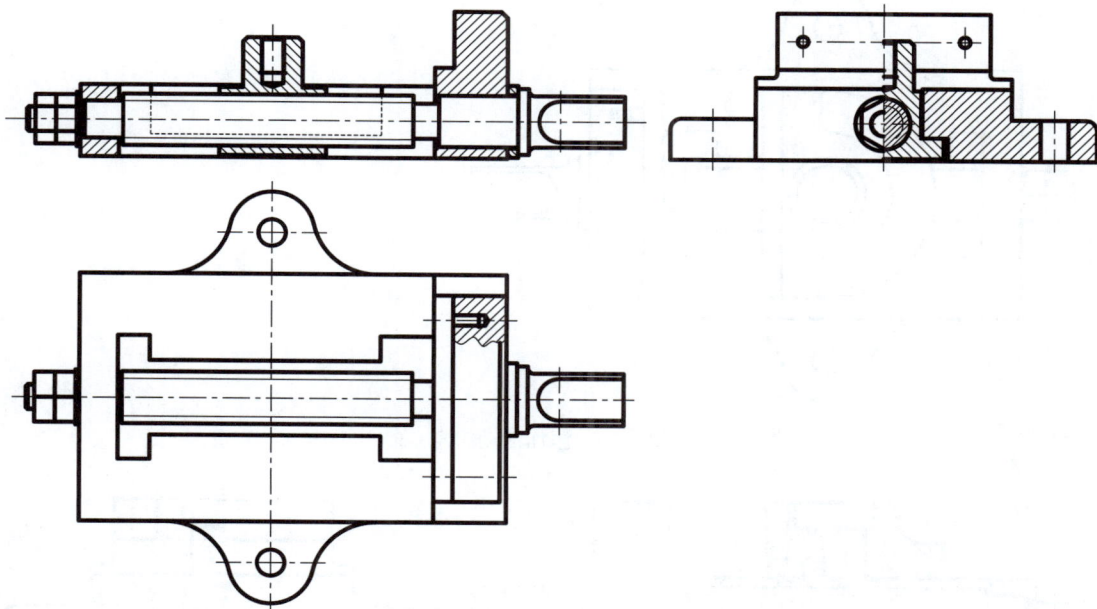

图 6-34　添加紧固件

📋 **提示：关于紧固件绘制应注意以下问题。**

绘制紧固件，可以采用简化画法使其公称直径为 1。将螺栓头、螺母、各种螺钉头、螺杆等绘制出图块，并保存在样板文件中。在装配图中绘制时，直接按比例方式插入图块，可快速绘制紧固件。同样，也可以将各种标准件制成图块。

7. 装配活动钳身到装配图

1️⃣ 将活动钳身的零件图主视图进行镜像操作，变为装配图方向的投影，复制粘贴到装配图主视图。

2️⃣ 零件俯视图进行镜像操作，删除俯视图钳口板螺纹孔的剖视，只画外形图，复制粘贴到装配图俯视图。

3️⃣ 整理绘制活动钳身半剖视图，完成左视图的装配。

添加活动钳身后的装配图如图 6-35 所示。

8. 装配钳口板到装配图

1️⃣ 选择【旋转】、【镜像】、【复制】、【粘贴】和【修剪】等命令完成装配图钳口板俯视图的装配。

2️⃣ 根据尺寸绘制主视图的钳口板。

3️⃣ 在俯视图按简化画法绘制螺钉 M6×16 的连接图，注意螺纹旋合部分的画法。

添加钳口板的装配图如图 6-36 所示。

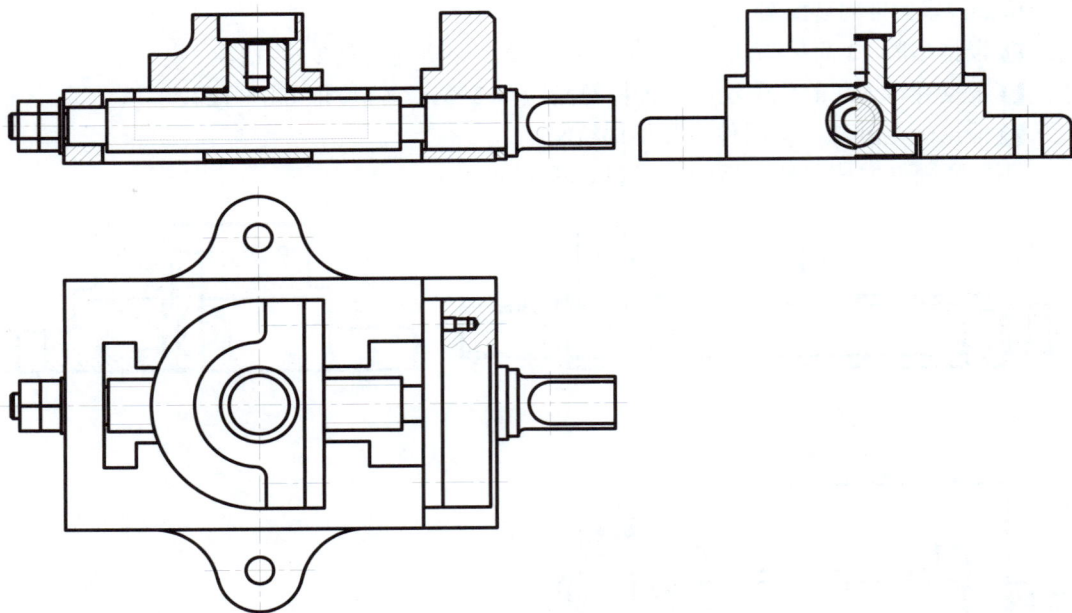

图 6-35   添加活动钳身

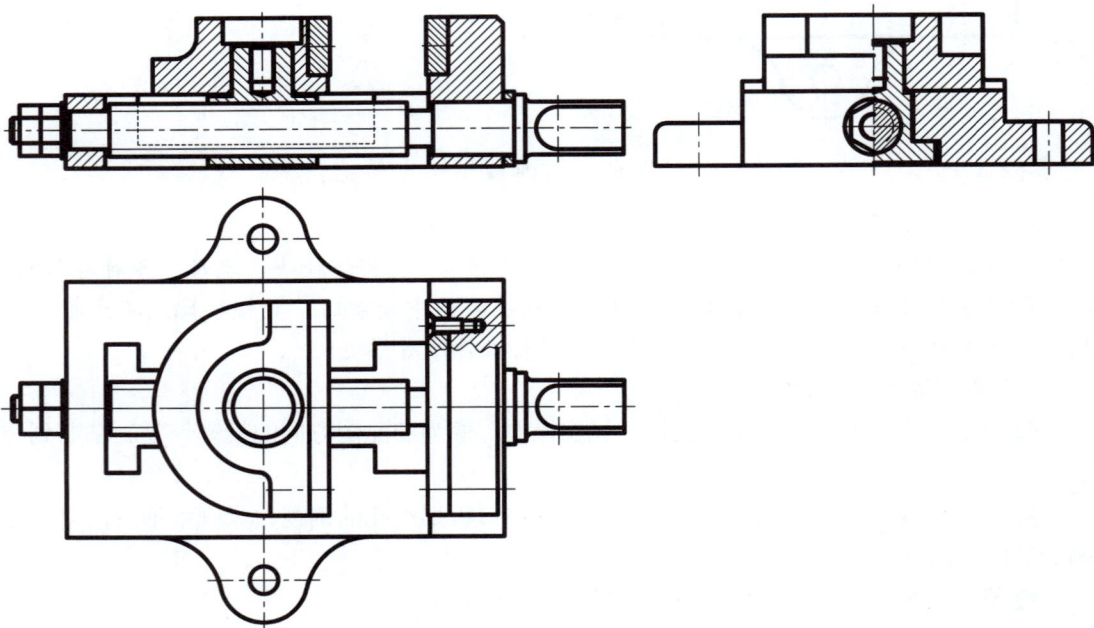

图 6-36   添加钳口板

9. 添加固定螺钉到装配图

1 将固定螺钉的视图进行【旋转】和【镜像】，变为主俯视图，通过复制、粘贴和修剪整理等操作完成主俯视图的装配。

2 将旋转后的主视图的右半部分移动到平口钳左视图中，并修剪整理。

添加固定螺钉后的装配图如图 6-37 所示。

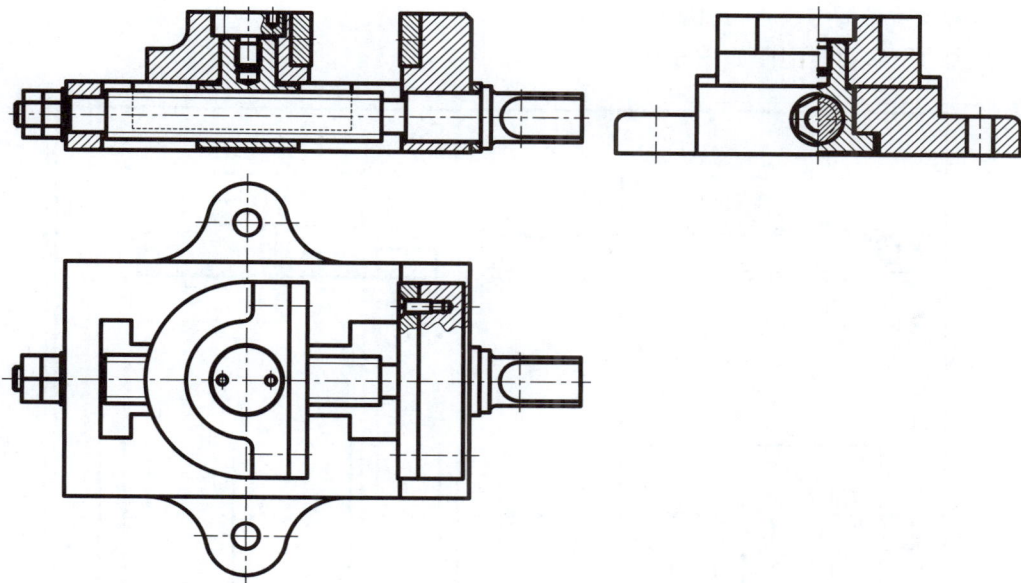

图 6-37　添加固定螺钉

10. 标注尺寸和编写零件序号

1 标注规格性能尺寸、配合尺寸、安装尺寸、总体尺寸和其他主要尺寸。

2 标注零件序号，执行【引线对齐】和【合并】。

标注尺寸和编写零件序号后的装配图如图 6-38 所示。

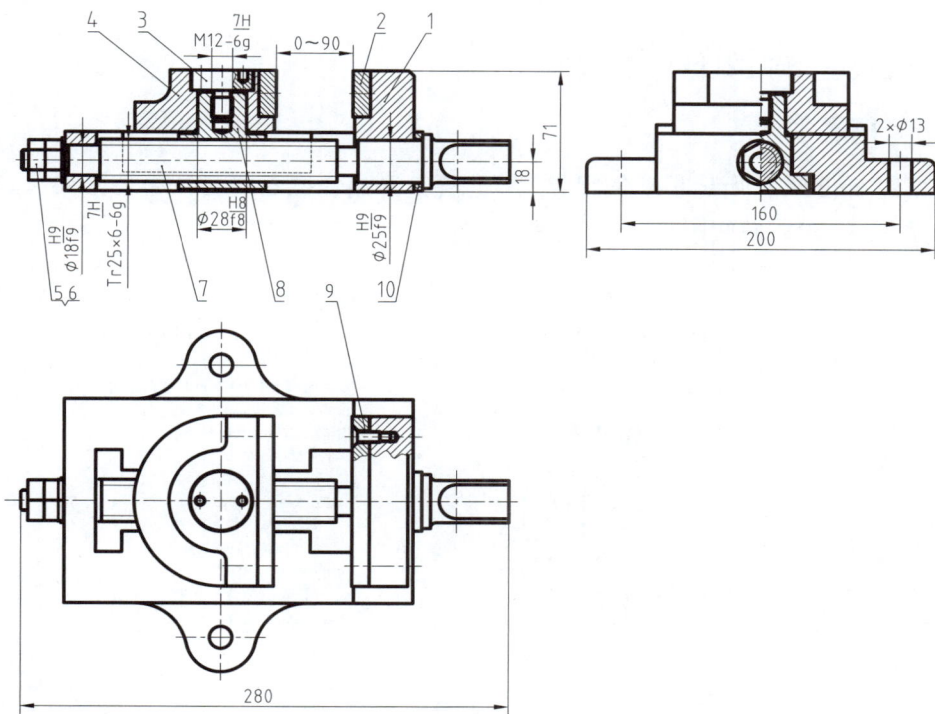

图 6-38　标注尺寸和编写零件序号的装配图

11. 绘制并填写标题栏和明细栏

完成的平口钳装配图如图 6-39 所示。

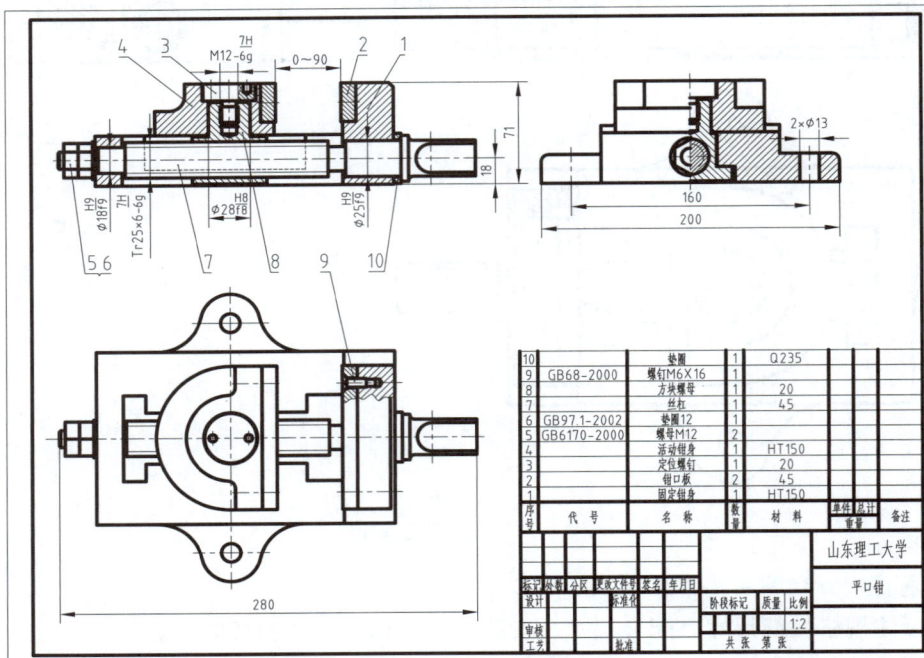

图 6-39　平口钳装配图

12. 保存文件

执行【快速访问工具栏】|【保存】。

【任务拓展】

根据图 6-40（a）所示手动气阀装配示意图，利用如图 6-40（b）～图 6-40（g）所示的成套零件图，拼画装配图。

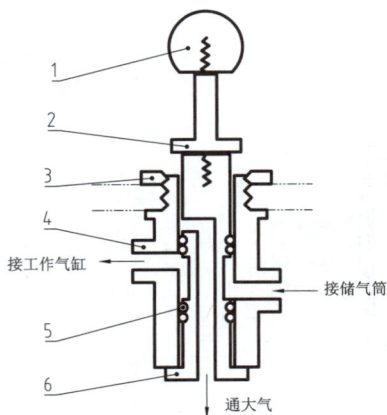

手动气阀工作原理

　　手动气阀是汽车上的一种压缩空气开关机构。当通过手柄球（序号 1）和芯杆（序号 2）将气阀（序号 6）拉到最上位置时（如图所示），储气筒与工作气缸接通。当气阀杆推到最下位置时，工作气缸与储气筒的通道被关闭。此时工作气缸通过气阀杆中心的孔道与大气接通。气阀杆与阀体孔（序号4）采用间隙配合，其装有O型密封圈（序号 5）以防止压缩空气泄漏，螺母（序号 3）用于固定手动气阀位置。

（a）装配练习 1

图 6-40　根据示意图拼画装配练习

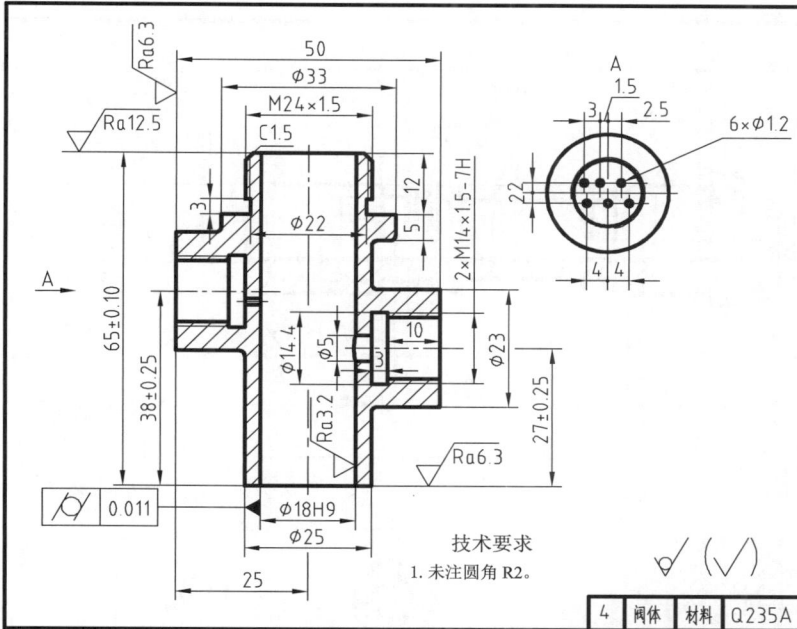

（b）装配练习 2

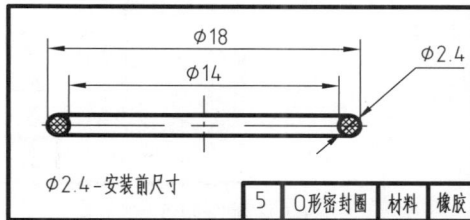

（c）装配练习 3

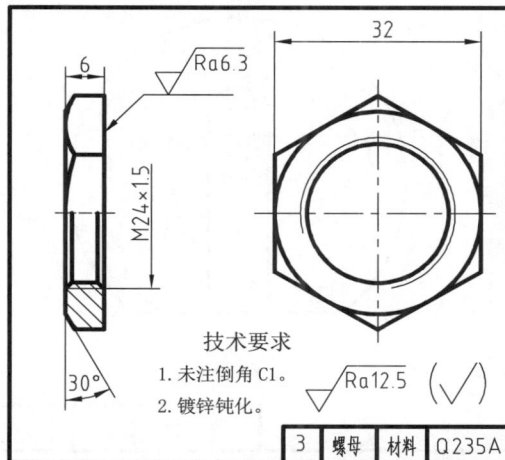

（d）装配练习 4

图 6-40 （续）

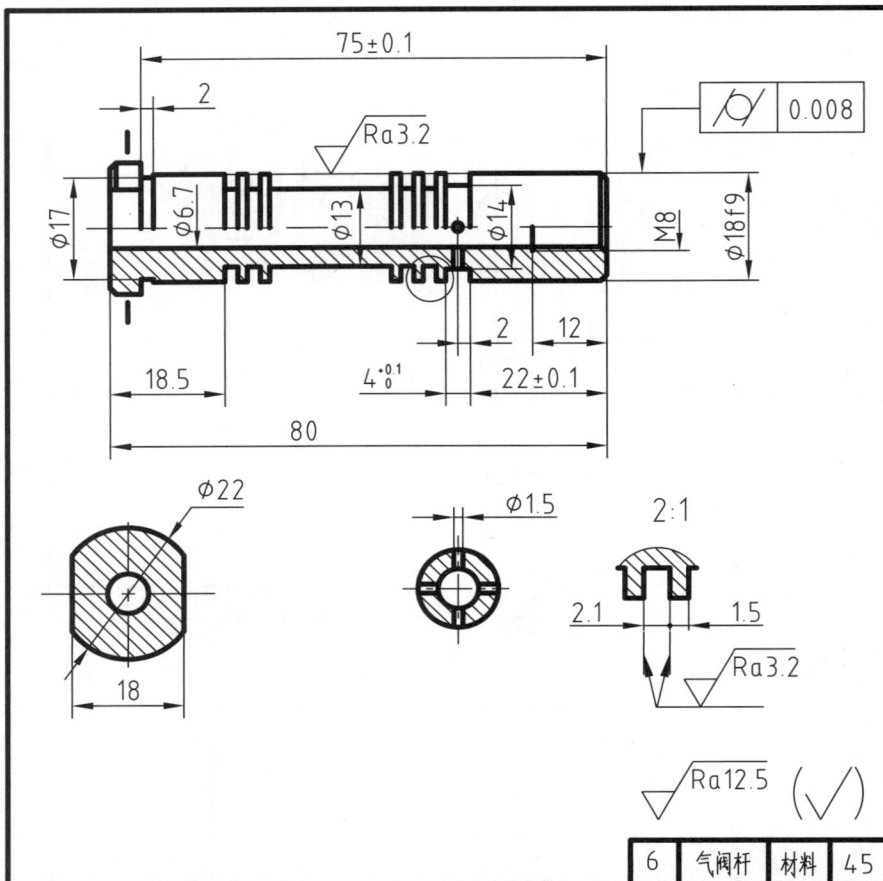

（e）装配练习 5

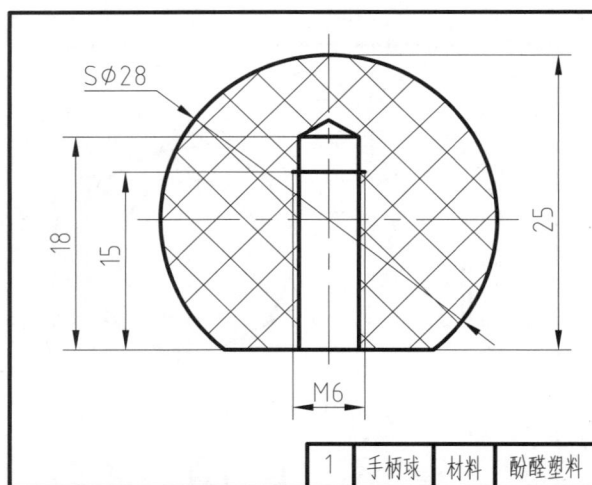

（f）装配练习 6

图 6-40 （续）

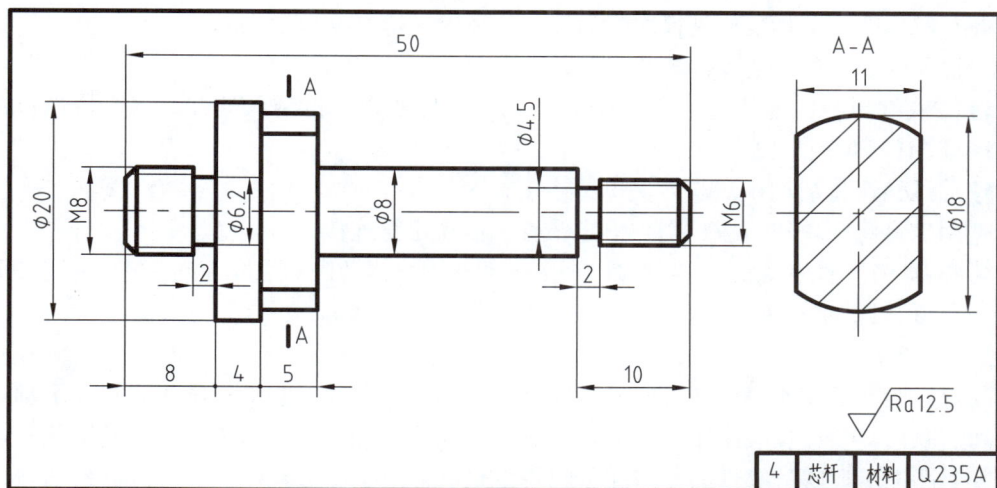

（g）装配练习 7

图 6-40　（续）

课题 6-4

视频讲解

【任务描述】

根据图 6-39 所示平口钳装配图，拆画方块螺母零件图。

【任务目标】

（1）掌握读装配图的方法和步骤
（2）掌握拆画零件图的方法和步骤。

【任务实施】

1. 读装配图的方法和步骤

由装配图拆画零件图是设计工作中的一个重要环节，这需要以全面读懂装配图为基础。读懂装配图的方法和步骤如下。

1）概括了解

由装配图的标题栏可知，平口钳由 10 种零件组成，其中螺钉 M6、螺母 M12 和垫圈 12 是标准件（垫圈 10 为非标准垫圈）。

由平口钳装配图可知装配图应用 3 个基本视图表达。

1️⃣ 主视图采用全剖、局部剖视图，反映平口钳的工作原理和零件间的装配关系。

2️⃣ 俯视图显示平口钳的外形，并通过局部剖视表达钳口板 2 与固定钳座 1 连接的局部结构。

3️⃣ 左视图采用半剖视，表达固定钳座 1、活动钳身 4 和方块螺母 8 这 3 个零件之间的装配关系。

2）分析工作原理和装配关系

主视图基本上反映了平口钳的工作原理，即丝杠 7 使方块螺母 8 带动活动钳身 4 作水平方向左右移动，夹紧工件进行切削加工。其最大夹持厚度为 90mm。

主视图中平口钳主要零件的装配关系如下。

1 方块螺母从固定钳座的下方空腔装入工字形槽内，再装入丝杠。用方块螺母、垫圈、螺母 M12 和垫圈 12 将丝杠轴向固定。

2 通过螺钉将活动钳口与方块螺母连接。

3 用螺钉将两块钳口板分别与固定钳身、活动钳身连接。

装拆顺序：件 9 螺钉 → 件 2 钳口板 → 件 3 固定螺钉 → 件 4 活动钳身 → 件 5 螺母 M12 → 件 6 垫圈 12 → 件 7 丝杠 → 件 10 垫圈 → 件 8 方块螺母。

3）分析零件

固定钳座、活动钳身、螺杆、螺母是平口钳的主要零件，它们在结构和尺寸上都有非常密切的联系，要读懂装配图，必须仔细分析有关零件图。在分析零件的结构形状时，应根据装配图上所反映的零件的作用和装配关系来进行。

1 固定钳座下部空腔的工字型槽的作用是装入螺母，并使螺母带动活动钳身随着丝杠的顺（逆）时针旋转作水平方向的左右移动。

2 方块螺母在平口钳工作中起重要作用，它与丝杠旋合，并随着丝杠的转动，带动活动钳身在钳座上左右移动。方块螺母通过螺钉调节松紧度，可使丝杠转动灵活，活动钳身移动自如。

3 为了使丝杠在钳座左右两圆柱孔内转动灵活，丝杠两端轴颈与固定钳座左右两端的圆孔采用基孔制间隙配合。

4 为了使活动钳身在钳座工字型槽的水平导面上移动自如，除了对活动钳身底面与钳座工字型导面有较高的表面结构要求外，活动钳身与导面两侧的结合面也应采用基孔制间隙配合。

4）总结归纳

综上所述，可以看出零件和部件的关系，是局部和整体的关系。因此在对部件进行零件分析时，一定要结合零件在部件中的作用和零件间的装配关系，并结合装配图和零件图上所标注的尺寸、技术要求等进行全面的归纳总结，形成一个完整的认识，才能达到全面读懂装配图的目的。

2. 拆画螺母块零件图的方法和步骤

1）分离方块螺母零件

分离方块螺母的操作如图 6-41 所示。

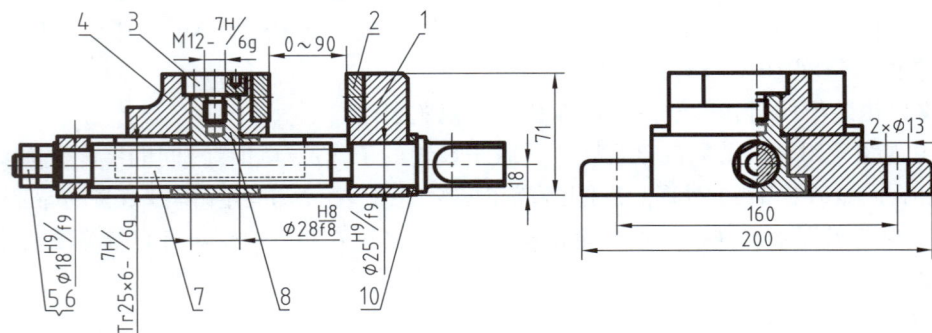

图 6-41　分离方块螺母

2）构思零件的完整结构

1 从装配图中分离出方块螺母的投影，如图 6-42 所示。

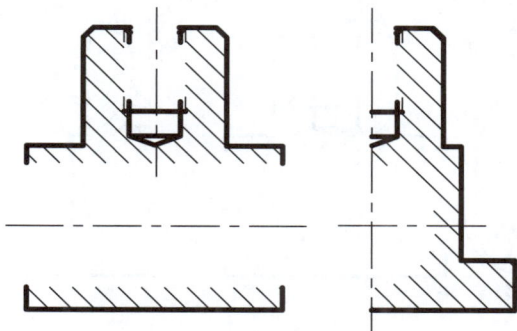

图 6-42　分离出方块螺母投影

2 构思方块螺母实体，如图 6-43 所示。

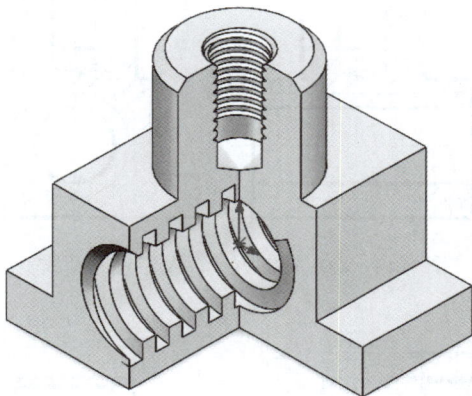

图 6-43　方块螺母实体

3）确定视图方案以及零件图补线

操作示例如图 6-44 所示。

4）标注方块螺母的尺寸标注

操作示例如图 6-45 所示。

5）注写技术要求和标题栏

操作示例如图 6-46 所示。

【任务拓展】

读如图 6-47 所示的夹线体装配图，并拆画指定的零件图。

夹线体的工作原理如下。

夹线体是将线穿入衬套 3 中，然后旋转手动压套 1，通过螺纹 M36×2 使手动压套向右移动，沿着锥面接触使衬套向中心收缩（因衬套上开有槽），从而夹紧线体。当衬套夹住线后，还可以与手动压套、夹套 2 一起在盘座 4 的 $\phi 48$ 孔中旋转。

任务：拆画夹套 2 的零件图，不用标注尺寸和表面结构。

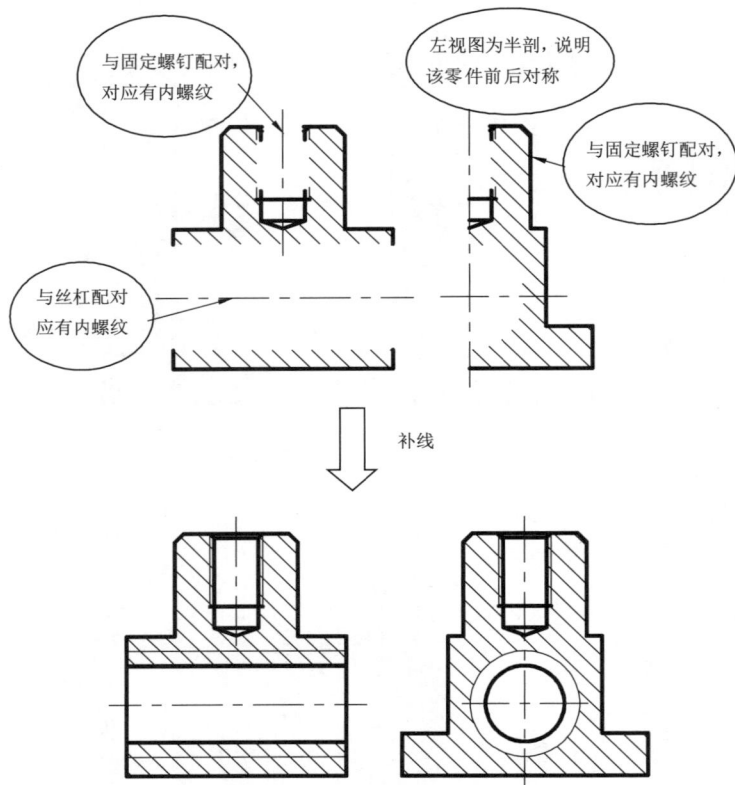

图 6-44　确定视图方案以及零件图补线

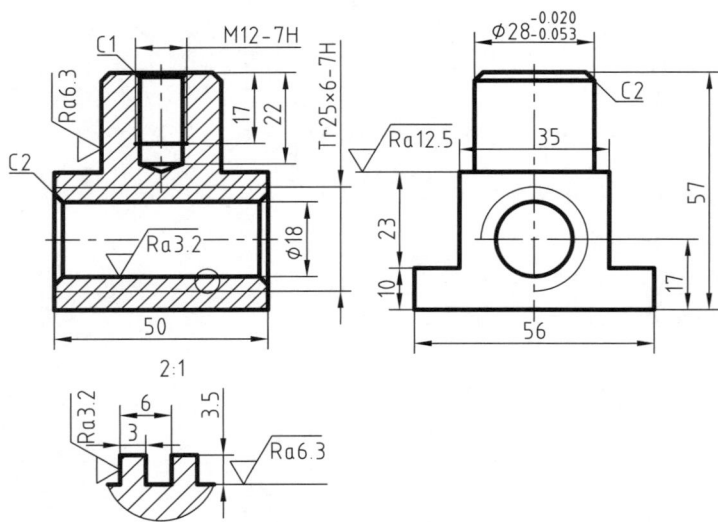

图 6-45　标注方块螺母的尺寸标注

图 6-46　注写技术要求和标题栏

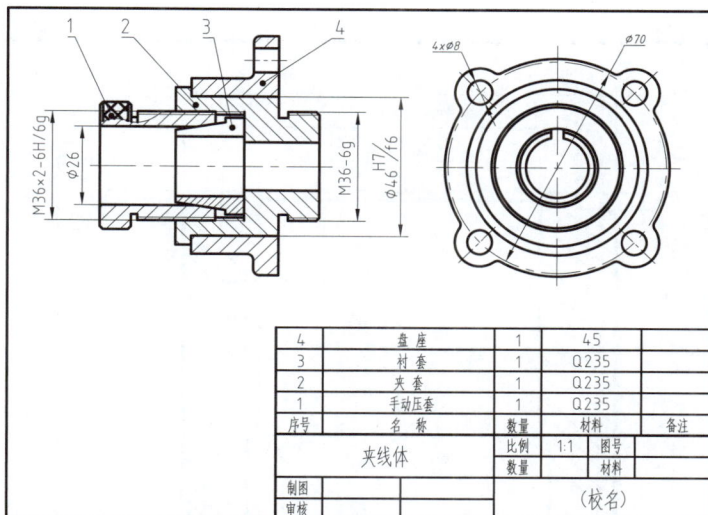

4	盘座	1	45	
3	衬套	1	Q235	
2	夹套	1	Q235	
1	手动压套	1	Q235	
序号	名称	数量	材料	备注

夹线体	比例	1:1	图号	
	数量		材料	
制图				
审核			(校名)	

图 6-47　夹线体装配图

提高练习

视频讲解

1. 根据如图 6-48（a）所示千斤顶装配图，利用如图 6-48（b）～（f）所示的标准零件图，拼画装配图。

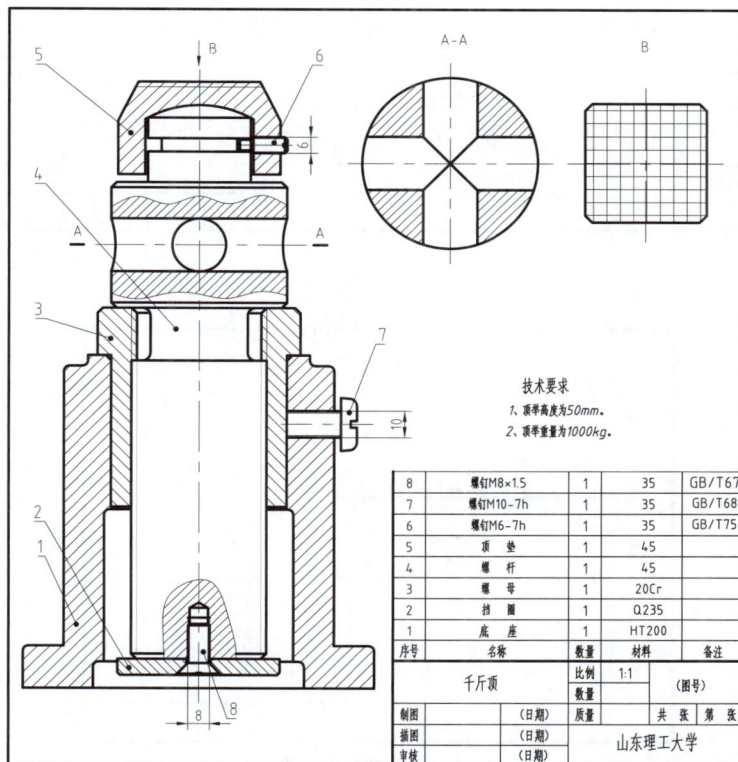

技术要求

1. 顶举高度为50mm。
2. 顶举重量为1000kg。

8	螺钉M8×1.5	1	35	GB/T67
7	螺钉M10-7h	1	35	GB/T68
6	螺钉M6-7h	1	35	GB/T75
5	顶垫	1	45	
4	螺杆	1	45	
3	螺母	1	20Cr	
2	挡圈	1	Q235	
1	底座	1	HT200	
序号	名称	数量	材料	备注

千斤顶	比例	1:1	(图号)	
	数量			
制图		（日期）	质量	共 张 第 张
描图		（日期）		
审核		（日期）	山东理工大学	

（a）千斤顶装配图

图 6-48　利用千斤顶及其标准零件图拼画装配图的绘制练习

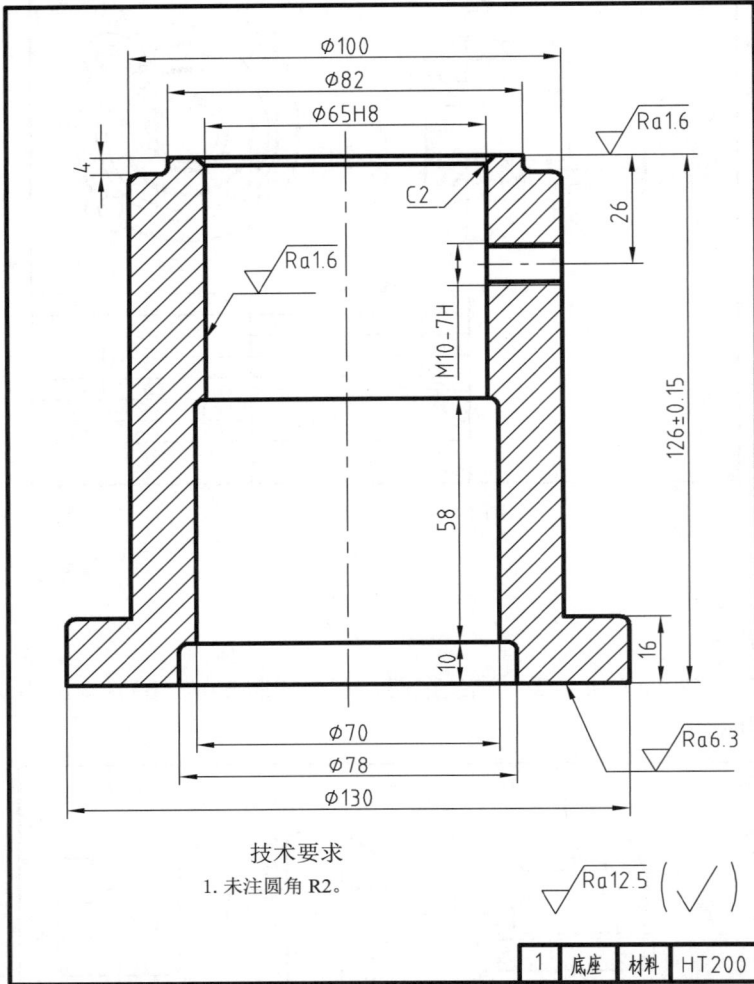

（b）标准零件图（1）

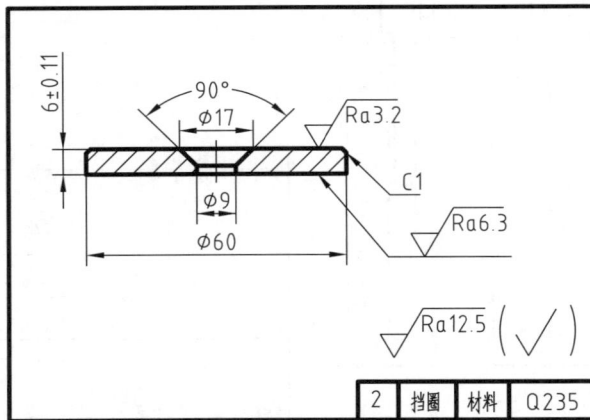

（c）标准零件图（2）

图 6-48 （续）

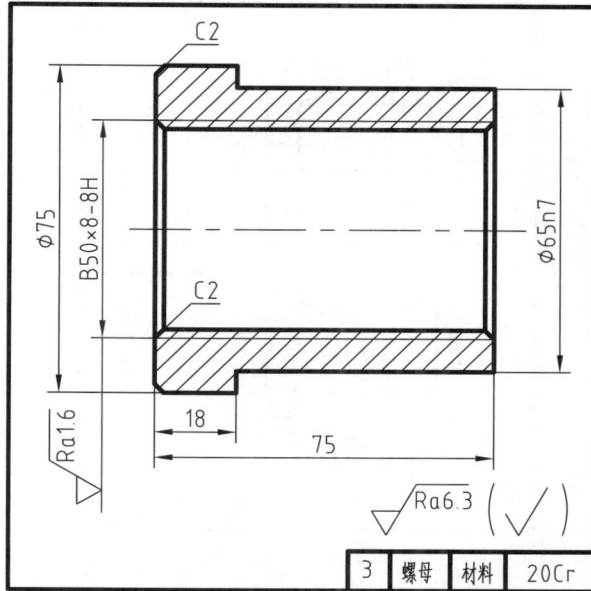

（d）标准零件图（3）

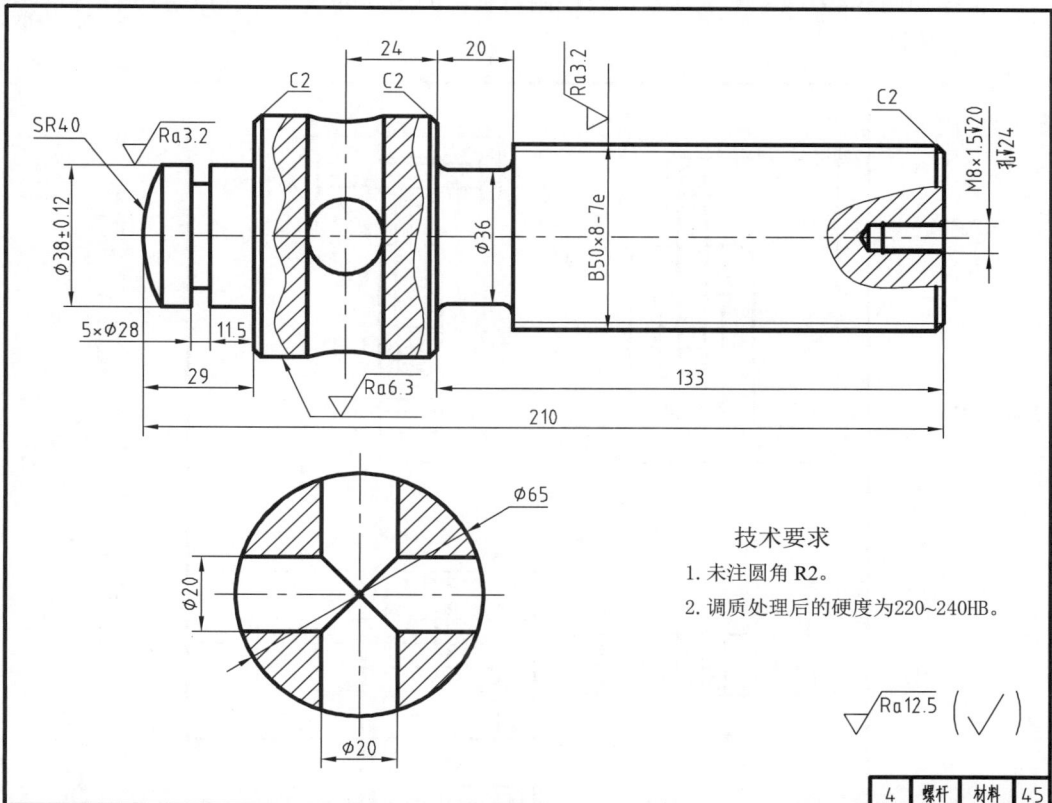

技术要求

1. 未注圆角 R2。
2. 调质处理后的硬度为 220~240HB。

（e）标准零件图（4）

图 6-48　（续）

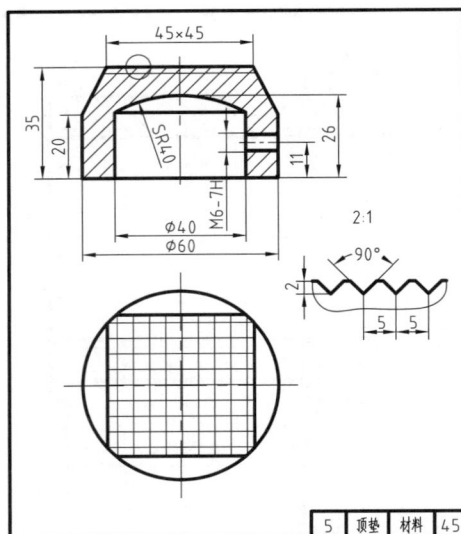

（f）标准零件图（5）

图 6-48 （续）

视频讲解

2. 根据如图 6-49（a）所示的管钳装配图，利用如图 6-49（b）~（f）所示的标准零件图，拼画装配图。

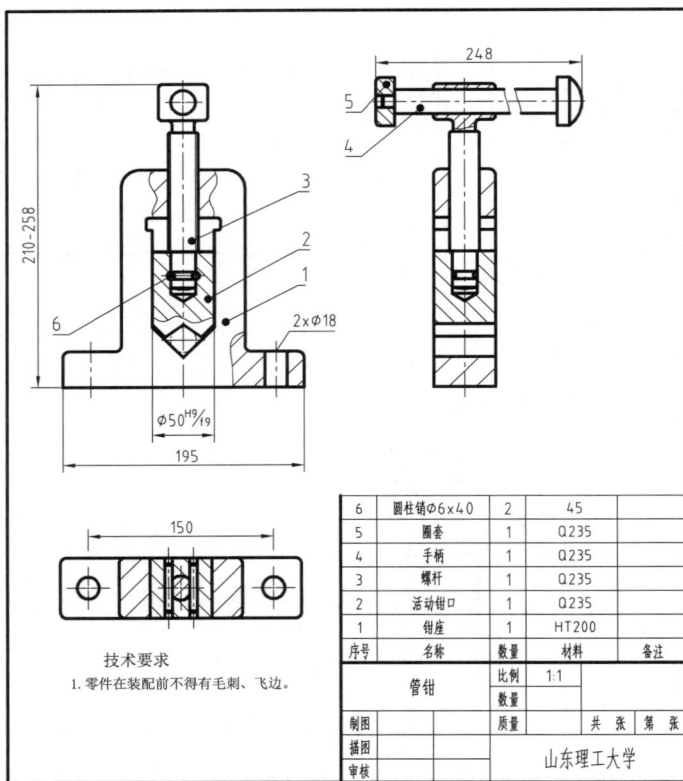

（a）管钳装配图

图 6-49 利用管钳的装配图及其标准零件图拼画装配图的绘制练习

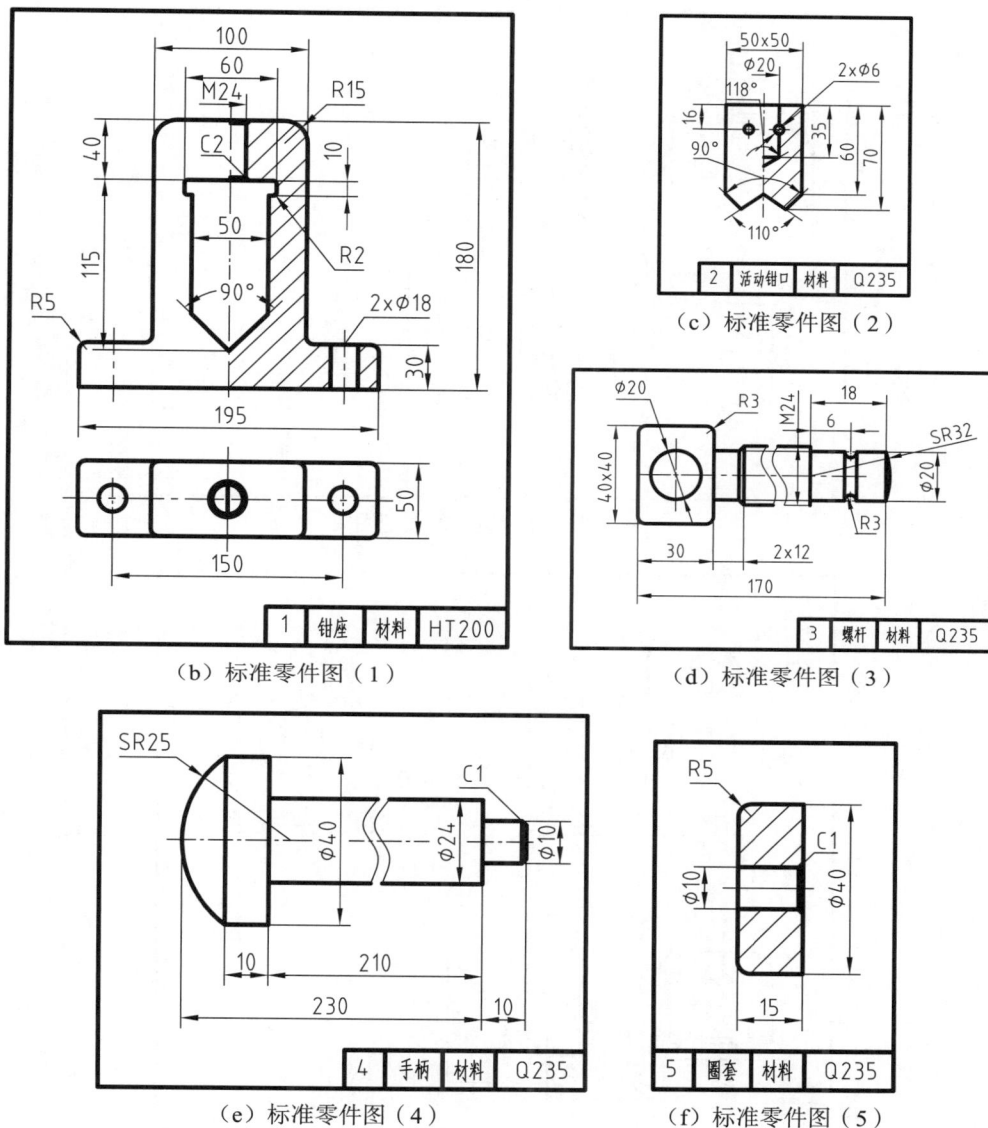

（b）标准零件图（1）

（c）标准零件图（2）

（d）标准零件图（3）

（e）标准零件图（4）

（f）标准零件图（5）

图 6-49 （续）

3. 根据如图 6-50（a）所示螺旋压紧机构的装配图，利用如图 6-50（b）～（k）所示的标准零件图，拼画装配图。

此机构为点位压紧装置。工作原理：用扳手顺时针旋转套筒螺母 11，使螺杆 2 向右移动，杠杆 1 在螺杆 2 的拉动下，绕着轴销逆时针旋转实现压紧作用；套筒螺母 11 逆时针旋转时，螺杆 2 向左移动，同时，在弹簧 3 作用下，杠杆 1 复位，压紧装置松开。

视频讲解

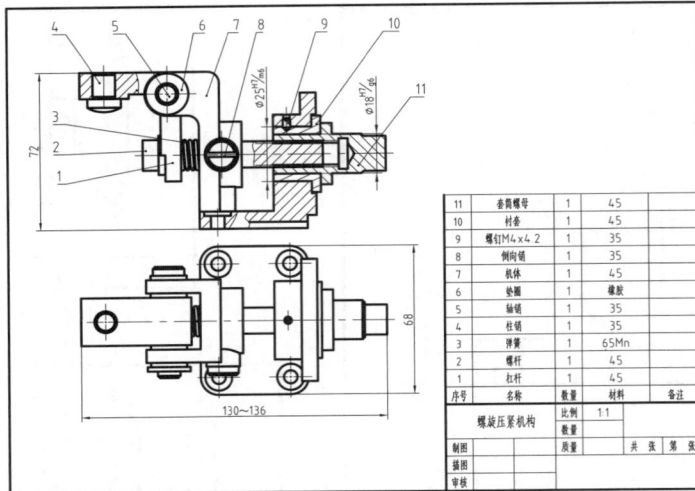

（a）螺旋压紧机构的装配图

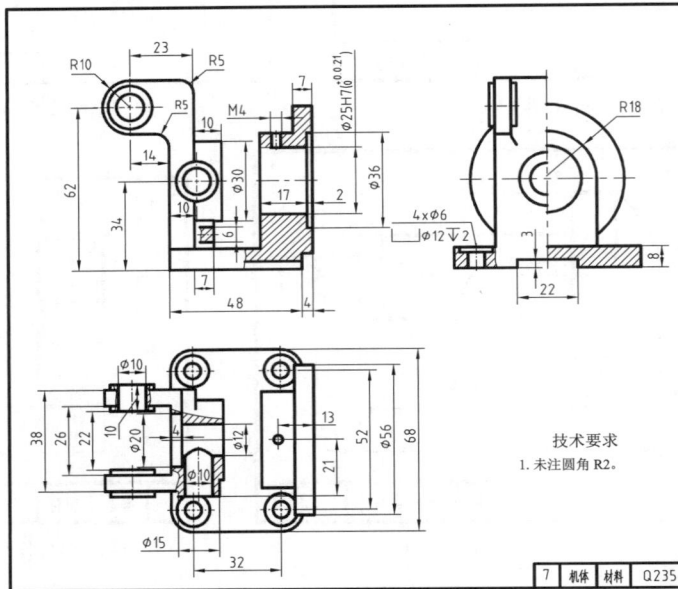

（b）标准零件图（1）

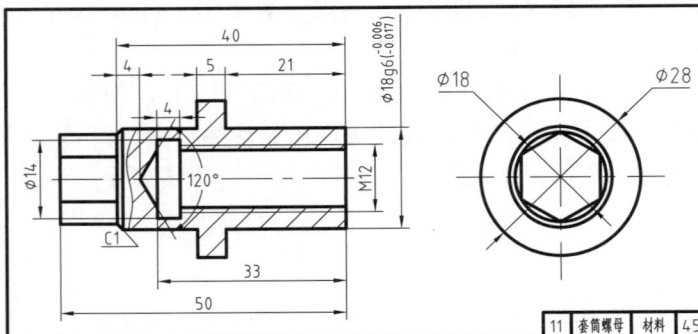

（c）标准零件图（2）

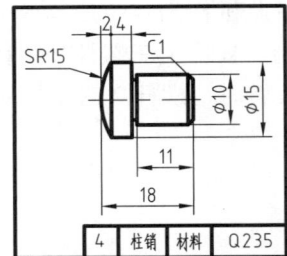

（d）标准零件图（3）

图 6-50　利用螺旋压紧结构的装配图及其标准零件图拼画装配图的绘制练习

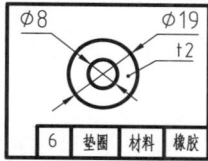

（e）标准零件图（4）

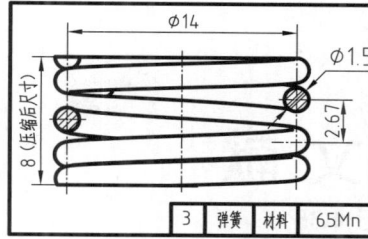

（f）标准零件图（5）

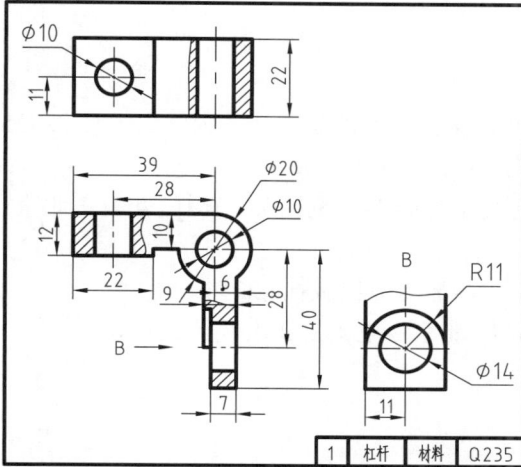

（g）标准零件图（6）

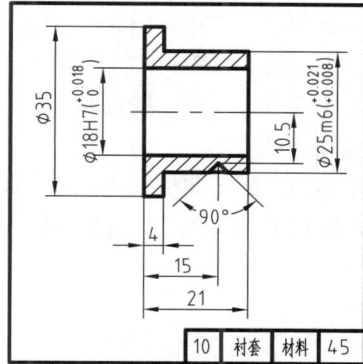

（h）标准零件图（7）

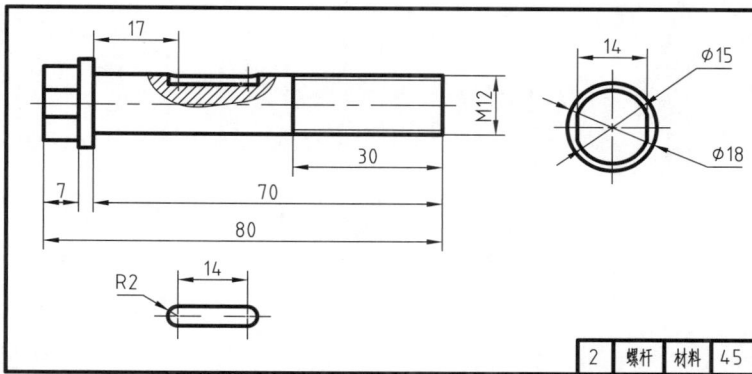

（i）标准零件图（8）

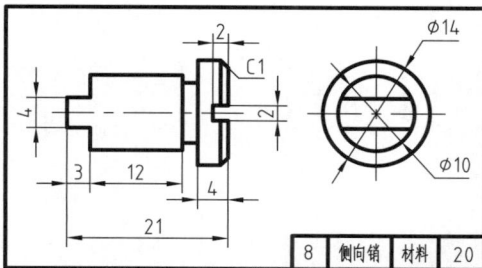

（j）标准零件图（9）

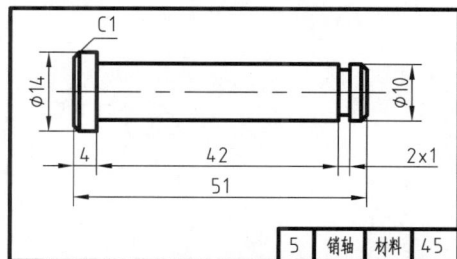

（k）标准零件图（10）

图 6-50 （续）

参考文献
REFERENCES

[1] 李腾训, 魏峥. AutoCAD 应用与实训教程 [M]. 北京：清华大学出版社, 2015.

[2] 王兰美, 殷昌贵. 机械制图 [M]. 北京：高等教育出版社, 2020.

[3] 王兰美, 贾鹏, 殷昌贵. 画法几何及工程制图（机械类）[M]. 4 版. 北京：机械工业出版, 2023.

[4] 王静. 新标准机械图图集 [M]. 北京：机械工业出版社, 2014.

[5] 翟勇波. CAD 机械设计实训图册 [M]. 北京：电子工业出版社, 2016.